嵌入式微处理器体系
——结构、原理与应用

QIANRUSHI WEI CHULIQI TIXI——JIEGOU YUANLI YU YINGYONG

蔡 肯 李博涵 肖 斌 编著

U0163488

西安交通大学出版社
XI'AN JIAOTONG UNIVERSITY PRESS

国 家 一 级 出 版 社
全国百佳图书出版单位

内容简介

本书从微处理器和嵌入式系统的基本概念和理论背景出发,以嵌入式微处理器架构为主线,将微处理器的基础性与嵌入式系统的先进性有机结合在一起,深入浅出地介绍了微处理器的原理与结构,开发环境与工具。将各种接口与功能单元的硬件设计思想和软件编写方法有机融合,力求通过基础知识的学习和系统实践能力的锻炼,使读者完整地掌握嵌入式微处理器涉及的各种理论、工具和技术。

全书内容为作者们在多年研究成果的基础上,结合该领域的最新研究成果,对仿真技术、无线通信和外围传感器进行的较为系统的阐述。本书可作为从事嵌入式、物联网、自动化、以及无线通信等领域的科研人员、工程技术人员、研究生的参考书,以及大学本科高年级学生的扩展阅读资料。

图书在版编目(CIP)数据

嵌入式微处理器体系:结构、原理与应用/蔡肯,李博涵,肖斌
编著.—西安:西安交通大学出版社,2022.10
ISBN 978 - 7 - 5605 - 9046 - 2

Ⅰ.①嵌…　Ⅱ.①蔡…　②李…　③肖…　Ⅲ.①微处理器
Ⅳ.①TP332

中国版本图书馆 CIP 数据核字(2020)第 199100 号

书　　名	嵌入式微处理器体系——结构、原理与应用
编　　著	蔡　肯　李博涵　肖　斌
责任编辑	郭鹏飞
责任校对	李　文

出版发行	西安交通大学出版社
	(西安市兴庆南路 1 号　邮政编码 710048)
网　　址	http://www.xjtupress.com
电　　话	(029)82668357　82667874(市场营销中心)
	(029)82668315(总编办)
传　　真	(029)82668280
印　　刷	西安日报社印务中心

开　　本	787mm×1092mm　1/16　　印张 17　　　字数 423 千字
版次印次	2022 年 10 月第 1 版　2022 年 10 月第 1 次印刷
书　　号	ISBN 978 - 7 - 5605 - 9046 - 2
定　　价	49.00 元

如发现印装质量问题,请与本社市场营销中心联系。
订购热线:(029)82665248　(029)82667874

前　言

本书作者们在多年研究成果的基础上,结合该领域的最新研究成果,系统和深入地介绍了微处理器系统设计中涉及的各种理论、工具和技术。本书涵盖了微处理器技术、嵌入式技术、仿真技术、物联网技术、自动化控制技术以及传感器技术等内容,体系完整、逻辑性强。书中所阐述的内容理论与实际紧密结合,具有极强的创新性和实用价值。本书面向所有对微处理器技术、嵌入式技术和物联网技术等领域感兴趣的读者。特别地,本书可以作为相关领域科研人员和研究生专业课程的参考用书,以及大学本科高年级学生的扩展阅读材料。

本书的完成得到了 2017 年度广东省本科高校高等教育教学改革项目(基于物联网的农业生产监控教学演示平台的构建)、广东省创新强校工程项目(2017GXJK180)、2017 年广东省新工科研究与实践项目(新工科发展背景下以工作室为核心的自动化专业创新创业人才培养模式的研究与实践)以及五邑大学青年团队项目(2018TD01)等课题的资助。本书的完成是集体智慧的结晶,在编写过程中作者参考了许多文献资料(列在书后参考文献中),在此向各文献资料的作者表示感谢。

由于嵌入式微处理器种类不断丰富,应用不断普及,对其功能和性能的要求不断提高。随着新技术的涌现,关于嵌入式微处理器的理论和方法仍在发展和完善,书中难免有些不妥之处,敬请广大读者指正。

作　者

2022 年 1 月

目　　录

第 1 章　常用器件

现今电子器件的种类非常多,正确选择适当的电子器件,才能在电子产品的开发过程中快速研发产品新功能、降低产品生产成本以及提高产品质量。并且,认识电子器件的种类、结构与特性才能正确地选择与使用器件,使器件充分发挥其功能且不会造成电子器件的损坏。因此,正确认识并正确使用电子器件是电子从业人员的重要课题。

1.1　基本元器件

1.1.1　电阻器

电阻器(resistor)是一个限流元件,其阻值用 R 表示,简称电阻。电阻是导体的一种基本性质,与导体的尺寸、材料、温度有关。根据欧姆定律,可得 $R=U/I$,电阻的基本单位是欧姆,用希腊字母"Ω"表示,其定义为:导体上加上一伏特电压时,产生一安培电流所对应的阻值。

一、电阻器的作用

电阻器的主要职能就是阻碍电流流过。"电阻"说的是一种性质,而通常在电子产品中所指的电阻,是指电阻器这种元件。师傅对徒弟说:"找一个 100 欧的电阻来!"指的就是一个"电阻值"为 100 欧姆的电阻器,欧姆简称为欧。表示电阻阻值的常用单位还有千欧(kΩ),兆欧(MΩ)。电阻在电路中用"R"加数字表示,如:R15 表示编号为 15 的电阻。电阻在电路中的主要作用为分流、限流、分压、偏置、滤波(与电容器组合使用)和阻抗匹配等。

二、电阻器的种类

电阻器的种类如图 1-1 所示。电阻器依据用途可分为固定电阻器、可变电阻器及特种电阻器三大类,依据制造所使用的材质可分为碳粉类及金属类两种。

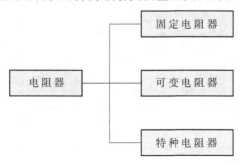

图 1-1　电阻器的种类

1.固定电阻器

固定电阻器的符号如图 1-2(a)所示,是具有两个端子的电子组件,其两端的电阻值为定值。依据制造过程及使用材质的不同,固定电阻器可分为碳膜电阻器、金属膜电阻器及线绕电阻器,其特性有极大的差异。在使用上要选择适当规格的电阻器。

碳膜电阻器:制程简单,额定功率低,适合大量生产,成本较低,被广泛使用,如图 1-2(b)所示。

金属膜电阻器:误差小,额定功率较碳膜电阻器高,温度特性良好,稳定性高,如图 1-2(c)所示,其常用电阻值表如表 1-1 所示。

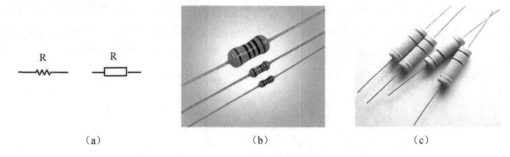

(a)   (b)   (c)

图 1-2 固定电阻器

表 1-1 精度为 5% 的金属膜电阻器常用阻值表(单位:Ω)

0	0.22	0.33	0.5	1.0	2.2	3.3	3.9	4.7	5.1
5.6	6.8	7.5	8.2	10	12	13	15	18	20
22	24	27	30	33	36	39	43	47	51
56	62	68	75	82	91	100	110	120	130
150	160	180	200	220	240	270	330	360	390
430	470	510	560	620	680	750	820	910	1.0k
1.1k	1.2k	1.3k	1.5k	1.6k	1.8k	2k	2.2k	2.4k	2.7k
3k	3.3k	3.6k	3.9k	4.3k	4.7k	5.6k	6.2k	6.8k	7.5k
8.2k	9.1k	10k	11k	12k	15k	18k	20k	22k	24k
27k	30k	33k	36k	39k	43k	47k	51k	56k	62k
68k	75k	82k	100k	110k	120k	130k	150k	180k	200k
220k	240k	270k	300k	330k	360k	390k	430k	470k	510k
560k	620k	680k	750k	820k	1M	1.2M	1.5M	1.8M	2M
2.2M	2.7M	3M	3.3M	4.7M	5.1M	5.6M	6.8M	7.5M	20M

线绕电阻器:误差小,温度特性良好,稳定性高,额定功率可高达数十瓦以上,电阻值较低。

目前市面常见的绕线电阻有水泥电阻和铝壳电阻。水泥电阻是用电阻丝线绕在无碱性陶瓷上,并用耐火泥灌封,外面主要是陶瓷材料,如图 1-3(a)所示。而铝壳电阻是将康铜及镍铬合金丝绕制于高频瓷体上,硅铜树脂模压,塑封一次成型,无铅锡做引线,绿色环保,而且外壳选用含铝量高达 90% 以上的铝合金,壁厚 3 mm 以上,如图 1-3(b)所示。因此铝壳电阻在价格上要高于水泥电阻。若从功率上来看,水泥电阻最大只能做到 100 W,可用作制动电阻,因为它具有体积小、耐震、耐热、耐潮湿的优点,加之价格比较便宜,比较多用于电源适配器、音响设备、电视机等设备中。与水泥电阻比较,铝壳电阻功率更大,最大功率能做到 2 kW,过负载能力更强,散热性更好,所以常用做变频器制动电阻。因其具有较强的耐气候性、耐振动性,同时也具有体积小、易紧密安装和附加散热器,外形美观等特点。其广泛应用于变频器、电源、伺服系统等高要求的电力回路中,并且能适用于恶劣的工控环境。

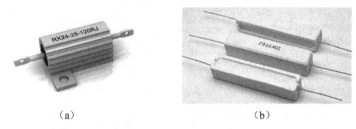

(a)　　　　　　　　　　(b)

图 1-3　线绕电阻器

2.可变电阻器

可变电阻器(variable resistor)又称为电位器,其符号如图 1-4(a)所示,是具有三个端子的电子组件。电子设备上的音量电位器就是个可变电阻。可变电阻有三个引脚,其中两个引脚之间的电阻值固定,并将该电阻值称为这个可变电阻的阻值,第三个引脚与任两个引脚间的电阻值可以随着轴臂的旋转而改变。这样,可以改变电路中的电压或电流,达到调节的效果。依据制造过程及使用材质的不同,可变电阻器可分类为碳膜可变电阻器及绕线可变电阻器(功率型),如图 1-4(b)所示。

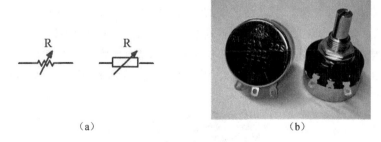

(a)　　　　　　　　　　(b)

图 1-4　可变电阻器的符号与种类

依据可变电阻器的电阻值变化与轴臂旋转角度的关系(如图 1-5 所示)分:D 型(对数型),其电阻值变化与旋转角度成对数曲线变化,适用于音量控制;X 型(直线、线性型),其电阻值变化与旋转角度成线性变化,适用于音质控制与一般调整;Z 型(指数、反对数型),其电阻值变化与旋转角度成反对数曲线变化。

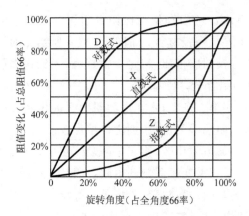

图 1-5　可变电阻器的电阻值变化与旋转角度的关系

在电路中,部分可变电阻器在调整完成后,就固定不变,此类可变电阻器称为半可变电阻器。由于半可变电阻器消耗功率小且都装配于电路板上,所以体积较小。一般在调整过程中需使用调整棒(小起子);因为有时需要做精密调整,半可变电阻器多被设计成旋转型,称为精密半可变电阻器。半可变电阻器外观如图 1-6 所示。

图 1-6　半可变电阻器的种类

3.特种电阻

光敏电阻:一种电阻值随外界光照强弱(明暗)变化而变化的元件,光越强阻值越小,光越弱阻值越大,如图 1-7 所示。如果把光敏电阻的两个引脚接在万用表的表笔上,用万用表的"R×1k"档位测量在不同的光照下光敏电阻的阻值:将光敏电阻从较暗的抽屉里移到阳光或灯光下,万用表读数将会发生变化。在完全黑暗处,光敏电阻的阻值可达几兆欧以上(万用表指示电阻为无穷大,即指针不动),而在较强光线下,阻值可降到几千欧甚至 1 千欧以下。利用这一特性,可以制作各种光控的小电路。事实上,街边的路灯大多是用光控开关自动控制的,其中一个重要的元器件就是光敏电阻(或者是光敏三极管,一种功能相似的带放大作用的半导体元件)。光敏电阻是在陶瓷基座上沉积一层硫化镉(CdS)膜后制成的,实际上也是一种半导体元件。声控楼道灯在白天不会点亮,也是因为光敏电阻在起作用。我们可以用它制作电子报晓鸡,清晨天亮时喔喔叫。

图 1-7　光敏电阻

　　热敏电阻：一个特殊的半导体器件，它的电阻值随着其表面温度的高低变化而变化，如图 1-8 所示。它原本是为了使电子设备在不同的环境温度下正常工作而使用的。新型的电脑主板都有 CPU 测温、超温报警功能，就是利用了热敏电阻。

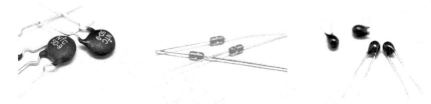

图 1-8　热敏电阻的种类

　　压敏电阻：一种具有显著非欧姆导体性质的电子元件，如图 1-9 所示，电阻值会随外部电压而改变，因此它的电流-电压特性曲线具有显著的非线性。压敏电阻被广泛地应用在电子线路中，来防护因为电力供应系统的暂态电压突波所可能造成的电路伤害。当高压来到时，压敏电阻的电阻降低而将电流予以分流，因而保护了敏感的电子元件。

　　力敏电阻：通常电子秤中就有力敏电阻，如图 1-10 所示。常用的压力传感器有金属应变片和半导体力敏电阻。力敏电阻一般以桥式连接，受力后就破坏了电桥的平衡，使之输出电信号。

图 1-9　压敏电阻　　　　　　　　　　图 1-10　力敏电阻

　　气敏电阻：有一种煤气泄漏报警器在瓦斯泄漏后会报警，甚至启动脱排油烟机通风，这种报警器内就是装置了一种气敏电阻。这种半导体在表面吸收了某种自身敏感的气体之后会发生反应，而使自身电阻值改变。它一般有四个电极：两个为加热电极，另两个为测量电极，如图 1-11 所示。气敏电阻根据型号对不同的气体敏感，有的是对汽油，有的是对一氧化碳，有的是对酒精敏感。

　　湿敏电阻：湿敏电阻对环境湿度敏感，它吸收环境中的水分，直接把湿度变成电阻值的变化，如图 1-12 所示。

图 1-11　气敏电阻　　　　　　　　　　图 1-12　湿敏电阻

三、电阻色码的识别

固定电阻器电阻值的标示采用直标法、色标法和数标法三种,数标法主要用于贴片等小体积的电路,如:102 表示 10×10^2 Ω(即 1 kΩ);123 则表示 12×10^3 Ω=12 kΩ,如图 1-13 所示。其常用部分阻值标注如表 1-2 所示。

图 1-13 数标法

表 1-2 常用贴片电阻标注

标准值	常用于精度5%,1%的贴片电阻																		
	1 Ω~10 Ω			10 Ω~100 Ω			100 Ω~1 kΩ			1 kΩ~10 kΩ			10 kΩ~100 kΩ			100 kΩ~1 MΩ		
	实际值	3位标注	4位标注	实际值	3位标注	4位标注	实际值	3位标注	4位标注	实际值	3位标注	4位标注	实际值	3位标注	4位标注	实际值	3位标注	4位标注
1.0	1 Ω	1R0	1R00	10 Ω	100	10R0	100 Ω	101	100R	1 kΩ	102	1001	10 kΩ	103	1002	100 kΩ	104	1003
1.1	1.1 Ω	1R1	1R10	11 Ω	110	11R0	110 Ω	111	110R	1.1 kΩ	112	1101	11 kΩ	113	1102	110 kΩ	114	1103
1.2	1.2 Ω	1R2	1R20	12 Ω	120	12R0	120 Ω	121	120R	1.2 kΩ	122	1201	12 kΩ	123	1202	120 kΩ	124	1203
1.3	1.3 Ω	1R3	1R30	13 Ω	130	13R0	130 Ω	131	130R	1.3 kΩ	132	1301	13 kΩ	133	1302	130 kΩ	134	1303
1.5	1.5 Ω	1R5	1R50	15 Ω	150	15R0	150 Ω	151	150R	1.5 kΩ	152	1501	15 kΩ	153	1502	150 kΩ	154	1503
1.6	1.6 Ω	1R6	1R60	16 Ω	160	16R0	160 Ω	161	160R	1.6 kΩ	162	1601	16 kΩ	163	1602	160 kΩ	164	1603
1.8	1.8 Ω	1R8	1R80	18 Ω	180	18R0	180 Ω	181	180R	1.8 kΩ	182	1801	18 kΩ	183	1802	180 kΩ	184	1803
2.0	2 Ω	2R0	2R00	20 Ω	200	20R0	200 Ω	201	200R	2 kΩ	202	2001	20 kΩ	203	2002	200 kΩ	204	2003

标准值	常用于精度 5％,1％ 的贴片电阻																	
	1 Ω～10 Ω			10 Ω～100 Ω			100 Ω～1 kΩ			1 kΩ～10 kΩ			10 kΩ～100 kΩ			100 kΩ～1 MΩ		
	实际值	3 位标注	4 位标注	实际值	3 位标注	4 位标注	实际值	3 位标注	4 位标注	实际值	3 位标注	4 位标注	实际值	3 位标注	4 位标注	实际值	3 位标注	4 位标注
2.2	2.2 Ω	2R2	2R20	22 Ω	220	22R0	220 Ω	221	220R	2.2 kΩ	222	2201	22 kΩ	223	2202	220 kΩ	224	2203
2.4	2.4 Ω	2R4	2R40	24 Ω	240	24R0	240 Ω	241	240R	2.4 kΩ	242	2401	24 kΩ	243	2402	240 kΩ	244	2403
2.7	2.7 Ω	2R7	2R70	27 Ω	270	27R0	270 Ω	271	270R	2.7 kΩ	272	2701	27 kΩ	273	2702	270 kΩ	274	2703
3.0	3 Ω	3R0	3R00	30 Ω	300	30R0	300 Ω	301	300R	3 kΩ	302	3001	30 kΩ	303	3002	300 kΩ	304	3003
3.3	3.3 Ω	3R3	3R30	33 Ω	330	33R0	330 Ω	331	330R	3.3 kΩ	332	3301	33 kΩ	333	3302	330 kΩ	334	3303
3.6	3.6 Ω	3R6	3R60	36 Ω	360	36R0	360 Ω	361	360R	3.6 kΩ	362	3601	36 kΩ	363	3602	360 kΩ	364	3603
3.9	3.9 Ω	3R9	3R90	39 Ω	390	39R0	390 Ω	391	390R	3.9 kΩ	392	3901	39 kΩ	393	3902	390 kΩ	394	3903
4.3	4.3 Ω	4R3	4R30	43 Ω	430	43R0	430 Ω	431	430R	4.3 kΩ	432	4301	43 kΩ	433	4302	430 kΩ	434	4303

在大型电阻器上(线绕电阻器),一般都采用直接标示法,如图 1-14 所示,可直接判读电阻值,标示中最后的一个英文字母代表电阻器的容许误差,英文代号所代表的容许误差,如表 1-3 所示。在电路装配的过程中,应将电阻值的标示朝上以方便检修。

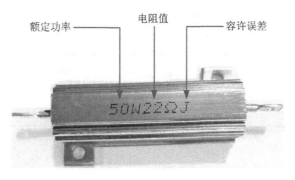

图 1-14　直接标示法

表 1－3　英文代号所代表的容许误差

英文代号	F	G	J	K	M
容许误差	±1%	±2%	±5%	±10%	±20%

如果在体积很小的电阻器上用直接标示法标示电阻值则标示的字体会太小,不易判读,容易发生错误,一般都采用色码标示法。色码的标准及颜色所代表的数字,是根据美国电子工业协会(EIA)所制定的,如表 1－4 所示。标准色码标示法可分为四个色环与五个色环的标示法,分别说明如下。

表 1－4　色码的识别

色码	第一位数	第二位数	倍数	容差
黑	0	0	10^0	—
棕	1	1	10^1	±1%
红	2	2	10^2	±2%
橙	3	3	10^3	—
黄	4	4	10^4	—
绿	5	5	10^5	±0.5%
蓝	6	6	10^6	±0.25%
紫	7	7	10^7	±0.1%
灰	8	8	—	—
白	9	9	—	—
金	—	—	10^{-1}	±5%
银	—	—	10^{-2}	±10%
无色	—	—	—	±20%

1.四个色码的识别

电阻器四个色环的标示,如图 1－15 所示,第一个色环表示十位数字,第二个色环表示个位数字,第三个色环表示乘数(10 的幂次),第四个色环表示容许误差。则此电阻器的电阻值为 47 乘以 10^3 等于 47 kΩ(47 000 Ω),容许误差为±5%。

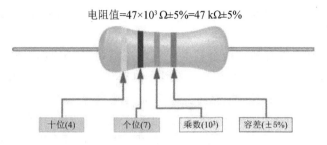

图 1-15　电阻器四个色环的标识

2.五个色码的识别

电阻器五个色环的标示,如图 1-16 所示,第一个色环表示百位数字,第二个色环表示十位数字,第三个色环表示个位数字,第四个色环表示乘数(10 的幂次),第五个色环表示容许误差。则此电阻器的电阻值为 224 乘以 10^1 等于 2.24 kΩ(2240 Ω),容许误差为±1%。

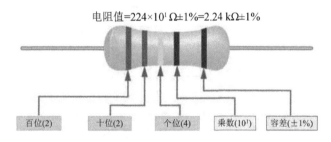

图 1-16　电阻器五个色环的标识

1.1.2　电容器

电容器是电子制作中的主要元器件之一,电子制作中需要用到各种各样的电容器,它们在电路中分别起着不同的作用。与电阻器相似,通常简称为电容,用 C 表示。顾名思义,电容器就是"储存电荷的容器"。尽管电容器品种繁多,但它们的基本结构和原理是相同的。两片相距很近的金属中间被某物质(固体、气体或液体)所隔开,就构成了电容器。两片金属称为极板,中间的物质叫做介质。电容器也分为容量固定的与容量可变的。但常见的是容量固定的电容,最多见的是电解电容和瓷片电容。

一、电容器的作用

电容的特性主要是隔直流通交流。电容是由两片金属膜紧靠,中间用绝缘材料隔开而组成的元件。在电子线路中,电容用来通过交流电而阻隔直流电,也用来存储和释放电荷以充当滤波器,平滑输出脉动信号。小容量的电容,通常在高频电路中使用,如收音机、发射机和振荡器中。大容量的电容往往是作滤波和存储电荷用。一般 1 μF 以上的电容均为电解电容,而1 μF 以下的电容多为瓷片电容,当然也有其他的,比如独石电容、涤纶电容、小容量的云母电容等。电解电容有个铝壳,里面充满了电解质,并引出两个电极,做为正(＋)、负(－)极,与其他电容器不同,它们在电路中的极性不能接错,而其他电容则没有极性。

把电容器的两个电极分别接在电源的正、负极上,过一会儿即使把电源断开,两个引脚间仍然会有残留电压,即电容器储存了电荷。电容器极板间建立起电压,积蓄起电能,这个过程称为电容器的充电。充好电的电容器两端有一定的电压。电容器储存的电荷向电路释放的过程,称为电容器的放电。

电子电路中,只有在电容器充电过程中才有电流流过;充电过程结束后,电容器是不能通过直流电的,在电路中起着"隔直流"的作用。电路中,电容器常被用作耦合、旁路、滤波等,都是利用它"通交流,隔直流"的特性。那么交流电为什么能够通过电容器呢?先来看看交流电的特点。交流电不仅方向往复交变,它的大小也在按规律变化。电容器接在交流电源上,电容器连续地充电、放电,电路中就会流过与交流电变化规律一致的充电电流和放电电流。

电容容量的大小表示了能贮存电能的大小,电容对交流信号的阻碍作用称为容抗,它与交流信号的频率和电容量有关。

二、电容器的分类

电容器的种类,如图 1-17 所示,电容器依据用途可分为固定电容器及可变电容器两大类。

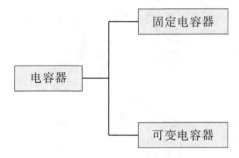

图 1-17 电容器的种类

1.固定电容器

固定电容器的符号如图 1-18(a)所示,是具有两个端子的电子组件,其两端的电容值为定值。目前较常使用的电容器,有铝质电解电容、钽质电解电容、独石电容、CBB 电容、安规电容、高压瓷片电容、涤纶电容、低压瓷片电容及启动电容等,其特性有极大的差异。在使用上要选择适当规格的电容器。电容器的特性分别说明如下。

(a)   (b)   (c)

图 1-18 固定电容器

铝质电解电容:简称为电解电容,是以两层铝箔夹着电解质卷绕而成,再通以直流电进行极化,使其中一片(阳极)铝箔表面产生氧化铝薄膜,以做为电容器的绝缘介质,使用时必须依照标示的正、负极性接到电路中,否则,将导致氧化铝薄膜损坏,电容器发热、膨胀而爆裂,如图 1-18(b)和图 1-18(c)所示。

电解电容的特点为：

(1)电容量最大的电容器(0.47～4700 F)。

(2)具正、负极性,使用时不可反接。

(3)漏电电流较大。

(4)具有高的分布电感量,不适合高频电路使用。

独石电容:独石电容器是多层陶瓷电容器的别称,如图 1-19 所示。根据所使用的材料,可分为三类:第一类为温度补偿类 NPO 电介质。这种电容器电气性能最稳定,基本上不随温度、电压、时间的改变而变化,属超稳定型、低损耗电容材料类型,适用在对稳定性、可靠性要求较高的高频、特高频、超高频电路中。第二类为高介电常数类 X7R 电介质。由于 X7R 是一种强电介质,因而能制造出容量比 NPO 介质更大的电容器。这种电容器性能较稳定,随温度、电压时间的改变,其特有的性能变化并不显著,属稳定电容材料类型,使用在隔直、耦合、旁路、滤波电路及可靠性要求较高的中高频电路中。第三类为半导体类 Y5V 电介质。这种电容器具有较高的介电常数,常用于生产比容较大、标称容量较高的大容量电容器产品。但其容量稳定性较 X7R 差,容量、损耗对温度、电压等测试条件较敏感,主要用在电子整机中的振荡、耦合、滤波及旁路电路中。

图 1-19　独石电容

独石电容比一般瓷介电容器容量大(10 pF～10 μF),且具有电容量大、体积小、可靠性高、电容量稳定、耐高温、绝缘性好、成本低等优点,因而得到广泛应用。独石电容器不仅可替代云母电容器和纸介电容器,还取代了某些钽电容器,广泛应用在小型和超小型电子设备(如液晶手表和微型仪器)中。

钽质电解电容:简称为钽质电容,以钽做为阳极金属,结构与铝质电解电容相似。其各种特性较铝质电解电容优异,体积较小,可靠度佳,但价格较高,如图 1-20 所示。

图 1-20　钽质电解电容

CBB电容：又名聚丙烯电容，是以金属箔做为电极，将其和聚丙烯薄膜从两端重叠后，卷绕成圆筒状构造的电容器，如图1-21所示。其以金属化聚丙烯膜作介质和电极，用阻燃胶带外包和环氧树脂密封，具有电性能优良、可靠性好、耐温度高、体积小、容量大等特点和良好的自愈性能。广泛使用于仪器、仪表、电视机及家用电器线路中，可作直流脉动和交流降压用，特别适用于各种类型的电子整流器和节能灯线路中，还可以用于各类接触器触点的高压电势吸收线路。其原理无极性，绝缘阻抗很高，频率特性优异（频率响应宽广），而且介质损失很小。

图1-21　CBB电容

安规电容：指用于在电容器失效后，不会导致电击，不危及人身安全的场合的电容。安规电容通常只用于抗干扰电路，起滤波作用。它包括了X电容和Y电容。X电容是跨接在电力线两线（L−N）之间的电容，一般选用金属薄膜电容，如图1-22(a)所示；Y电容是分别跨接在电力线两线和地之间（L−E，N−E）的电容，一般是成对出现，如图1-22(b)和图1-22(c)所示。基于漏电流的限制，Y电容值不能太大，一般X电容是μF级，Y电容是nF级。X电容抑制差模干扰，Y电容抑制共模干扰。

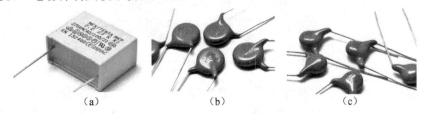

（a）　　　　　　　（b）　　　　　　　（c）

图1-22　安规电容

高压瓷片电容：以陶瓷材料为介质的电容器，其主要的特点就是耐压高，在2 kV、3 kV电压下工作很常见，如图1-23所示。高压瓷片电容具有耐磨直流高压的特点，适用于高压旁路和耦合电路中，其中的低耗损高压圆片具有较低的介质损耗，特别适合在电视接收机和扫描等电路中使用。

图1-23　高压瓷片电容

低压陶瓷电容：以陶瓷材料为介质,在陶瓷圆片两面镀层金属(银)薄膜为电极,连接引线,封装制成的无极性电容,如图 1-24 所示。

低压陶瓷电容的特点：

(1)电容量最小(1 pF～0.1 F)；

(2)高频特性优良；

(3)体积小。

涤纶电容：一种导线采用镀锡铜包钢线、使用环氧树脂包封、用聚酯薄膜做为电介质电极绕制而成的电容,如图 1-25 所示。涤纶电容广泛用于电视机、收录机、DVD 及各种通信器材电子仪器的直流、脉冲电路中。适宜做为旁路电容使用。

涤纶电容的特点：

(1)体积小,重量轻；

(2)稳定性好,可靠性高；

(3)引线直接焊于电极,损耗小；

(4)有感结构,聚酯膜、环氧树脂包封。

图 1-24　低压陶瓷电容

图 1-25　涤纶电容

起动电容：用来启动单相异步电动机的交流电解电容器或聚丙烯、聚酯电容器,如图1-26所示。

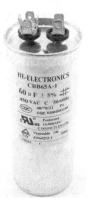

图 1-26　启动电容

2.可变电容器

可变电容器(variable capacitors)的符号如图 1－27(a)所示,其电容量是可以改变的。依据使用绝缘介质的不同,可分类为空气式可变电容器、陶瓷式可变电容器及云母式可变电容器,如图 1－27(b)所示。电容量改变的方式为改变两极板间的相对面积或改变两极板间的距离。可变电容器常用于高频的调谐电路中,以改变所要接收的电台频率;用于振荡电路中用以修正振荡的高频信号频率。目前此种电容器大都被变容二极管所取代。

(a) (b)

图 1－27　可变电容器的符号与种类

三、电容器的耐压

电容器在工作时,因为储存电荷,两极板会有电压形成。此电压若超过绝缘介质的耐压,会导致绝缘层破坏,造成电容毁损甚至爆裂的情况。使用时必须使电容两端的电压不超过电容所标示的额定电压(耐压)。电容器额定电压的标示可分为以下几种。

工作电压(work voltage,WV):表示电容器可承受在此标示电压以下的范围,长时间的使用不会毁损。

测试电压(test voltage,TV):表示电容器在此标示电压内,偶尔可以承受的最大瞬间高压,不可长时间在此标示电压下使用。若要长时间使用,则应使电容器工作于测试电压的 1/2 以下。

电容器规格的标示可分为直接标示法和数码标示法两种。电解电容和钽质电容一般都采用直接标示法,直接标示接脚的极性(接脚较长的为正电压端)、耐压、电容量(以 F 为单位)。塑料电容和陶瓷电容的电容量(以 pF 为单位)一般都采用数码标示法,如图 1－28(a)所示,第一个数字表示十位数字为 1,第二个数字表示个位数字为 0,第三个数字乘数为 3 表示乘以 10^3,第四个英文代号表示容许误差为 J。则此电容器的电容量为 10 乘以 10^3 等于 10000 pF(0.01 F),容许误差为±5%,耐压为 100 V。如图 1－28(b)所示,则此电容器的电容量为 47 乘以 10^2 等于 4700 pF(0.0047 F),容许误差为±20%,耐压为 50 V(没标示耐压时)。如图 1－28(c)所示,则此电容器的电容量为 33 乘以 10^1 等于 330 pF(0.00033 F),容许误差为±10%,耐压的代码为 2G,可参考表 1－6 得到电容耐压为 400 V。塑料电容和陶瓷电容的接脚没有极性的区别。容许误差的英文代号可参考表 1－5。电容器耐压代码表见表 1－6。

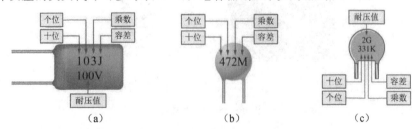

(a) (b) (c)

图 1－28　电容器的标示读法

表 1-5　电容容量误差表

英文代号	F	G	J	K	M
容许误差	±1%	±2%	±5%	±10%	±20%

注:一瓷片电容为 104J 表示容量为 0.1 μF、误差为±5%。

表 1-6　电容器耐压代码表

数字	耐压值									
	A	B	C	D	E	F	G	H	I	J
0	1	1.25	1.6	2	2.5	3.15	4	5	6.3	8
1	10	12.5	16	20	25	31.5	40	50	63	80
2	100	125	160	200	250	315	400	500	630	800
3	1000	1250	1600	2000	2500	3150	4000	5000	6300	8000

1.1.3　电感器

电感器是指电感线圈和各种变压器,能在电路中产生电磁转换的作用,是电子电路中重要的元件之一。它和电阻、电容、三极管等元件进行适当的组合,能构成放大器、振荡器等功能电路。

电感器和电容器一样也是一种储能元件,它能把电能转变为磁场能,并在磁场中储存能量。电感器用符号 L 表示,它的基本单位是亨利(H),常用毫亨(mH)为单位。它经常和电容器一起工作,构成 LC 滤波器、LC 振荡器等。另外,人们还利用电感的特性,制造了阻流圈、变压器、继电器等。

电感器一般有直标法和色标法两种标示方法,色标法与电阻类似。

一、电感器的作用

电感器的特性恰恰与电容的特性相反,它具有阻止交流电通过而让直流电通过的特性。

二、电感器的种类

电感器一般可以分为变压器和线圈两大类。

变压器的符号如图 1-29(a)所示。变压器的功能是利用电磁感应的原理,将交流电压提升或降低到负载所需的适当交流电压。其结构为两组线圈,彼此绝缘并绕在同一个铁芯上,如图 1-29(b)所示,接到交流电压的线圈称为初级线圈,接到负载的线圈称为次级线圈,交流电压连接到初级线圈时,会产生磁通的变化,借由铁芯传递到次级线圈,变化的磁通使得次级线圈产生交流电压。次级线圈产生的交流电压大小与变压器的圈数成正比的关系,即 $V_1/V_2 = N_1/N_2$。可通过改变变压器圈数来得到负载所需的交流电压。变压器的种类可分为电源变压器、输出变压器、输入变压器、脉波变压器等,其中电源变压器最常被使用。当然,电源变压器也有不少缺点,例如功率与体积成正比、笨重、效率低等,其现在逐渐被新型的"电子变压器"

所取代。电子变压器一般是"开关电源",电脑工作需要的几组电压就是开关电源供给的,彩电、显示器中更是无一例外地使用了开关电源。

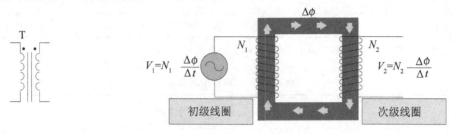

图 1-29 变压器的符号与结构

线圈(coil):电感器又称为线圈,在电路中常以 L 表示,电感器的单位为亨利(H)。在使用上常会以 mH(10^{-3}H)、MH(10^{-6}H)及 nH(10^{-9}H)来表示较小的电感值。电感器的种类很多,适用范围也不同,较常用的电感器符号如图 1-30(a)所示。由于电感器具有储存磁能的特性,在高频电路中常用于谐振、滤波、振荡等电路中。高频线圈是电感量固定的电感器,如图 1-30(b)所示。

(a)　　　　　　　　　　　　(b)

图 1-30 电感器符号和种类

在低频的电源电路中,通常采用具有使直流电通过,隔离交流涟波电压的磁环电感做为电源滤波之用,如图 1-31 所示。

图 1-31 磁环电感

1.2　专用元器件

1.2.1　晶体二极管

一、晶体二极管的特性

半导体是一种具有特殊性质的物质,它不像导体一样能够完全导电,又不像绝缘体那样不能导电,它介于两者之间,所以称为半导体。半导体中最重要的两种元素是硅和锗。

二极管最明显的性质就是它的单向导电特性,也就是说电流只能从一边过去,却不能从另一边过来(从正极流向负极)。晶体二极管符号如图 1-32(a)所示。二极管的封装方式主要有玻璃封装、塑料封装和金属封装等几种。二极管有两个电极,分为正负极,一般把极性标示在二极管的外壳上。大多数的时候是用一个不同颜色的环来表示负极,有的直接标上“一”号,具体如图 1-32(b)所示。大功率二极管多采用金属封装,并且有个螺帽以便固定在散热器上。

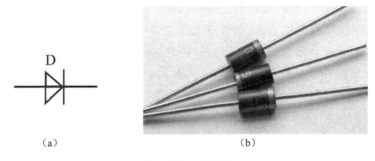

(a)　　　　　　　　　　　　　　(b)

图 1-32　二极管

利用二极管单向导电的特性,常将二极管作整流器,把交流电变为直流电,即只让交流电的正半周(或负半周)通过,再用电容器滤波形成平滑的直流电。事实上好多电器的电源部分都是这样设计的。二极管也用来做检波器,把高频信号中的有用信号“检出来”。

二、二极管的种类

二极管的类型也有好几种,如图 1-33 所示,如整流二极管、快恢复二极管、稳压二极管、开关二极管、肖特基二极管、TVS 瞬态抑制二极管、检波二极管、双向触发二极管、超快速恢复二极管、变容二极管,以及光电二极管等,最常见的是发光二极管。

图 1-33　二极管的种类

①发光二极管:发光二极管在日常生活电器中无处不在,它能够发光,有红光、绿光和黄光等,有直径 3 mm、5 mm 圆柱形和 2 mm×5 mm 长方形的。与普通二极管一样,发光二极管也是由半导体材料制成的,也具有单向导电的性质,即只有接对极性才能发光。发光二极管符号比一般二极管多了两个箭头,示意能够发光。通常发光二极管用来作电路工作状态的指示,它比小灯泡的耗电低得多,而且寿命也长得多。

发光二极管的发光颜色一般和它本身的颜色相同,但是近年来出现了透明色的发光管,它也能发出红黄绿等颜色的光,只有通电了才能知道。辨别发光二极管正负极的方法,有实验法和目测法。实验法就是通电看能不能发光,若不能发光就是极性接错或是发光管损坏。

注意发光二极管是一种电流型器件,虽然在它的两端直接接上 3 V 的电压后能够发光,但容易损坏,在实际使用中一定要串接限流电阻,工作电流根据型号不同一般为 1～30 mA。另外,由于发光二极管的导通电压一般为 1.7 V 以上,所以一节 1.5 V 的电池不能点亮发光二极管。同样,一般万用表的 R×1 档到 R×1k 档均不能测试发光二极管,而 R×10k 档由于使用15 V 的电池,能把有的发光二极管点亮。

用眼睛来观察发光二极管,可以发现内部的两个电极一大一小。一般来说,电极较小、个头较矮的一个是发光二极管的正极,电极较大的一个是它的负极。若是新买来的发光二极管,管脚较长的一个是正极。贴片二极管,一边带彩色线的是负极,另一边是正极。图 1-34 给出了常见发光二极管的符号与种类。

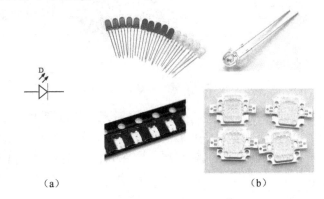

（a）　　　　　　（b）

图 1-34　发光二极管的符号与种类

②稳压二极管:稳压二极管的正负极在电路中是反接的,特点就是击穿后,其两端的电压基本保持不变。这样,当把稳压管接入电路以后,若由于电源电压发生波动,或其他原因造成电路中各点电压变动时,负载两端的电压将基本保持不变,如图 1-35 所示。

图 1-35　稳压二极管

③变容二极管:根据普通二极管内部"PN 结"的结电容能随外加反向电压的变化而变化这一原理专门设计出来的一种特殊二极管。变容二极管在无绳电话机中主要用在手机或座机

的高频调制电路中,实现低频信号调制到高频信号上,并发射出去。在工作状态,变容二极管调制电压一般加到负极上,使变容二极管的内部结电容容量随调制电压的变化而变化,如图1－36所示。

图 1－36 变容二极管

1.2.2 晶体三极管

半导体三极管也称为晶体三极管,它是电子电路中最重要的器件,在电路中常用"Q"加数字表示,如图 1－37(a)所示。它最主要的功能是电流放大和开关作用。三极管顾名思义具有三个电极。二极管是由一个 PN 结构成的,而三极管由两个 PN 结构成,共用的一个电极为三极管的基极(用字母 b 表示)。其他的两个电极为集电极(用字母 c 表示)和发射极(用字母 e 表示)。由于不同的组合方式,形成了一种是 NPN 型的三极管,另一种是 PNP 型的三极管。

一、晶体三极管的分类

三极管可以分为很多类,按结构可分为点接触型和面接触型;按生产工艺可分为合金型、扩散型和平面型等。但是最常用的分类是从应用角度,依工作频率分为低频三极管、高频三极管和开关三极管;依功率可分为小功率三极管、中功率三极管和大功率三极管;按其导电类型可分为 PNP 型和 NPN 型;按其构成的材料可分为锗管和硅管。如图 1－37(b)所示。

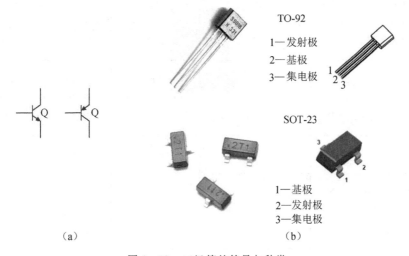

（a）　　　　　　　　　　　　　（b）

图 1－37 三极管的符号与种类

不同型号的三极管用途各有不同。三极管大都是塑料封装或金属封装,大的很大,小的很小。三极管的电路符号有两种:有一个箭头的电极是发射极,箭头朝外的是 NPN 型三极管,而箭头朝内的是 PNP 型。实际上箭头所指的方向是电流的方向。常用的三极管如表 1 - 7 所示。

表 1 - 7　常用的三极管

晶体管型号	极性	功率 P/mW	电流 I/mA	电压 U/V	封装方式
A1050	PNP	400	150	50	ECB
A733	PNP	250	150	60	ECB
C1815	NPN	400	150	60	ECB
C945	NPN	250	150	60	ECB
S8050	NPN	625	500	40	EBC
S8550	PNP	625	500	40	EBC
S9012	PNP	625	500	40	EBC
S9013	NPN	625	500	40	EBC
S9014	NPN	450	100	50	EBC
S9015	PNP	450	100	50	EBC
S9018	NPN	400	50	30	EBC
2N3904	NPN	350	200	60	EBC
2N3906	PNP	625	200	40	EBC
2N5401	PNP	350	600	160	EBC
2N5551	NPN	350	600	180	EBC
MPSA42	NPN	625	500	300v	EBC
MPSA92	PNP	625	500	300v	EBC

二、三极管的作用

三极管最基本的作用是放大作用,它可以把微弱的电信号变成一定强度的信号,当然这种转换仍然遵循能量守恒,它只是把电源的能量转换成信号的能量。三极管有一个重要参数就是电流放大系数 β。当三极管的基极上加一个微小的电流时,在集电极上可以得到一个是基极电流 β 倍的电流,即集电极电流。集电极电流随基极电流的变化而变化,并且基极电流很小的变化可以引起集电极电流很大的变化,这就是三极管的放大作用。

三极管还可以作电子开关,配合其他元件还可以构成振荡器。

三、三极管的标识

电子制作中常用的三极管有 90XX 系列,包括低频小功率硅管 9013(NPN)、9012(PNP),低噪声管 9014(NPN),高频小功率管 9018(NPN)等。它们的型号一般都标在塑壳上,都是 TO-92 标准封装。在老式的电子产品中还能见到 3DG6(低频小功率硅管)、3AX31(低频小功率锗管)等,它们的型号也都印在金属的外壳上。三极管编号方式具体如图 1-38 所示。

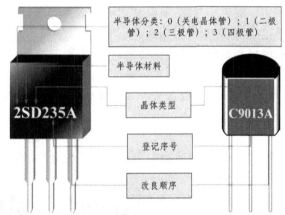

晶体类型：A（PNP高频晶体管）；B（PNP低频晶体管）；
C（NPN高频晶体管）；D（NPN低频晶体管）；F(N闸型SCR)；
G(P闸型SCR)；H（单结晶体管）；J（P通道FET)；K（N通道
FET)；M(TRIAC)。

图 1-38　三极管编号方式

1.2.3　场效应晶体管放大器

一、场效应管

场效应管是一种利用电场效应来控制电流的半导体器件,是仅由一种载流子参与导电的半导体器件。从参与导电的载流子来划分,它有电子做为载流子的 N 沟道器件和空穴做为载流子的 P 沟道器件。场效应管分为结型和 MOS 型两种,结型包括 N 沟道和 P 沟道,MOS 型也包括 N 沟道和 P 沟道两种,它们分别包含了增强型和耗尽型。场效应晶体管具有较高输入阻抗和低噪声等优点,因而也被广泛应用于各种电子设备中。尤其用场效应管做整个电子设备的输入级,可以获得一般晶体管很难达到的性能。其电路符号和种类如图 1-39 所示。

图 1-39 场效应管的符号和种类

二、场效应管与晶体管的比较

(1)场效应管是电压控制元件,而晶体管是电流控制元件。在只允许从信号源取较少电流的情况下,应选用场效应管;而在信号电压较低,又允许从信号源取较多电流的条件下,应选用晶体管。

(2)场效应管是利用多数载流子导电,所以称之为单极型器件;而晶体管既利用多数载流子,也利用少数载流子导电,被称为双极型器件。

(3)有些场效应管的源极和漏极可以互换使用,栅压也可正可负,灵活性比晶体管好。

(4)场效应管能在很小电流和很低电压的条件下工作,而且它的制造工艺可以很方便地把很多场效应管集成在一块硅片上,因此场效应管在大规模集成电路中得到了广泛的应用。

1.2.4 可控硅

可控硅也称作晶闸管,它是由 PNPN 四层半导体构成的元件,有三个电极,阳极 A,阴极 K 和控制极 G,如图 1-40(b)所示。

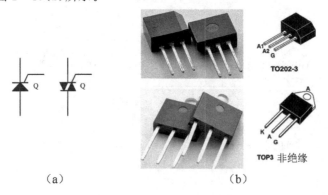

图 1-40 可控硅符号和种类

可控硅在电路中能够实现交流电的无触点控制,以小电流控制大电流,并且不像继电器那样控制时有火花产生,而且动作快、寿命长、可靠性好。在调速、调光、调压、调温以及其他各种控制电路中都有它的身影。

可控硅分为单向和双向,符号也不同。单向可控硅有三个 PN 结,由最外层的 P 极和 N 极引出两个电极,分别称为阳极和阴极,由中间的 P 极引出一个控制极,如图 1-40(a)所示。

单向可控硅有其独特的特性:当阳极接反向电压,或者阳极接正向电压但控制极不加电压时,它都不导通,而阳极和控制极同时接正向电压时,它就会变成导通状态。一旦导通,控制电压便失去了对它的控制作用,不论有没有控制电压,也不论控制电压的极性如何,它将一直处于导通状态。要想关断,只有把阳极电压降低到某一临界值即可。

双向可控硅的引脚多数是按 T1、T2、G 的顺序从左至右排列(电极引脚向下,面对有字符的一面时)。加在控制极 G 上的触发脉冲的大小或时间改变时,就能改变其导通电流的大小。

与单向可控硅的区别:双向可控硅 G 极上触发脉冲的极性改变时,其导通方向就随着极性的变化而改变,从而可以控制交流电负载;单向可控硅经触发后只能从阳极向阴极单方向导通。

电子制作中常用可控硅,单向的有 MCR - 100 等,双向的有 TLC336 等。

1.2.5 集成电路

集成电路(integrated circuit,IC)是一种采用特殊工艺,将晶体管、电阻、电容等元件集成在硅基片上而形成的具有一定功能的器件。集成电路是 20 世纪 60 年代出现的,当时只集成了十几个元器件。后来集成度越来越高,也有了今天的 P-Ⅳ。

集成电路根据不同的功能用途分为模拟和数字两大类别,而具体功能更是数不胜数,其应用遍及人们生活的方方面面。集成电路根据内部的集成度分为大规模、中规模、小规模三类。其封装又有许多形式,"双列直插"和"单列直插"芯片最为常见。消费类电子产品中用软封装的 IC,精密产品中用贴片封装的 IC 等。

对于 CMOS 型 IC,特别要注意防止静电击穿 IC,最好不要用未接地的电烙铁焊接。使用 IC 也要注意其参数,如工作电压、散热等。数字 IC 多用＋5 V 的工作电压,模拟 IC 工作电压各异。

集成电路有各种型号,其命名也有一定规律,一般是由前缀、数字编号、后缀组成。前缀表示集成电路的生产厂家及类别,后缀一般用来表示集成电路的封装形式、版本代号等。常用的集成电路如小功率音频放大器 LM386 就因为后缀不同而有许多种。LM386N 是美国国家半导体公司的产品,LM 代表线性电路,N 代表塑料双列直插。

集成电路型号众多,随着技术的发展,功能更强、集成度更高的集成电路纷纷涌现,为电子产品的生产制作带来了方便。在设计制作时,若没有专用的集成电路可以应用,就应该尽量选用应用广泛的通用集成电路,同时也要考虑集成电路的价格和制作复杂度。在电子制作中,有许多常用的集成电路,如 NE555(时基电路)、LM324(四个集成的运算放大器)、TDA2822(双声道小功率放大器)、KD9300(单曲音乐集成电路)、LM317(三端可调稳压器)等。下面给出一些常见的集成电路封装,如图 1 - 41 所示。

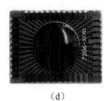

(a)　　　　　　　(b)　　　　　　　(c)　　　　　　　(d)

图 1 - 41　常见的集成电路封装

1.3 机电元件

1.3.1 扬声器

扬声器又称为喇叭,扬声器具有将电能转换为声能的功能,扬声器的基本结构如图1-42(a)所示,表征声音的信号电流流经音圈感应相对磁场,产生与内部永久磁铁排斥或吸引的力,进而带动纸盆振动,压缩空气产生声波的传递。扬声器的电路符号与外观,如图1-42(b)和图1-43(c)所示。

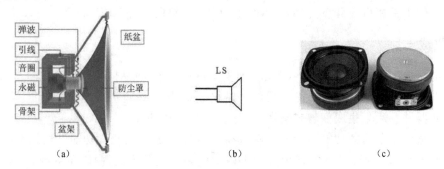

图1-42 扬声器的电路符号、基本结构与外观

1.3.2 蜂鸣器

蜂鸣器的功能为当通以电流(交流电或直流电)时,经由内部电磁感应造成蜂鸣器内部振动而发出响声,一般都做为提醒或警告之用。蜂鸣器主要分为压电式蜂鸣器和电磁式蜂鸣器两种类型。压电式蜂鸣器主要由多谐振荡器、压电蜂鸣片、阻抗匹配器及共鸣箱、外壳等组成。有的压电式蜂鸣器外壳上还装有发光二极管。多谐振荡器由晶体管或集成电路构成。当接通电源后(1.5~15 V直流工作电压),多谐振荡器起振,输出1.5~2.5 kHz的音频信号,阻抗匹配器推动压电蜂鸣片发声。压电蜂鸣片由锆钛酸铅或铌镁酸铅压电陶瓷材料制成。在陶瓷片的两面镀上银电极经极化和老化处理后,再与黄铜片或不锈钢片粘在一起。电磁式蜂鸣器由振荡器、电磁线圈、磁铁、振动膜片及外壳等组成。接通电源后,振荡器产生的音频信号电流通过电磁线圈,使电磁线圈产生磁场。振动膜片在电磁线圈和磁铁的相互作用下,周期性地振动发声。蜂鸣器的电路符号与外观,如图1-43所示。

图1-43 蜂鸣器电路符号与外观

蜂鸣器从驱动方式上还可以分为无源蜂鸣器和有源蜂鸣器。这里的"源"不是指电源,而是指振荡源。也就是说,有源蜂鸣器内部带振荡源,所以只要一通电就会叫。而无源蜂鸣器内

部不带振荡源,所以如果用直流信号无法令其鸣叫,必须用频率为 2 kHz～5 kHz 的方波驱动它。有源蜂鸣器往往比无源的贵,就是因为里面多个振荡电路。无源蜂鸣器的优点:便宜;声音频率可控,可以做出"多来米发索拉西"的效果;在一些特例中,可以和 LED 复用一个控制口。有源蜂鸣器的优点:过程控制方便。

1.3.3 电池

电池有两个常用的参数,分别为电压和容量。电压主要取决于正负极的材料。一般的干电池电压均为 1.5 V,而充电电池的电压为 1.2 V。容量就是容纳多少电量,用放电电流和放电时间的乘积表示。例如容量为 500 mAh 的电池,是指该电池用 500 mA 的电流放电,能使用 1 个小时。显然,如果用 250 mA 的电流放电,就能使用 2 个小时,以此类推。常用的电池有锌锰干电池、碱性电池、镍镉电池、镍氢电池、锂离子电子;叠层电池、纽扣电池等,其电路符号和种类如图 1-44 所示。

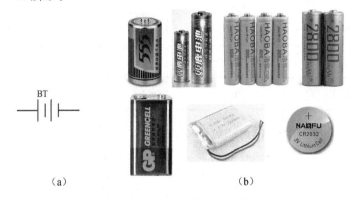

（a）　　　　　　　　　　　　　　（b）

图 1-44　电池符号与种类

锌锰干电池,标称电压 1.5 V,成本便宜但是连续放电性差,不适合大电流放电,而且不能充电,只适用于一些小电流的电子电路。锌锰干电池具有间歇放电的时间和比连续放电的时间要长的特性。

碱性电池,标称电压也是 1.5 V,其电解液是水溶氢氧化钾液,容量大,能大电流放电,各方面特性均优于锌锰干电池。在实际中,越是需要大电流的电路,碱性电池越能发挥作用。

镍镉电池是一种流行的蓄电池。这种电池以氢氧化镍(NiOH)及金属镉(Cd)做为产生电能的化学品。对比其他种类的蓄电池,镍镉电池的优势:放电时电压变化不大,充电为吸热反应,内阻小,对轻度的过充过放相对镍氢电池和锂电池来说容忍度较大。镍镉电池的缺点则是记忆效应及镉的重金属污染。

镍氢电池是多年来可靠的密封型镍镉电池技术的延伸。镍氢电池通过吸氢负极取代了以镉金属为基础的负极,这种取代增加了单位重量和单位体积电池的容量(以安培小时计算,术语称为重量比容量及体积比容量),去除了镍镉电池的记忆效应,同时,由于不采用镉,消除了对镉金属毒性的担忧。镍氢电池其他方面与镍镉电池十分相似。在这两种电池之间,许多应用参数几乎没有变化,在电池组中以镍氢电池代替镍镉电池通常不会产生明显的设计问题。

锂离子电池是一种充电电池,它主要依靠锂离子在正极和负极之间移动来工作。锂离子电池使用一个嵌入的锂化合物做为一个电极材料。锂离子电池主流分为锂钴、三元、锂锰和磷酸铁锂等几个系列。锂钴:主要特点为高容量,但安全性在锂电池体系中相对最差。三元(即锂镍锰钴 NMC):综合性较好,高倍率性能佳,电动工具产品采用三元体系较多。锂锰:成本低,动力性能好,但可能突然失效全仍然存在安全隐患,较多应用于电动自行车等。磷酸铁锂:寿命长,低温性较差,一致性较难控制,仍然存在安全隐患。其他还包括锂钛系等。

以下是镍镉电池、镍氢电池与最常见的锂电池的特性比较,见表1-8。

表1-8 镍镉电池、镍氢电池与最常见的锂电池的特性

项目	镍镉电池	镍氢电池	锂电池
额定电压/V	1.2	1.2	3.6
电压工作范围/V	1.0～1.4	1.0～1.4	2.7～4.2
质量比能量/(W·h/kg)	60	107	150～158
能量密度/(W·h/L)	200	428	245～430
深循环寿命/次	500	500	500
充电温度/℃	0～45	0～45	0～45
放电温度/℃	−40～70	−40～70	−20～70
放电倍率	1～20C	1～20C	1～20C
最快充电时间	1h(特殊设计)	15min(特殊设计)	1h
自放电	20%/月	普通:20%～30%/月;低自放电系列:15%～20%/一年;超低自放电系列:25%/3 年	6%/年
记忆效应	有	无	无
环保	不环保,镉有毒性	环保	环保
充电方式	恒流	恒流多步充电	限流恒压

叠层电池,是把普通的化学干电池制作成长方形的小块,并多个叠加串联在一起,成为一个独立的电池。一般叠层电池与普通干电池性质相同,但输出电压要看叠层块的数量,如果由6块干电池块串联在一起,那么叠层电池的总电压是9 V。叠层电池具有体积小输出电压高的特点,但它的输出电流小,不适合用作功率较大的用电设备,而只适合用于便携式仪器仪表上面。

纽扣电池,是电池的形状分类之一,指形状如纽扣、按钮、硬币、豆粒等的小型电池。纽扣型电池的式样繁多,直径有大有小,厚度也有薄有厚。大多数纽扣型电池都是一次电池(不可充电的电池,又称原电池),它属于干电池,但与一般圆筒状、大而长的 1 号、2 号、5 号、7 号等常用干电池在外形上有明显的不同。纽扣型电池的电源容量与可供应的功率都比一般干电池小,主要用于不便接外部电源的小型携带式装置之中,例如计算机、手表、电子体温计等。此外,也用于各种电脑类装置内的备份电池,以便在未接电时仍可保持内部的时钟与记忆内容,例如保持电脑主板 BIOS 记忆与时钟的电池。

1.3.4　开关

开关具有使交流电或者直流电导通或截止的功能,电路符号如图 1−45(a)所示。电源开关的种类很多,如拨动开关、温控开关、杠杆开关、光电开关、跷板开关、按钮开关、水银开关,可依需要加以选用,如图 1−45(b)所示。

（a）　　　　　　　　　　　　　　　　　　　（b）

图 1−45　开关电路符号与外观

1.3.5　电源指示灯

电源指示灯用以指示电源通电或断电的状态。交流电源中大多采用氖灯做为电源指示,其电路符号与外观如图 1−46 所示。

（a）　　　　　　　　　　　　　　　　　　　（b）

图 1−46　电源指示灯电路符号与外观

1.3.6　保险丝

保险丝用来为预防电路过载或使用不当。当电路产生较大电流时,保险丝会自动熔断,使电源断路用以保护电路安全,避免内部电路元件受损毁坏。保险丝座方便保险丝的更换。保险丝的电路符号与外观如图 1−47 所示。

（a）　　　　　　　　　　　　　　　　　（b）

图 1-47　保险丝电路符号与外观

1.3.7　继电器

继电器具有以小电流控制接点的闭合，进而控制大电流的功能。继电器基本结构如图 1-48(b)所示，线圈未通电时，因衔铁受到弹簧的拉力使得 NC(常闭接点)与 COM(共同接点)连接，同时使 NO(常开接点)与 COM 形成开路状态。当线圈通以电流时，产生磁力吸引衔铁，使得 NO(常开接点)与 COM(共同接点)连接，使 NC(常闭接点)与 COM 形成开路状态。如此就可利用电子电路控制继电器线圈，通以小量电流来控制开关闭合，达到控制大电流的目的。继电器的电路符号与外观如图 1-48(a)和图 1-49(c)所示。

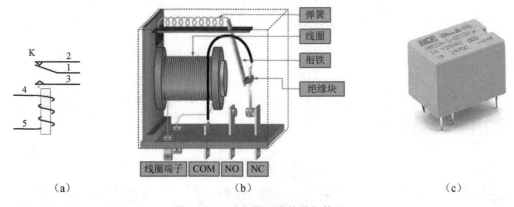

（a）　　　　　　　　　　　　　　　　（b）　　　　　　　　　　　　　　（c）

图 1-48　继电器电路符号与外观

1.4　特殊器件

霍尔器件：几乎是每台录像机中都会用的器件，另外在各种精密的工业设备中也有它的身影。它主要用来检测磁力，而且基本上都是以"集成霍尔传感器"的形式出现。用高灵敏的霍尔器件还可以制作电子罗盘，如图 1-49 所示。

数码管：许多电子产品上都有跳动的数码来指示电器的工作状态。其实数码管显示的数码均是由七个发光二极管构成的。每段加上合适的电压，该段就点亮。为方便连接，数码管分为共阳型和共阴型。共阳型就是七个发光管的正极都连在一起，做为一条引线，如图 1-50 所示。

图 1-49　霍尔器件　　　　　　　　　　　图 1-50　数码管

　　干簧管:干簧管是一种磁敏特殊开关。它的两个触点由特殊材料制成,被封装在真空的玻璃管里,如图 1-51 所示。只要用磁铁接近它,干簧管两个触点就会吸合在一起使电路导通,因此可以做为传感器用于计数、限位等。有一种自行车公里计,就是在轮胎上粘上磁铁,在一旁固定干簧管构成。干簧管装在门上可做为开门时的报警、问候等;在"断线报警器"的制作中也会用到干簧管。

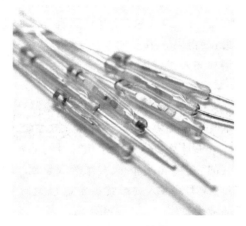

图 1-51　干簧管

第2章 嵌入式微处理器开发板

2.1 嵌入式系统概述

计算机首先应用于数值计算。随着计算机技术的不断发展,计算机的处理速度越来越快,存储容量越来越大,外围设备的性能越来越好,满足了高速数值计算和海量数据处理的需要,形成了高性能的通用计算机系统。以往我们按照计算机的体系结构、运算速度、结构规模、适用领域,将其分为大型计算机、中型计算机、小型计算机和微型计算机,并以此来组织学科和产业分工,这种分类沿袭了约40年。近20年来,随着计算机技术的迅速发展,以及计算机技术和产品对其他行业的广泛渗透,使得以应用为中心的分类方法变得更为切合实际。具体地说,就是按计算机的非嵌入式应用和嵌入式应用将其分为通用计算机系统和嵌入式计算机系统。

1.什么是嵌入式系统

嵌入式系统(embedded system),是一种"完全嵌入受控器件内部,为特定应用而设计的专用计算机系统",根据英国电气工程师协会的定义,嵌入式系统为控制、监视或辅助设备、机器或用于工厂运作的设备。与个人计算机这样的通用计算机系统不同,嵌入式系统通常执行的是带有特定要求的预先定义的任务。由于嵌入式系统只针对一项特殊的任务,设计人员能够对它进行优化,减小尺寸降低成本。嵌入式系统通常进行大量生产,所以单个的成本节约,能够随着产量进行成百上千的放大。

嵌入式系统是用来控制或者监视机器、装置、工厂等大规模设备的系统。国内普遍认同的嵌入式系统定义:以应用为中心,以计算机技术为基础,软硬件可裁剪,适应应用系统对功能、可靠性、成本、体积、功耗等严格要求的专用计算机系统。通常,嵌入式系统是一个控制程序存储在 ROM 中的嵌入式处理器控制板。事实上,所有带有数字接口的设备,如手表、微波炉、录像机、汽车等,都使用嵌入式系统,有些嵌入式系统还包含操作系统,但大多数嵌入式系统都是由单个程序实现整个控制逻辑。嵌入式系统的核心是由一个或几个预先编程好以用来执行少数几项任务的微处理器组成。与通用计算机能够运行用户选择的软件不同,嵌入式系统上的软件通常是暂时不变的,所以经常称为"固件"。

嵌入式计算机则是以嵌入式系统的形式隐藏在各种装置、产品和系统中的。在许多应用领域中,如工业控制、智能仪器仪表、家用电器、电子通信设备等电子系统和电子产品中,对计算机的应用有着不同的要求。特定的环境、特定的功能,要求计算机系统与所嵌入的应用环境成为一个统一的整体,并且往往要满足紧凑、高可靠性、实时性好、低功耗等技术要求。这样一种面向具体专用应用目标的计算机系统的应用,以及系统的设计方法和开发技术,构成了今天嵌入式系统的重要内涵,也是嵌入式系统发展成为一个相对独立的计算机研究和学习领域的原因。

2. 嵌入式系统的特点与应用

嵌入式系统是以应用为核心,以计算机技术为基础,软件硬件可裁剪,适应应用系统对功能、可靠性、安全性、成本、体积、重量、功耗、环境等方面严格要求的专用计算机系统。嵌入式系统将应用程序和操作系统与计算机硬件集成在一起,简单讲就是系统的应用软件与系统的硬件一体化。这种系统具有软件代码小,高度自动化,响应速度快等特点,特别适于面向对象的、要求实时的、多任务的应用。

嵌入式计算机系统在应用数量上远远超过了各种通用计算机系统,一台通用计算机系统,如 PC 机的外部设备中就包含了 5~10 个嵌入式系统:键盘、鼠标、软驱、硬盘、显示卡、显示器、Modem、网卡、声卡、打印机、扫描仪、数字相机、USB 集线器等均是由嵌入式处理器控制的。制造工业、过程控制、通信、仪器、仪表、汽车、船舶、航空、航天、军事装备、消费类产品等方面均是嵌入式计算机的应用领域。

通用计算机系统和嵌入式计算机系统形成了计算机技术的两大分支。与通用计算机系统相比,嵌入式系统最显著的特性是面对工控领域的测控对象,可以嵌入到工控应用系统中。工控领域的测量对象都是一些物理量,如压力、温度、速度、位移等;控制对象则包括马达、电磁开关等。嵌入式计算机系统对这些参量的采集、处理、控制速度是有限的,而对控制方式和能力的要求则是多种多样的。显然,这一特性形成并决定了嵌入式计算机系统和通用计算机系统在系统结构、技术、学习、开发和应用等诸方面的差别,也使得嵌入式系统成为计算机技术发展中的一个重要分支。

嵌入式计算机系统以其独特的结构和性能,越来越多地应用在国民经济的各个领域。

3. 单片嵌入式系统

嵌入式计算机系统的构成,根据其核心控制部分的不同可分为几种不同的类型。

(1)各类工控机;

(2)可编程逻辑控制器 PLC;

(3)以通用微处理器或数字信号处理器构成的嵌入式系统;

(4)单片嵌入式系统。

采用上述不同类型的核心控制部件所构成的系统都实现了嵌入式系统的应用,成为嵌入式系统应用的庞大家族的一员。

以微处理器做为控制核心的单片嵌入式系统大部分应用于专业性极强的工业控制系统中。其主要特点:结构和功能相对单一、存储容量较小、计算能力和效率比较低,简单的用户接口。由于这种嵌入式系统功能专一可靠、价格便宜,因此在工业控制、电子智能仪器设备等领域有着广泛的应用。

做为单片嵌入式系统的核心控制部件微处理器,它从体系结构到指令系统都是按照嵌入式系统的应用特点专门设计的,它能最好地满足面对控制对象、应用系统的嵌入、现场的可靠运行和优良的控制功能要求。因此,单片嵌入式应用是发展最快、品种最多、数量最大的嵌入式系统,也有着广泛的应用前景。由于微处理器具有嵌入式系统应用的专用体系结构和指令系统,因此在其基本体系结构上,可衍生出能满足各种不同应用系统要求的系统和产品。用户可根据应用系统的各种不同要求和功能,选择最佳型号的微处理器。

做为一个典型的嵌入式系统——单片嵌入式系统,在我国大规模应用已有几十年的历史。它不但是中小型工控领域、智能仪器仪表、家用电器、电子通信设备和电子系统中最重要的工具和最普遍的应用手段,同时正是由于单片嵌入式系统的广泛应用和不断发展,也大大推动了嵌入式系统技术的快速发展。因此对于电子、通信、工业控制、智能仪器仪表等相关专业的学生来讲,深入学习和掌握单片嵌入式系统的原理与应用,不仅能对自己所学的基础知识进行检验,而且能够培养和锻炼自己的问题分析、综合应用和动手实践的能力,掌握真正的专业技能和应用技术。同时,深入学习和掌握单片嵌入式系统的原理与应用,可以为更好地掌握其他嵌入式系统打下重要的基础,这个特点尤其表现在硬件设计方面。

2.2　嵌入式微处理器概述

2.2.1　嵌入式微处理器的发展历史

微处理器,是把中央处理器、存储器、定时/计数器(timer/counter)、各种输入输出接口等都集成在一块集成电路芯片上的微型计算机。与应用在个人电脑中的通用型微处理器相比,它更强调自供应(不用外接硬件)和节约成本。相较而言,它的存储量小,输入输出接口简单,功能较低。其最大优点是体积小,可放置于仪表内部。近年来微处理器技术发展迅速,在很多应用场合其也被称为微控制器(single-chip microcontroller)。

1974 年,美国仙童(Fairchild)公司研制出世界上第一台单片微型计算机 F8。该机由两块集成电路芯片组成,结构奇特,具有与众不同的指令系统,深受民用电器和仪器仪表领域欢迎和重视。此后微处理器迅速发展,同时应用范围不断扩大,成为微型计算机的重要分支。迄今为止,微处理器制造商有很多,主要有美国的 intel、Motorola、Zilog、NS、Microchip、Atmel 和 TI 公司,日本的 NEC(日本电气)、Toshiba(东芝)、Fujitsu(富士通)和 Hitachi(日立)公司,荷兰的 Philips、英国的 Inmos 和德国的 Siemens(西门子)公司等。

20 世纪 80 年代以来,微处理器有了新的发展,各半导体器件厂商也纷纷推出自己的产品系列。按照 CPU 对数据的处理位数划分,微处理器的发展通常可以分为以下四个阶段。

1. 4 位微处理器阶段

1976 年,intel 公司推出了 MCS - 48 系列微处理器。4 位微处理器的控制功能较弱,CPU 一次只能处理 4 位二进制数。这类微处理器常用于计算器、各种形态的智能单元以及做为家用电器中的控制器。典型产品有美国 NS 公司的 COP4×× 系列、Toshiba 公司的 TMP47×× 系列以及 Panasonic 公司的 MN1400 系列等微处理器。

2. 8 位微处理器阶段

1980 年,intel 公司推出 MCS - 51 系列微处理器。8 位微处理器的控制功能较强,品种最为齐全。和 4 位微处理器相比,它不仅具有较大的存储容量和寻址范围,而且中断源、并行 I/O 接口和定时器/计数器个数都有了不同程度的增加,并集成有全双工串行通信接口。在指令系统方面,普遍增设了乘除指令和比较指令。特别是 8 位机中的高性能增强型微处理器,片内增加了 A/D 和 D/A 转换器,同时集成有定时器、比较寄存器、监视定时器(watchdog)、总线控制部件和晶体振荡电路等。这类微处理器由于其片内资源丰富且功能强大,广泛应用于工业控制、智能仪表、家用电器和办公自动化系统中。代表产品有 intel 公司的 MCS - 51 系列机、荷兰 Philips 公司的 80C51 系列机(同 MCS - 51 兼容)、Motorola 公司的 M6805 系列机、Microchip公司的 PIC 系列机和 Atmel 公司的 AT89 系列机(同 MCS - 51 兼容)等。

3.16 位微处理器阶段

16 位微处理器是在 1983 年以后发展起来的。这类微处理器的特点：CPU 是 16 位的，运算速度普遍高于 8 位机。有的 16 位微处理器寻址能力高达 1 MB，片内含有 A/D 和 D/A 转换电路，支持高级语言。这类微处理器主要用于过程控制、智能仪表、家用电器以及做为计算机外部设备的控制器。典型产品有 intel 公司的 MCS－96/98 系列机、Motorola 公司的 M68HC16 系列机、N－S 公司的 HPC×××× 系列机等。

4.32 位微处理器阶段

32 位微处理器的字长为 32 位，是微处理器的顶级产品，具有极高的运算速度。近年来，随着家用电子系统的发展，32 位微处理器的市场前景看好。这类微处理器的代表产品有 Motorola 公司的 M68300 系列机、英国 Inmos 公司的 IM－ST414 和日立公司的 SH 系列机等。

未来设备具有小型化、智能化的发展趋势。微处理器以其体积小、功能强、价格低廉、使用灵活等优势，显示出很强的生命力。它和一般的集成电路相比有较好的抗干扰能力。对环境的温度和湿度都有较好的适应性，可以在工业条件下稳定工作。目前，微处理器在工业检测与控制、仪器仪表、消费类电子产品、通信、武器装备、各种终端以及计算机外部设备、汽车电子设备等领域都有着广泛的应用。

2.2.2　嵌入式微处理器的特点及应用

微处理器具有可靠性高、体积小、价格低的特点。

1.控制性能和可靠性高

微处理器是为满足工业控制而设计的，具有良好的实时控制功能。其 CPU 可以对 I/O 接口直接进行操作，且其具备优秀的位操作能力。由于 CPU、存储器及 I/O 接口集成在同一芯片内，各部件间的连接紧凑，数据在传送时受到的干扰较小，不易受环境变化的影响，可靠性很高。

2.体积小、价格低、易于产品化

每片微处理器芯片即是一台完整的微型计算机。在大规模的应用场景中，不仅可在众多的微处理器品种间进行匹配选择，而且可对芯片进行设计，使芯片功能与应用具有良好的对应关系。在微处理器产品的引脚封装方面，部分微处理器引脚已减少到 8 个或更少，从而使应用系统的印制板减小，接插件减少，安装更简捷便利。

由于微处理器具有良好的控制性能和灵活的嵌入品质，其广泛应用于仪器仪表、家用电器、医用设备、航空航天、专用设备的智能化管理及过程控制等领域，大致可分如下几个范畴。

1.在智能仪器仪表上的应用

微处理器具有体积小、功耗低、控制功能强、扩展灵活、微型化和使用方便等优点，广泛应用于仪器仪表中，结合不同类型的传感器，可实现诸如电压、功率、频率、湿度、温度、流量、速度、厚度、角度、长度、硬度、元素、压力等物理量的测量。采用微处理器控制使得仪器仪表数字化、智能化、微型化，且功能比起采用电子或数字电路更加强大。例如精密的测量设备（功率计，示波器，各种分析仪）。

2.在工业控制中的应用

用微处理器可以构成形式多样的控制系统、数据采集系统。例如工厂流水线的智能化管理,电梯智能化控制、各种报警系统,与计算机联网构成二级控制系统等。

3.在家用电器中的应用

可以说,当前的家用电器基本上都采用了微处理器控制,从电饭煲、洗衣机、电冰箱、空调机、彩电、其他音响视频器材,再到电子称量设备,五花八门,无所不在。

4.在计算机网络和通信领域中的应用

现代的微处理器普遍具备通信接口,可以很方便地与计算机进行数据通信,为在计算机网络和通信设备间的应用提供了极好的物质条件,现在的通信设备基本上都实现了微处理器智能控制,如手机、电话机、小型程控交换机、楼宇自动通信呼叫系统、列车无线通信、集群移动通信,无线电对讲机等。

5.微处理器在医用设备领域中的应用

微处理器在医用设备中的用途亦相当广泛,例如医用呼吸机、各种分析仪、监护仪、超声诊断设备及病床呼叫系统等等。

此外,微处理器在工商、金融、科研、教育、国防航空航天等领域都有着十分广泛的应用。

2.3 嵌入式微处理器系列

MCS-51 是 intel 公司生产的一款微处理器系列名称。属于这一系列的微处理器有多种,如 8051/8751/8031,8052/8752/8032,80C51/87C51/80C31,80C52/87C52/80C32 等。近年来微处理器产品市场百花齐放,功能各异的微处理器系列产品不断推出。但是,许多微处理器新品仍以 MCS-51 为内核,采用 CHMOS 工艺,形成了所谓的 80C51 主流系列。

MCS-51 系列微处理器的生产工艺有两种:一是 HMOS 工艺(即高密度短沟道 MOS 工艺),二是 CHMOS 工艺(即互补金属氧化物的 HMOS 工艺)。CHMOS 是 CMOS 和 HMOS 的结合,既保持了 HMOS 高速度和高密度的特点,还具有 CMOS 低功耗的特点。在产品型号中凡带有字母"C"的,即为 CHMOS 芯片,不带有字母"C"的,即为 HMOS 芯片。HMOS 芯片的电平与 TTL 电平兼容,而 CHMOS 芯片的电平既与 TTL 电平兼容,又与 CMOS 电平兼容。所以,在微处理器应用系统中应尽量采用 CHMOS 工艺的芯片。

在功能上,该系列微处理器有基本型和增强型两大类,通常以芯片型号的末位数字来区分。末位数字为"1"的型号为基本型,末位数字为"2"的型号为增强型。如 8051/8751/8031、80C51/87C51/80C31 为基本型,而 8052/8752/8032、80C52/87C52/80C32 为增强型。

在片内程序存储器的配置上,该系列微处理器有三种形式,即掩模 ROM、EPROM 和 ROMLess(无片内程序存储器)。如 80C51 含有 4 KB 的掩模 ROM,87C51 含有 4 KB 的 EPROM,而 80C31 在芯片内无程序存储器,应用时要在微处理器芯片外部扩展程序存储器。

其中,80C51 是 MCS-51 系列微处理器中 CHMOS 工艺的一个典型品种。另外,其他厂商以 8051 为基核开发出的 CHMOS 工艺微处理器产品统称为 80C51 系列。

后面的叙述中若无特殊声明,"80C51"均指统称。当前常用的 80C51 系列微处理器主要产品有:intel 公司的 80C31、80C51、87C51,80C32、80C52、87C52 等;ATMEL 公司的 89C51、89C52、89C2051、89C4051 等。除此之外,还有 Philips、华邦、Dallas、Siemens(Infineon)等公司的许多产品。虽然这些产品在某些方面有一些差异,但基本结构和功能是相同的。所以,以 80C51 代表这些产品的共性,而在具体的应用电路中,有时会采用某一产品的特定型号。

2.3.1 嵌入式微处理器的基本结构

在 MCS - 51 系列里,所有产品都是以 8051 为核心电路发展起来的,它们都具有 8051 的基本结构和软件特征。80C51 系列微处理器基本组成虽然相同,但不同型号的产品在某些方面仍会有一些差异。典型的微处理器产品资源配置如表 2 - 1 所示。

表 2 - 1 典型的微处理器产品资源配置

分类		芯片型号	存储器类型及字节数		片内其他功能单元数量			
			ROM	RAM	并行接口	串行接口	定时/计数器	中断源
总线型	基本型	80C31	无	128	4 个	1 个	2 个	5 个
		80C51	4K 掩模	128	4 个	1 个	2 个	5 个
		87C51	4K EPROM	128	4 个	1 个	2 个	5 个
		89C51	4K Flash	128	4 个	1 个	2 个	5 个
	增强型	80C32	无	256	4 个	1 个	3 个	6 个
		80C52	8K 掩模	256	4 个	1 个	3 个	6 个
		87C52	8K EPROM	256	4 个	1 个	3 个	6 个
		89C52	8K Flash	128	4 个	1 个	3 个	6 个
非总线型		89C2051	2K Flash	128	2 个	1 个	2 个	5 个
		89C4051	4K Flash	128	2 个	1 个	2 个	5 个

8051 微处理器的基本结构如图 2 - 1 所示,主要由以下几部分组成。

(1)CPU 系统:
- 8 位 CPU,含布尔处理器;
- 时钟电路;
- 总线控制逻辑。

(2)存储器系统:
- 4 B 的程序存储器(ROM/EPROM/Flash,可外扩至 64 KB);
- 128 B 的数据存储器(RAM,可再外扩 64 KB);
- 特殊功能寄存器 SFR。

(3)I/O 口:
- 4 个并行 I/O 口;
- 1 个全双工异步串行口。

(4)中断系统(5 个中断源、2 个优先级)。

(5)2 个 16 位定时/计数器。

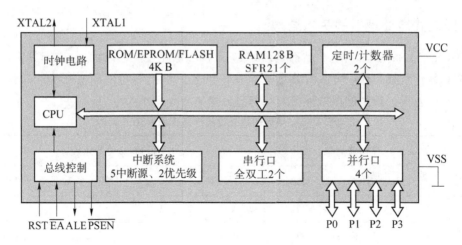

图 2-1　51 微处理器基本结构

2.3.2　嵌入式微处理器的工作原理

以系统结构和基本工作原理来说,微处理器和其他几类计算机并无本质区别,微处理器的结构仍然采用冯·诺依曼提出的计算机经典结构框架和"程序存储"原理。

微处理器是自动地进行运算和控制,首先把实现计算和控制的步骤一步步地用命令的形式,即一条条指令(instruction)预先存入到存储器中;然后微处理器在 CPU 的控制下,将指令一条条地取出来,并加以翻译和执行。工作原理和过程如下。

微处理器的工作过程,也就是微处理器执行程序的过程,即一条条执行指令的过程。所谓指令就是要求微处理器执行的各种操作以命令形式写下来,这是设计人员赋予它的指令系统所决定的。一条指令对应着一种基本操作。微处理器所能执行的全部指令就是该微处理器的指令系统,不同种类的微处理器其指令系统亦不同。

为使微处理器能自动完成某一特定任务,必须把要解决的问题编成一系列指令(这些指令必须是选定微处理器能识别和执行的指令),这一系列指令的集合就成为程序。程序需要预先存放在具有存储功能的部件——存储器中。存储器由许多存储单元(最小的存储单位)组成,就像大楼由许多房间组成一样,指令就存放在这些单元中。单元中的指令取出并执行就像大楼的每个房间被分配到了唯一一个房间号一样,每一个存储单元也必须被分配到唯一的地址号,该地址号称为存储单元的地址,这样只要知道了存储单元的地址,就可以找到这个存储单元。该存储单元中的指令就可以被取出,然后再被执行。

程序通常是顺序执行的,因此程序中的指令也是一条条顺序存放的。微处理器在执行程序时要能把这些指令一条条取出并加以执行,需要有一个部件能追踪指令所在的地址,这一部件就是程序计数器 PC(包含在 CPU 中)。其工作方式如下:①首先系统上电复位。复位后,程序计数器 PC 值为 0000H,控制器从 PC 中取出第一条指令地址。②根据这个地址到程序存储器中取出第一条指令操作码,对该操作码进行译码,以确定本条指令是否还有未取完的操作数,以及本条指令的意义。③修改 PC 以指向下一条指令在程序存储器中的地址。④运行本条指令规定的操作。⑤从 PC 中取出第二条指令的地址,从程序存储器中取出第二指令的操作码,如此不断循环下去,直到用户关机,即 CPU 断电为止。

2.3.3　嵌入式微处理器应用系统的开发

采用程序设计语言(如汇编、C51)进行 MCS-51 微处理器应用程序的设计。首先编辑源程序;然后源程序经过编译、链接后形成目标码文件,并传送到开发机中仿真调试;最后将目标码文件写入微处理器应用系统(即目标机)运行。

微处理器开发系统又称为开发机或仿真器。仿真的目的是利用开发机的资源(CPU、存储器和 I/O 设备等)来模拟欲开发的微处理器应用系统(即目标机)的 CPU、存储器和 I/O 操作,并跟踪和观察目标机的运行状态。

仿真可以分为软件模拟仿真和开发机在线仿真两大类。软件模拟仿真成本低,使用方便,但不能进行应用系统硬件的实时调试和故障诊断。下面仅介绍在线仿真方法。

1.利用独立型仿真器开发

图 2-2 为利用独立型仿真器开发的示意图。

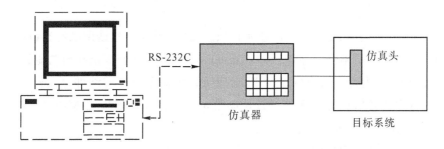

图 2-2　利用独立型仿真器开发的示意图

独立型仿真器采用与微处理器应用系统相同类型的微处理器做成单板机形式,板上配置 LED 显示器和简易键盘。这种开发系统在没有普通微机系统的支持下,仍能对微处理器应用系统进行在线仿真,便于在现场对应用软件进行调试和修改。另外,这种开发系统还配有串行接口,能与普通微机系统连接。这样,可以利用普通微机系统配备的组合软件进行源程序的编辑、汇编和联机仿真调试。然后将调试无误的目标程序(即机器码)传送到仿真器,利用仿真器进行程序的固化。

2.利用非独立型仿真器开发

EPROM 写入插座可以将开发调试完成的用户应用程序写入 EPROM 芯片。与前一种相比,此种开发方式现场参数的修改和调试不够方便。图 2-3 为利用非独立型仿真器开发的示意图。

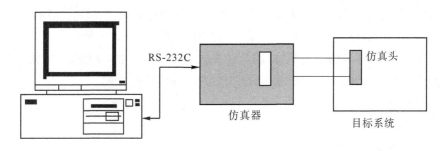

图 2-3　利用非独立型仿真器开发的示意图

以上两种开发方式均是在开发时拔掉目标系统的微处理器芯片和程序存储器芯片,插上从开发机上引出的仿真头,即把开发机上的微处理器出借给目标机。仿真调试无误后,拔掉仿真头,再插回微处理器芯片,把开发机中调试好的程序固化到 EPROM 芯片中并插到目标机的程序存储器插座上,目标机就可以独立运行了。

3.微处理器开发方式的发展

由于微处理器贴片封装形式的广泛采用,以及 Flash 存储器技术的迅速发展,传统的微处理器应用系统开发的理念受到冲击。采用新的微处理器应用系统开发技术可以将微处理器先安装到印制线路板上,然后通过 PC 机将程序下载到目标系统。

SST 公司推出的 SST89C54 和 SST89C58 芯片分别有 20 KB 和 30 KB 的 SuperFlash 存储器,利用这种存储器可以进行高速读/写的特点,能够实现在系统编程(ISP)和在应用编程(IAP)功能。首先在 PC 机上完成应用程序的编辑、汇编(或编译)和模拟运行,然后实现目标程序的串行下载。

Microchip 公司推出的 RISC 结构微处理器 PIC16F87X 中内置在线调试器 ICP(in-circuit programming)功能,该公司还配置了具有 ICSP(in-circuit serial programming)功能的简单仿真器和烧写器。由于芯片内置了侦测电路逻辑,所以可以不需要额外的硬件仿真器。通过 PC 机串行电缆(含有完成通信功能的 MPLAB-ICD 模块及与目标板连接的 MPLAB-ICD 头)就可以完成对目标系统的仿真调试。

4.微处理器系统的 PROTEUS 设计与仿真的开发过程

Proteus ISIS 是英国 Labcenter 公司开发的电路分析与实物仿真软件。它运行于 Windows 操作系统上,可以仿真、分析(SPICE)各种模拟器件和集成电路。PROTEUS 具有强大的微处理器系统设计与仿真功能,全部过程都是在计算机上通过 PROTEUS 来离线虚拟仿真完成的,不需要微处理器系统硬件,即可完成微处理器系统的硬软件调试,大大缩小了开发时间和难度。

该软件的特点如下。

(1)实现了微处理器仿真和分析电路相结合。具有模拟电路仿真、数字电路仿真、微处理器及其外围电路组成的系统仿真、RS232 动态仿真、IIC 调试器、SPI 调试器、键盘和 LCD 系统仿真的功能;有各种虚拟仪器,如示波器、逻辑分析仪、信号发生器等。

(2)支持主流微处理器系统仿真。目前支持的微处理器类型有:68000 系列、8051 系列、AVR 系列、PIC12 系列、PIC16 系列、PIC18 系列、Z80 系列、HC11 系列以及各种外围芯片。

(3)提供软件调试功能。在硬件仿真系统中具有全速、单步、设置断点等调试功能,同时可以观察各个变量、寄存器等的当前状态,因此在该软件仿真系统中,也必须具有这些功能;同时支持第三方的软件编译和调试环境,如 KeilC51,μVision2 等软件。

(4)具有强大的原理图绘制功能。总之,该软件是一款集微处理器和 SPICE 分析于一身的仿真软件,功能极其强大。

其过程一般也可分为三步。

①在 ISIS 平台上进行微处理器系统电路设计,选择元器件,接插件,连接电路和电气检

测等;

②在 ISIS 平台上进行微处理器系统程序设计、编辑、汇编编译、代码级调试,最后生成目标代码文件(* .hex);(本书简称 PROTEUS 源程序设计和生成目标代码文件)

③在 ISIS 平台上将目标代码文件加载到微处理器系统中,并实现微处理器系统的实时交互、协同仿真。它在一定程度上反映了实际微处理器系统的运行情况。

2.4　嵌入式微处理器开发板介绍

针对当前实验设备的不足和为了满足微处理器日常教学和学生课外深入学习的需要,笔者设计了一套全新的实验平台。在平台设计的过程中遵循小体积、多功能、多用途、强拓展性、高可靠性、高性价比的设计原则,采用 USB 供电和下载一体化设计。新平台集编程器、仿真器以及开发板功能于一身,提供了丰富的外围功能模块,价格低廉、使用方便。

该微处理器实验平台的主要结构如图 2-4 所示,利用它可以开发无线温度采集系统、无线比赛计分系统、红外报警系统、红外电子时钟系统等十几个综合性、创新性较强的实验,提高使用者微处理器应用的综合能力。

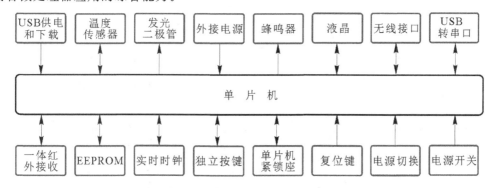

图 2-4　微处理器嵌入式开发板的主要结构

微处理器嵌入式开发板主要用于学习微处理器的原理及扩展,通过微处理器的并行扩展总线(地址总线 AB、数据总线 DB、控制总线 CB)或串行扩展总线(如 SPI 或 IIC)在外部扩展程序存储器、数据存储器、I/O 接口等,以弥补微处理器的不足,满足特定的应用系统的软硬件要求。

2.4.1　无线射频接口电路

2.4 GHz 射频接口用于连接射频无线模块 nRF24L01。nRF24L01 是 NORDIC 公司最近生产的一款无线通信芯片,采用 FSK 调制,内部集成 NORDIC 自己的 enhanced short burst 协议。可以实现点对点或是 1 对 6 的无线通信。无线通信速度可以达到 2 Mb/s。NORDIC 公司提供通信模块的 GERBER 文件,可以直接加工生产。电子工程师只需为微处理器系统预留 5 个 GPIO,1 个中断输入引脚,就可以很容易实现无线通信的功能,非常适合为 MCU 系统构建无线通信功能。本平台 nRF24L01 与微处理器的硬件接口方式如下:微处理器的 P0.3

口与 nRF24L01 的 CE 引脚相连;P0.4 口与 CSN 引脚相连;P0.2 口与 SCK 引脚相连;P0.5 口与 MOSI 引脚相连;P0.1 口与 MISO 引脚相连;P3.3 口与 IRQ 引脚相连,具体见图 2-5。由于射频模块的供电电压一般为 3.3 V,因此需要把主电路的 5 V 电压转换为 3.3 V 给射频模块供电,这里采用 LM1117MPX-3.3 芯片。LM1117 系列 LDO 芯片输出电流可达 800 mA,输出电压的精度在 ±1%,还具有电流限制和热保护功能,广泛应用于手持式仪表、数字家电、工业控制等领域。使用时,其输出端需要一个至少 10 μF 的钽电容来改善瞬态响应和稳定性。图 2-6 为 5 V 转 3.3 V 的电源电路。

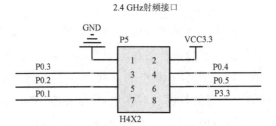

P0.3——CE; P0.4——CSN; P0.2——SCK;
P0.5——MOSI; P0.1——MISO; P3.3——IRQ。

图 2-5 无线射频接口电路

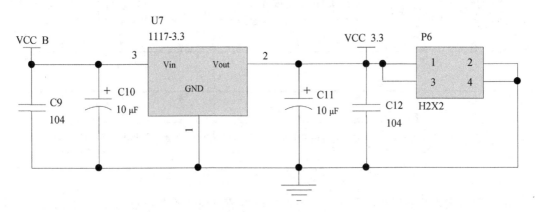

图 2-6 射频模块电源电路

2.4.2 LCD 液晶显示电路

1602 字符型 LCD 模块的应用非常广泛,而各种液晶厂家均提供有几乎同样规格的 1602 模块。1602 字符型 LCD 模块最初采用的 LCD 控制器是 HD44780,在各厂家生产的 1602 模块当中,基本上也都采用了与之兼容的控制 IC,所以从特性上是一样的;当然,很多厂商提供了不同的字符颜色、背光色之类的显示模块。一般情况下,LCD1602 与微处理器连接的线路共有 11 条,其中有 8 条数据线,3 条控制线(其余的 5 条为电源和地)。如果把它们都连接上,将占用较多的微处理器的接口。为了减少接口,1602 字符型 LCD 模块还有一种使用高 4 位数据线的接法,可以减少微处理器的负担。本平台就是采用这种 4 线驱动的方式对 1602 字符型 LCD 模块进行控制显示,其电路如图2-7所示。

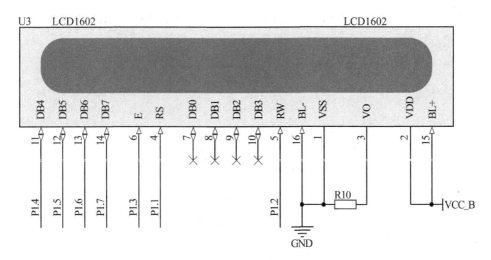

图 2-7　LCD 液晶显示电路

2.4.3　红外接口电路

红外接收管是一种光敏二极管（实际上是三极管，基极为感光部分）。在实际应用中要给红外接收二极管加反向偏压，它才能正常工作，亦即红外接收二极管在电路中应用时是反向运用，这样才能获得较高的灵敏度。本平台采用的红外接收头的型号为 HS0038，该接收头为一体化红外接收头，一体化红外接收头只能接收红外线。为了抗干扰，一体化红外线接收头将低噪音放大器、限幅器、带通滤波器、解调器，以及整形驱动电路等集成在一起。其具有体积小、灵敏度高、外接元件少、抗干扰能力强、使用十分方便等特点，图 2-8 是红外接收电路。

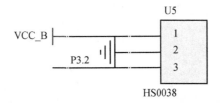

图 2-8　红外接口电路

2.4.4　温度采集接口电路

DS18B20 是美国 DALLAS 半导体器件公司推出的单总线数字化智能集成温度传感器。与其他温度传感器相比，DS18B20 具有以下特性：①独特的单线接口方式；②DS18B20 支持多点组网功能，多个 DS18B20 可以并联在唯一的信号在线，实现多点测温；③DS18B20 在使用中不需要任何外围组件；④测温范围 $-55 \sim +125$ ℃，固有测温分辨率 0.625 ℃；⑤测量结果以 $9 \sim 12$ 位数字量方式串行传送。DS18B20 有两种接口方式：一种是外部电源供电方式（VDD 接 $+5$ V），GND 接地，DQ 与微处理器的 I/O 口相连；另一种是数据线（寄生电源）供电方式，即 VDD，GND 都接地，DQ 接微处理器 I/O。本平台采用第一种接口方式，图 2-9 给出了 DS18B20 与微处理器接口电路图,该模块可以进行 SPI 单总线和温度采集等相关实验。

温度传感器

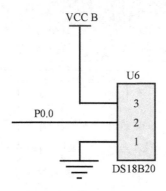

图 2-9 温度采集接口电路

2.4.5 EEPROM 存储器接口电路

为实现微处理器的存储实验,本平台设计了一片 CAT24WC02 与其连接,CAT24WC02 是美国 CATALYST 公司生产的一种真正 0 功耗的 EEPROM 芯片,采用 IIC 总线接口,具有 100 万次擦写寿命,其电路如图 2-10 所示。如果为了支持高速 IIC 总线操作,总线上拉电阻 的大小一般为 3 kΩ,这样总线变化时上升/下降的速度就变快了。若使用标准 100 kHz 总线 速度时,一般其总线上拉电阻为 5.1 kΩ 或 10 kΩ,以减小总线操作时的功耗。本平台采用标 准的 100 kHz 总线速度,并充分利用了微处理器的 P0 口的排阻电阻做为其总线上拉电阻以 节省成本和缩小 PCB 板空间。

EEPROM

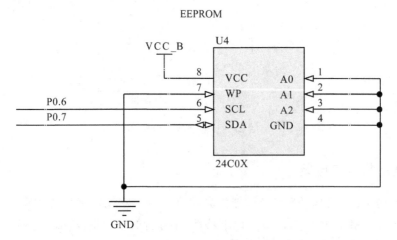

图 2-10 EEPROM 存储器接口电路

2.4.6 实时时钟接口电路

SPI(serial peripheral interface,串行外围设备接口)是由 Motorola(摩托罗拉)公司开发,

用来在微控制器和外围设备芯片之间提供一个低成本、易使用的接口(SPI 有时候也被称为4 线接口)。与标准的串行接口 IIC 不同,SPI 是一个同步协议接口,所有的传输都参照一个共同的时钟,这个同步时钟信号由主机(处理器)产生,接收数据的外设(从设备)使用时钟来对串行比特流的接收进行同步化。可能会有许多芯片连到主机的同一 SPI 接口上,这时主机通过触发从设备的片选输入引脚来选择接收数据的设备,没有被选中的外设将不会参与 SPI 传输。为了简化理解 SPI 总线的通信协议,本平台采用 DS1302 时钟芯片和微处理器进行 SPI 通信,其电路如图 2-11 所示。从严格意义上来说,DS1302 时钟芯片不是 SPI 总线类型的,因为 SPI 的数据线的输入输出是分开的,但其操作可以采用 SPI 串行总线驱动方式。

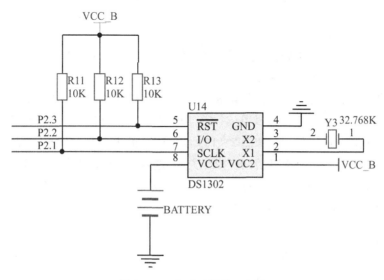

图 2-11　实时时钟接口电路

2.4.7　时钟电路

　　微处理器内部虽有振荡电路,但要形成时钟必须在外附加电路。微处理器的时钟产生方法有两种。一种是内部时钟方式,另一种是外部时钟方式。本平台采用第一种方式,即利用芯片内部的振荡电路,在 XTAL1 和 XTAL2 引脚上外接定时元件,内部振荡电路便产生自激振荡。最常用的方式是采用外接晶体(在频率稳定性要求不高而希望尽可能廉价时,可选用陶瓷谐振器)和电容组成的并联谐振回路。电容值无严格要求,但电容取值对振荡频率输出的稳定性、大小和振荡电路起振速度有少许影响,C1 和 C2 可在 20~100 pF 中取值,但在 60~70 pF时振荡器有较高的频率稳定性。在设计 PCB 板时,晶体或陶瓷谐振器和电容应尽可能靠近微处理器芯片安装,以减少寄生电容,更好地保护振荡电路稳定可靠的工作。具体见电路如图2-12所示。

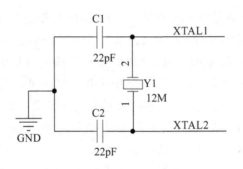

图 2-12　时钟电路

2.4.8　复位电路

为确保微处理器系统中电路稳定可靠工作,复位电路是必不可少的一部分,复位电路的第一功能是上电复位。一般微处理器电路正常工作需要供电电源为 5 V 上下 5% 浮动,即 4.75～5.25 V。由于微处理器电路是时序数字电路,它需要稳定的时钟信号,因此在电源上电时,只有当 VCC 超过 4.75 V 低于 5.25 V 以及晶体振荡器稳定工作时,复位信号才被撤除,微处理器电路开始正常工作。复位电路工作原理如图 2-13 所示,VCC_B 上电时,C3 充电,在电阻 R3 上出现电压,使得微处理器复位;几个毫秒后,电容 C3 充满,电阻 R3 上电流降为 0,电压也为 0,使得微处理器进入工作状态。工作期间,按下按键 RST,电容 C3 放电。按键 RST 松手,电容 C3 又充电,在电阻 R3 上出现电压,使得微处理器复位。几个毫秒后,微处理器进入工作状态。

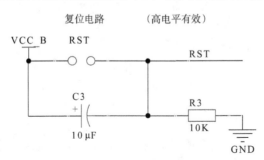

图 2-13　复位电路

2.4.9　主控芯片接口电路

图 2-14 是微处理器 8051 的接口电路,是本实验平台的核心。由于 P0 是一个 OC 结构,也就是相当于一个 NPN 的三极管,C 极没有接任何东西,E 极接地,B 极接在一个数字电路的输出口上。所以没有接上拉电阻时,相当于 CE 没有任何电压,那么不管 BE 的电压是多少,三极管都不会导通和工作。接了上拉电阻后,也就是 C 极接了一个 10 kΩ 的电阻到 5 V,那么当 BE 的电压是 0 的时候,三极管截止,电阻没有导通,C 极的电压等于 5 V。当 BE 的电压为 0.7 V 时,三极管饱和导通,CE 的压降接近于 0,电阻的电压会有 5 V。因此绝大多数情况下 P0 口是必需加上拉电阻的。

主控芯片

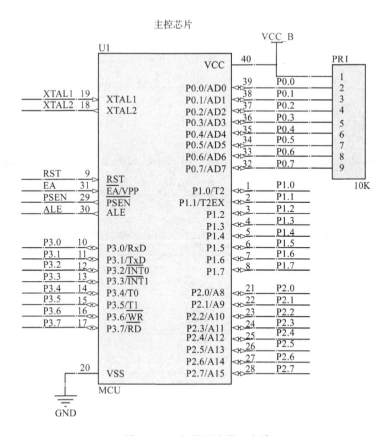

图 2 - 14 主控芯片接口电路

2.4.10 LED 显示电路

本实验平台具有两个独立的发光二极管 LEDB 和 LEDG,分别由 P2.4 和 P2.5 输出控制, 输出 1 时对应的 LED 熄灭,输出 0 时对应的 LED 点亮,电路如图 2-15 所示。电路采用了 I/O 口灌电流的驱动方式来驱动 LED,这样做主要是因为 I/O 口能提供的灌电流大于其拉电流, 保证了 LED 的显示亮度。如图 2-15 所示,限流电阻为 560 Ω,则当 I/O 输出 0 时,流过 LED 的电流计算公式如下所示。

LED　　（用绿和蓝灯）

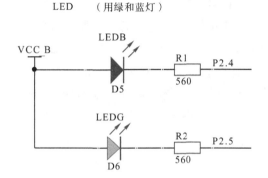

图 2 - 15 LED 显示电路

$$I_{LED} = \frac{3.3 - V_{LED}}{R} \qquad (2-1)$$

其中，V_{LED} 为发光二极管的导通压降值，一般为 1.7 V。

$$I_{LED} = \frac{3.3 - V_{LED}}{R} = \frac{3.3 - 1.7}{560} \approx 0.0028(A) \qquad (2-2)$$

2.4.11 按键电路

本实验板具有 2 个独立按键，分别为 Key1 和 Key2，如图 2-16 所示。当没有按键时，口线值为 0，当按键按下时为 1。

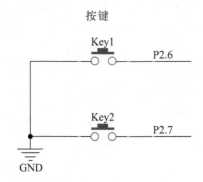

图 2-16 按键电路

2.4.12 USB 转串口电路

在微处理器的应用系统设计中，USB 接口的使用越来越多，它简化了微处理器系统与外部系统进行信息交换的接口电路，提高了信息交换的可靠性及交换速度。目前市场上提供的各类型微处理器品种中，有些型号的微处理器在其内部集成有 USB 接口部件，但大部分的微处理器不含有 USB 接口电路。对芯片内部不含有 USB 串行接口的微处理器，进行 USB 接口设计时，要通过外围接口芯片来实现 USB 串行接口。本实验平台采用 PL2303HX 来实现串口转 USB 接口，其接口电路图如图 2-17 所示。PL2303 是 Prolific 公司生产的一种高度集成的 RS232-USB 接口转换器，可提供一个 RS232 全双工异步串行通信装置与 USB 功能接口便利连接的解决方案。图 2-17 中 PL2303 的 TXD 引脚和 RXD 引脚分别与微处理器的 P3.0（RXD）引脚和 P3.1（TXD）引脚相连，这样就完成了微处理器的串口与 USB 口的转换。微处理器从串口发送出去的数据信息通过 PL2303 芯片转换为 USB 数据流，再通过 USB 口的连接器传送给主机设备。可以看出 PL2303 与微处理器的连接非常简单，只需两根信号线就可以。另外，本接口电路除了具有下载、串口通信实验的功能，还具有供电功能，其通过 JP3 的跳线可以为微处理器开发平台提供稳定的 5 V 电源（由外部电源供电，则需要把 JP3 的1、2 脚短接）。

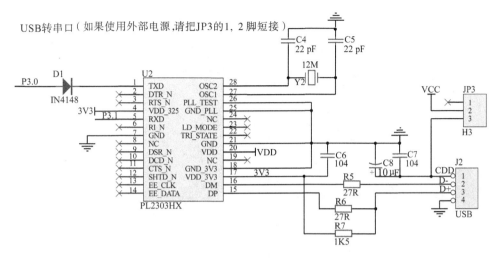

图 2 - 17 USB 转串口电路

2.4.13 电源电路

本平台提供了两种供电方式，一种是 USB 供电，另一种是通过插头由外部电源供电，如图2-18所示。外部电源采用的是 5 V 直流电源，由 J1 电源接口输入，接头上的电源极性为外正内负。

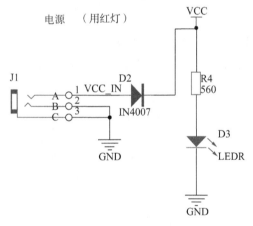

图 2 - 18 电源电路

2.4.14 蜂鸣器模块

如图 2 - 19 所示，蜂鸣器使用 PNP 三极管 Q1 进行驱动控制，当 P2.0 控制电平输出 0 时，Q1 导通，蜂鸣器蜂鸣；当 P2.0 控制电平输出 1 时，Q1 截止，蜂鸣器停止蜂鸣。Q1 采用开关三极管 8550，其主要特点是放大倍数高 $h_{FE}=300$，最大集电极电流 $I_{CM}=1500$ mA，特征频率 $f_T=100$ MHz。R9 用于限制 Q1 的基极电流，当 P2.0 输出 0 时，流过 R9 的电流 $I_r=4.3$ mA，假设 Q1 工作在放大区，则 $I_c=\beta\times I_b=400\times4.3=1720$ mA；而一般直流蜂鸣器在 5 V 电压下工作电流约为 80 mA，反过来说，只要 $I_c=80$ mA，蜂鸣器上的电压即可达到 5 V，此时 $U_{ec}\approx0$ V，即 $U_{eb}>U_{ec}$，Q1 为深度饱和导通，为蜂鸣器提供足够的电流。

$$I_r = \frac{5 - V_{eb}}{R} = \frac{5 - 0.7}{1000} = 0.0043(A)$$

蜂鸣器 （P2.0低电平开启蜂鸣器）

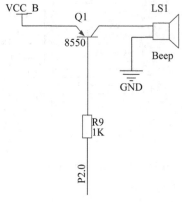

图 2-19 蜂鸣器电路

2.4.15 冷启动电路

图 2-20 的电路是为 STC 微处理器冷启动下载程序使用。STC 微处理器中有一段出厂时固化的程序,这段程序的作用是检测串口是否要下载程序,不需要则执行微处理器内的用户程序。而复位后微处理器是从地址 0000H 处开始执行,地址 0000H 又会指向主程序入口,即片内下载的用户程序,而不会执行前面已经固化的检测串口程序。这就是为什么微处理器每次下载要冷启动,而复位不行的原因。

冷启动 （接下单片机上电,用黄灯）

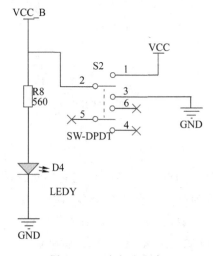

图 2-20 冷启动电路

2.4.16 I/O 接口组电路

该 I/O 接口组主要用于支持外部扩展,如图 2-21 所示。

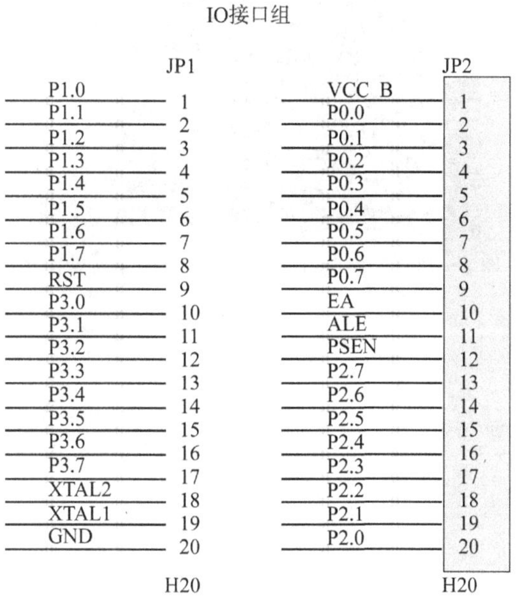

IO接口组

JP1		JP2
P1.0 1	VCC_B 1	
P1.1 2	P0.0 2	
P1.2 3	P0.1 3	
P1.3 4	P0.2 4	
P1.4 5	P0.3 5	
P1.5 6	P0.4 6	
P1.6 7	P0.5 7	
P1.7 8	P0.6 8	
RST 9	P0.7 9	
P3.0 10	EA 10	
P3.1 11	ALE 11	
P3.2 12	PSEN 12	
P3.3 13	P2.7 13	
P3.4 14	P2.6 14	
P3.5 15	P2.5 15	
P3.6 16	P2.4 16	
P3.7 17	P2.3 17	
XTAL2 18	P2.2 18	
XTAL1 19	P2.1 19	
GND 20	P2.0 20	
H20	H20	

图 2-21 I/O 接口组电路

2.4.17 硬件结构

本微处理器嵌入式实验创新平台正面布局图如图 2-22 所示。

图 2-22 微处理器嵌入式实验创新平台正面图

本微处理器嵌入式实验创新平台背面布局图如图 2-23 所示。

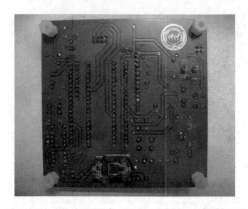

图 2-23　微处理器嵌入式实验创新平台背面图

第3章 深入理解嵌入式C语言

汇编语言虽然有执行效率高、目标代码短的优点,但其可读性和可移植性差,编程效率低,维护不方便。而C语言兼有汇编语言和高级语言的特点,是目前最常用的微控制器开发高级语言之一。C51是适合于8051微控制器编程的C语言,具有ANSIC C语言的所有功能,并针对微处理器的硬件特点作了扩展。C51特别适用于控制性程序的编写,程序开发具有结构化、模块化的优点,便于程序的阅读、理解、改进和移植。

3.1 嵌入式编程语言

3.1.1 嵌入式程序的结构特点

1.程序构成

与标准C程序相同,C51程序由函数构成,函数是C51程序的基本单位。

2.main 函数

一个C51源程序必须有一个main函数,其他函数则根据需要添加。main函数是C51程序的入口,不管main函数放在何处,程序总是从main函数开始执行,执行到main函数结束而结束。

3.函数构成

C51中函数分为两大类,一是库函数,二是用户自定义函数。库函数是C51在库文件中已经定义的函数,对于用户程序中要用到的库函数,均要在程序的头文件中予以声明,即要用include预处理指令包含相关的头文件,则程序中就可直接调用这些库函数。用户自定义函数是用户自己编写、自己调用的一类函数。

4.函数调用:

(1)main 函数:可调用其他函数。

(2)其他函数:main之外的函数。可互相调用,但不能调用main函数。

(3)库函数:用户编程时用include预处理指令包含相关的头文件后,可在程序中直接调用。

3.1.2 嵌入式与汇编编程的区别

用C51语言编写8051微控制器程序时,与汇编语言编写程序不同。用汇编语言编写程序时必须考虑其存储器结构,尤其必须考虑片内数据存储器和特殊功能寄存器的使用,必须根据实际物理地址处理端口数据,了解跳转指令的偏移量以及指令的字节数,子程序和中断服务程序需要进行现场保护和恢复,等等。

用 C51 编写程序时,不用像汇编语言那样必须具体组织、分配存储器资源和处理端口数据,不必考虑 C51 语句对应 8051 微控制器是如何运行的等。但其同样注重对 8051 微控制器资源的理解,对数据类型和变量的定义,必须与 8051 微控制器的存储结构相关联,否则编译器不能正确地映射定位。C51 程序引用的各种算法要精简,不要对系统构成过重的负担,因为 8051 微控制器的资源相对 PC 机来说很匮乏。尽量少用浮点运算,可用无符号型数据的就不要用符号型数据,尽量避免多字节的乘除运算,多使用移位运算等。

综合 C51 编程的特点并将其与汇编语言编程进行比较,可将 C51 编程的优缺点总结如下。

1.优点

(1)编程者无需对 8051 微控制器硬件结构以及编译操作的细节有特别全面的了解。

(2)代码容易编写,尤其体现在编写较大规模的复杂程序时。

(3)C 语言程序更接近人类语言,源代码可读性强。

2.缺点

(1)编程人员无法清晰掌握 8051 微控制器硬件资源的分配和使用情况,如堆栈区域的设置等。

(2)通常情况下在编译后会有大量的机器码。

(3)削弱了编程者直接控制硬件的能力。

3.1.3 嵌入式 C 程序与标准 C 程序的区别

C51 的语法规定,程序结构及程序设计方法与标准 C 语言相同。但 C51 程序在以下几个方面与标准 C 程序有所区别。

(1)数据类型:C51 除了支持标准 C 的数据类型,还增加了几种 8051 微控制器特有的数据类型。

(2)存储器类型:C51 声明变量时,可直接增加相应的关键字指定其在 8051 微控制器中的存储器空间。

(3)变量的存储模式:C51 变量声明时,也可通过相应的存储模式,由编译器指定其默认的存储器空间。

(4)数组:C51 的数组和标准 C 是相同的,但具体使用时,比标准 C 增加了存储器类型选项,用于指定数组的存储器空间。尽量使用一维数组,很少用到多维数组。

(5)指针:C51 针对 8051 微控制器扩展了存储器特殊指针。

(6)函数:C51 增加了专门的中断服务函数,并且在使用标准输入输出函数时也有一定差异。C51 的输入输出通过 8051 微控制器的串行口实现,因此执行标准输入输出函数之前必须对串行口进行初始化。

(7)预处理命令:C51 针对标准 8051 微控制器增加了相应的 SFR 头文件 reg51.h,针对其他增强型的 8051 微控制器,也增加了与其对应的 SFR 头文件。

3.2　数 据 类 型

3.2.1　基本数据类型

在 8051 微控制器的运算中，"变量"数据的大小是有限制的，不能随意给一个变量赋任意的值，因为变量在 8051 微控制器的内存中是要占据空间的，变量大小不同，所占据的空间就不同。所以在设定一个变量之前，必须要给编译器声明这个变量的类型，以便让编译器提前从 8051 微控制器内存中分配给这个变量合适的空间。

C51 常用的基本数据类型包括无符号字符型（unsigned char）、有符号字符型（signed char）、无符号整型（unsigned int）、有符号整型（signed int）、无符号长整型（unsigned long）、有符号长整型（signed long）、浮点型（float），这些数据类型和标准 C 程序相同。

C51 扩展的数据类型包括位型（bit）、特殊功能寄存器（sfr）、双字特殊功能寄存器（sfr16）及可位寻址的特殊功能寄存器（sbit）。除了这些数据类型以外，C51 还支持由基本数据类型组成的数组、结构、联合及枚举等构造类型数据。在表 3－1 中，列出了 C51 支持的基本数据类型，并对它们进行了比较说明。

表 3－1　C 语言中常用的数据类型

数据类型	位数	字节数	值域
bit	1		0 或 1
[signed] char	8	1	$-128 \sim +127$
unsigned char	8	1	$0 \sim 255$
[signed] int	16	2	$-32768 \sim +32767$
unsigned int	16	2	$0 \sim 65535$
[signed] long	32	4	$-2147483648 \sim +2147483647$
unsigned long	32	4	$0 \sim 4294967295$
float	32	4	$\pm 1.175494E-38 \sim \pm 3.402823E+38$
sbit	1		0 或者 1
sfr	8	1	$0 \sim 255$
sfr16	16	2	$0 \sim 65535$

1.bit

用于声明微处理器可位寻址空间（位于通用 RAM 地址为 00～7 FH 的 128 bit 位空间）的位变量，显然位变量只能存储 0 或 1。例如，下面的 C 语句将声明一个位变量 flag_bit 并且初始化为 0。

bit flag_bit = 0;

bit 变量和声明有以下限制：

一个位不能被声明为一个指针，例如

bit * bit_ptr;//非法

不能用一个 bit 类型的数组，例如

bit vector[10];//非法

2.sbit

sbit 和 bit 有些相似，但其所声明的位变量是位于特殊功能寄存器(SFR)区的可位寻址空间。例如：

sbit P=0xD0;

该 C 语句声明 sbit 类型的位变量 P，并且将其位地址设置为 D0H，这实际上是特殊功能寄存器 PSW 的最低位 P。需要注意，这两种位数据类型(bit 和 sbit)的声明语句中赋值运算符(=)之间的区别。在声明 sbit 数据类型变量时，"="表示 sbit 变量的地址；而在声明 bit 数据类型变量时，"="表示 bit 变量的初始值。

3.sfr

sfr 常用于定义与 SFR 相关的字节(8 位)变量。例如：

sfrPSW=0xD0;

sfrSCON=0x98;

声明一个字节地址为 0xD0 的 sfr 变量 PSW，该地址(0xD0)正是程序状态字寄存器(PSW)的地址。因此，sfr 数据类型在某种意义上可以说是能够通过给 SFR 赋予名字的方式使得 SFR 更容易记忆。

对于 SFR 中的可位寻址，则通过 sbit 来定义相应的寻址位。例如：

sfr PSW = 0xD0;   //定义 PSW 寄存器地址为 0xD0

sbit OV = PSW^2;   //定义 OV 位为 PSW.2 地址为 0xD2

4.sfr16

sfr16 和 sfr 很相似，sfr 用于定义 8 位的特殊功能寄存器，而 sfr16 则用来定义 16 位的特殊功能寄存器。例如：

sfr16 T2= 0xCC; //定时器 2:T2 低 8 位地址=0xCC,T2 高 8 位地址=0xCD

声明一个 16 位变量 T2，并给出该 16 位寄存器低字节的地址 0xCC。

sfr16 声明和 sfr 声明遵循相同的原则。任何符号名都可用在 sfr16 的声明中。等号(=)指定的地址必须是一个常数值，不允许使用带操作数的表达式，而且是给出 16 位 SFR 的低字节的地址。

当结果的数据类型和源数据类型不同时，C51 编译器在数据类型间自动进行转换。例如，一个 bit 变量赋值给一个 int 变量时，将会把 bit 变量转换为 int。也可以用类型表示进行数据类型的强制转换，但需注意带符号变量的转换其符号是自动扩展的。

3.2.2 存储器类型与存储模式

C51 变量定义中的存储器类型指定了该变量的存储区域。存储器类型可以由关键字直接声明指定，表 3-2 列出的存储器类型的变量都被分配到 8051 某个特定的存储器空间。

表 3 - 2　存储器类型及访问的存储空间

存储器类型	存储空间描述
code	程序存储器(ROM)空间 64 KB
data	直接访问的内部数据存储器(RAM)空间 128 B,访问速度最快
idata	间接访问的内部数据存储器(RAM)空间 256 B,即所有的内部存储器空间
bdata	可位寻址的内部数据存储器 16 B(20H~2FH),可以按字节访问,也可以按位访问
xdata	外部数据存储器(XRAM)64 KB
pdata	分页的外部数据存储器 256 B/每页

1.程序存储器

程序存储器是存放程序代码(Code)的存储区,程序运行时只能读出不能写入。8051 微控制器的最大 ROM 空间是 64 KB。

2.内部数据存储器

8051 微控制器最多有 256 B 的内部数据存储区,该存储区可分为 3 个不同的存储器类型:data、idata 和 bdata。

(1)data 标识符的数据类型,其存储空间是内部数据存储区的低 128 B,为片内可直接寻址的 RAM 空间,寻址范围为 00H~7FH。在此空间内,数据存取速度最快。

(2)idata 标识符的数据类型,其存储空间是内部数据存储区的全部 256 B,为片内可间接寻址的 RAM 空间,寻址范围为 00H~FFH。寻址方式为间接寻址,访问速度比直接寻址慢。

(3)bdata 标示符的数据类型,其存储空间是内部存储区中可位寻址的 16 B(20H~2FH),位地址范围为 00H~7FH。本空间允许按字节寻址和按位寻址,在本区域可以声明可位寻址的数据类型。

3.外部数据存储器

外部数据存储器的读/写可通过一个数据指针加载一个地址来间接访问。因此访问外部 RAM 比访问内部 RAM 慢。外部 RAM 最多可有 64 KB,C 编译器提供两种不同的存储类型来访问外部数据 xdata 和 pdata。

由于访问内部 RAM 比较快,所以应该把频繁使用的变量放置在内部 RAM 中,把很少使用的变量放置在外部 RAM 中。

4.C51 存储类型

C51 存储类型及其大小和值域如表 3 - 3 所示。

表 3 - 3　C51 存储类型及其大小和值域

存储类型	长度/b	长度/B	值域范围
data	8	1	0~255
idata	8	1	0~255

存储类型	长度/b	长度/B	值域范围
pdata	8	1	0～255
code	16	2	0～65535
xdata	16	2	0～65535

变量的存储类型定义举例。

(1)定义字符变量 var 为 data 存储类型,C51 编译器将把该变量定位在 8051 片内数据存储区中(地址:0x00～0xFF)。

char data var;

(2)定义 flag 为 data 存储类型,C51 编译器将把该变量定位在 8051 片内数据存储区(RAM)中的位寻址区(地址:0x20～0x2F)。

bit bdata flag;

(3)定义浮点变量 x,y,z 为 idata 存储类型,C51 编译器将把这些变量定位在 8051 片内数据存储区,并只能用间接寻址的方式进行访问。

float idata x,y,z;

(4)定义无符号整型变量 status 为 pdata 存储类型,C51 编译器将把该变量定位在 8051 片外数据存储区(片外 RAM),并用操作码 MOVX @Ri 访问。

unsigned int pdata status;

(5)定义无符号字符三维数组变量 vector 为 xdata 存储类型,C51 编译器将把该变量定位在 8051 片外数据存储区(片外 RAM),并占据 8×6×2＝96 B 存储空间,用于存放该数组变量。

unsigned char xdata vector[8][6][2];

5.存储模式

在变量的声明中,可以包括存储器类型,也可以不包括存储器类型。如:

float x,y,z;

unsigned longvector [100];

存储模式决定了没有指定存储器类型的变量、函数参数等的缺省存储区域。变量的定义中没有声明存储器类型,编译器将自动选用默认的存储器类型。默认的存储器类型由编译器的参数 SMALL、COMPACT 及 LARGE 决定。

· SMALL　默认情况下将变量存放到可直接寻址的内部数据存储区(data);

· COMPACT　默认情况下将变量存放到外部数据存储区的前 256 B(pdata);

· LARGE　默认情况下将变量存放到外部数据存储区(xdata)。

(1)SMALL 模式:所有缺省变量参数均装入内部 RAM,优点是访问速度快,缺点是空间有限,适用于小程序。

(2)COMPACT 模式:所有缺省变量均位于外部 RAM 区的一页(256 B),具体哪一页可由 P2 口指定,在 STARTUP.A51 文件中说明,也可用 pdata 指定,优点是空间较 SMALL 模式宽裕但速度较 SMALL 模式慢,较 LARGE 模式快。

（3）LARGE 模式：所有缺省变量可放在 64 KB 的外部 RAM 区，优点是空间大，可存变量多，缺点是速度较慢。

存储器类型的定义需要注意以下几点。

（1）data 区空间小，所以只有频繁用到或对运算速度要求很高的变量才放在 data 区，比如 for 循环中的计数值。

（2）data 区内最好放局部变量。因为局部变量的空间是可以覆盖的（某个函数的局部变量空间在退出该函数时就释放，由别的函数的局部变量覆盖），可以提高内存利用率。

（3）程序中使用的位标志变量可以定义到 bdata 中，从而大大降低内存占用空间。

（4）其他不频繁用到和对运算速度要求不高的变量都放到 xdata 区。

（5）如果想节省 data 空间就必须用 LARGE 模式，将未定义内存位置的变量全放到 xdata 区。当然最好对所有变量都指定内存类型。

3.2.3　数组

C51 的数组与标准 C 相同，要求数组中各元素的数据类型必须相同，元素的个数必须固定，数组中的元素按顺序存放，按下标存取。一维数组有一个下标，二维数组有两个下标，更多维的数组在 C51 中很少见，在此不做介绍。

数组在 C51 程序中有广泛的应用，但其包含较多的元素，占用较多存储空间。而微控制器资源有限，所以在 C51 中，应将数据表格或常量，如段码、字型码、状态常数、时间常数等都以 code 数组形式定义；而对于常用的少量数据或需要频繁修改的数据，如串行口发送接收缓冲区等以 data 数组定义。

1.一维数组

C51 数组的定义相比标准 C 增加了存储器类型选项，定义格式如下：

数据类型［存储器类型］数组名［常量表达式］；

unsigned char data flags［10］；

在内部 RAM 中定义一个存放 10 个标记的数组。此时定义数值未给元素赋值，需明确指定数组元素的个数。

unsigned char code SEG_code［］＝{0x3f, 0x06,0x5b, 0x4f, 0x66, 0x6d, 0x7d, 0x07, 0x7f, 0x6f}；

在程序存储器中定义数码管的字型数据表，此时给数组的所有元素赋有数值，所以可以不指定元素个数。

2.二维数组定义格式如下：

数据类型　　［存储器类型］　　数组名　［常量表达式 1］［常量表达式 2］；

常量表达式 1 为行数，常量表达式 2 为列数。如：

int xdatavector［2］［3］；　　　//该指令定义了一个 2 行 3 列数组

在定义数组的同时可以对数组进行赋值。对数组的赋值可采用分行赋值或按元素顺序赋值。如：

unsigned char code LED［2］［3］＝{{0xa0, 0xa1, 0xa2},{0xa4, 0xa5, 0xa6}}；

unsigned char code LED［2］［3］＝{0xa0, 0xa1, 0xa2, 0xa3, 0xa4, 0xa5, 0xa6}；

3.2.4　指针

当使用汇编语言编程时,常常用 R0、R1 和 DPTR 等寄存器做为地址指针,然后使用寄存器间接寻址方式访问 R0、R1 和 DPTR 指针所指向的数据。间接寻址寄存器所起的作用与 C51 中的指针相同。

在 C 语言中,可以通过特殊定义的指针变量实现数据的间接访问。一些学生在学习 C 语言的过程中逃避指针,认为其不容易理解。实际上,指针只是一种比较特殊的变量类型,普通类型的变量可以直接存储数据,而指针变量存储的是数据的地址。在使用一般变量的情况下,是直接到相应的存储单元取数据;在使用指针变量的情况下,在取数据之前需要先知道该数据的存储地址,然后以该地址做为中间纽带再去访问数据。

C51 编译器支持用星号"＊"进行指针声明。可以用指针完成在标准 C 语言中的所有操作。由于 8051 微处理器及其派生系列微处理器所具有的独特结构,C51 编译器提供两种不同的指针类型:通用指针和存储器特殊指针。

1.通用指针

通用指针的定义和标准 C 语言中指针的定义一样。

变量类型　＊[指针变量存储器类型]指针标识符

其中:变量类型指的是该指针变量所指向的变量类型。存储器类型指的是指针变量本身所存放的存储器类型,若指针变量定义中未明确说明,则存放指针变量的存储器类型由编译模式决定,如表 3-4 所示。

表 3-4　通用指针定义

指针定义	说明
char ＊ a	字符指针
int ＊ num	整型指针
long ＊ b	长整型指针
char ＊ xdata strptr;	指向字符型的通用指针 strptr,指针变量存放在外部数据存储器中
int ＊ data numptr;	指向整型的通用指针 numptr,指针变量存放在内部直接访问数据存储器中
long ＊ idata varptr;	指向长整型的通用指针 varptr,指针变量存放在内部间接访问数据存储器中

通用指针的存放需要 3 个字节,第 1 个字节用来表示指针所指向变量的存储器类型,第 2 个字节是指针的高字节,第 3 字节是指针的低字节。通用指针可以用来访问所有类型的变量,并且可以不管变量存储在哪个存储空间中,因而许多库函数都使用通用指针。通过使用通用指针,一个函数可以访问数据而不用考虑它存储在什么存储器中。

通用指针可以访问存放在任何存储空间的数据,因此很方便,但是执行速度较存储器特殊指针要慢。若在执行速度优先考虑的情况下,应使用存储器特殊指针。

2.存储器特殊指针

存储器特殊指针的定义包含了变量存储器类型说明,表示该指针总是指向此说明的特定存储器空间中的变量。即通过存储器特殊指针,只能够访问其规定的存储空间区域。定义方式如下:

变量类型 变量存储器类型 ∗[指针变量存储器类型] 指针标识符

其中,变量类型:指所定义的指针变量所指向的变量类型。

变量存储器类型:指存放所定义的指针变量所指向变量的存储器类型。指针变量存储器类型:指存放所定义的指针变量的存储器类型,若未明确声明,则该指针变量的存储器类型由编译模式决定,如表 3-5 所示。

表 3-5 特殊指针定义

特殊指针定义	说明
char data ∗ a;	定义指向内部数据直接访问数据存储区的字符型变量的指针变量 a,a 的存储器类型由编译模式决定
int xdata ∗ num;	指向外部数据存储区的整型变量的指针变量 num,num 的存储器类型由编译模式决定
long code ∗ tab;	指向存放在代码存储区的长整变量的指针变量 tab,tab 的存储器类型由编译模式决定
char data ∗ xdata str;	定义指向存放在内部直接访问数据存储区的字符型变量的指针 str,指针 str 存放在外部数据存储区
int xdata ∗ data num _key;	定义指向外部数据存储区的整型变量的指针 num_key,指针 num_key 存放在内部直接访问数据存储区
long code ∗ idata pow _num;	定义指向代码存储区的长整型变量的指针 pow_num,指针 pow_num 存放在内部间接访问数据存储区

由于变量的存储器类型在编译时已经确定,因此存储器特殊指针中用来表示指针所指向变量的存储器类型就不再需要了。指向 idata、data、bdata 和 pdata 的存储器指针用一个字节保存;指向 code 和 xdata 的存储器指针用两个字节保存。因此使用存储器特殊指针比通用指针效率要高、速度要快。

3.C51 指针的应用

C51 中的单目运算符 &,是取变量地址的运算符,用 & 可以将变量的地址赋给一个指针变量。单目运算符 ∗,可用于指针变量间接访问所指向的变量。如表 3-6 所示。

表 3-6 指针变量的应用举例

指针变量举例	说明
int ∗ a;	a 为普通指针
char data ∗ ptr1;	ptr1 为指向 data 区的字符变量的指针
int datae;	e 为 data 区的整型变量

指针变量举例	说明
char data d[6];	d[6]为 data 区的字符型数组
a= &e;	将变量 e 的地址赋给 a
ptr1 = &f[0];	将 ptr1 指向 f 的首地址,即 ptr1 =f;
* ptr1 = 0x55;	等价于 f[0]=0x55

在 8051 微控制器中,由于不使用操作系统,指针可以独立指向所访问的存储空间位置。

具体有两种方法:一是通过指针定义的宏访问存储器;二是通过存储器特殊指针直接访问存储器。

使用存储器特殊指针直接访问存储器的方法是先定义所需要的指针,给指针赋地址值,然后使用指针访问存储器。例如:

unsigned char xdata * a;//必须是存储器特殊指针

a = 0x2000;//指针指向片外存储器 0x2000 位置

* a = 0xAA;//给 0x2000 赋值 0xAA

a++;//指针指向下一单元 0x2001

* a = 0x55; //给 0x2001 赋值 0x55

【例 3-1】若采用 SMALL 编译模式,试解释下述定义的含义。

char xdata a = 'A';

char * ptr = &a;

【解】ptr 是一个指向 char 型变量的指针,它本身位于 SMALL 编译模式默认的 data 存储区里,此时它指向位于 xdata 存储区里的 char 型变量 a 的地址。

【例 3-2】试解释下述定义的含义。

char xdata a ='A';

char * ptr = &a;

char idata b ='B';

ptr = &b;

【解】以 char * ptr 形式定义的指针变量,既可指向位于 xdata 存储区的 char 型变量 a 的地址,也可指向位于 idata 存储区的 char 型变量 b 的地址(由赋值操作关系决定)。

【例 3-3】试解释以下指针定义的含义。

char xdata a = 'A';

char xdata * ptr = &a;

【解】ptr 是位于 data 存储区且固定指向 xdata 存储区的 char 型变量的指针变量,此时 ptr 的值为变量 a 的地址(不能像例 3-2 那样再将 idata 存储区的 char 型变量 b 的地址赋予 ptr)。

【例 3-4】试解释以下指针定义的含义。

char xdata a = 'A';

char xdata * idata ptr = &a;

【解】ptr 是固定指向 xdata 存储区的 char 型变量的指针变量,它自身存放在 idata 存储区中,此时 ptr 指向位于 xdata 存储区中的 char 型变量 a 的地址。

【例 3 - 5】编写程序,将 8051 外部 RAM 地址从 0x100 开始的 10 个字节数据,传送到内部 RAM 地址从 0x10 开始的区域。

【解】

```
unsigned char data i, * apt;
unsinged char xdata * bpt;
apt＝0x10;  //给指针赋地址
bpt＝0x100;
for(i ＝ 0;i<10;i++)
｛ *(apt+i) ＝ *(bpt+i);｝//赋值
```

3.3　基本运算

C 语言的运算符有以下几种。

1.算术运算符

顾名思义,算术运算符就是执行算术运算的操作符号。除了大家所熟悉的四则运算(加减乘除)外,还有取余数运算,如表 3 - 7 所示。

表 3 - 7　C 语言中常用算术运算符

符号	功能	范例	说明
＋	加	$A = x + y$	将 x 与 y 的值相加,其和放入 A 变量
－	减	$B = x - y$	将 x 变量的值减去 y 变量的值,其差放入 B 变量
*	乘	$C = x \times y$	将 x 与 y 的值相乘,其积放入 B 变量
/	除	$D = x/y$	将 x 变量的值除以 y 变量的值,其商数放入 D 变量
%	取余数	$E = x\%y$	将 x 变量的值除以 y 变量的值,其余数放入 E 变量

【程序范例】

```
main()
{
    int A,B,C,D,E,x,y;
    x＝8;
    y＝3;
    A＝x+y;
    B＝x－y;
    C＝x * y;
```

```
        D＝x/y；
        E＝x％y；
}
```
程序结果

  A＝11、B＝5、C＝24、D＝2、E＝2

2.关系运算符

关系运算符用于处理两个变量间的大小关系，如表3－8所示。

表3－8 C语言中常用关系运算符

符号	功能	范例	说明
＝＝	相等	$x==y$	比较 x 与 y 变量的值，相等则结果为1，不相等则为0
！＝	不相等	$x!=y$	比较 x 与 y 变量的值，不相等则结果为1，相等则为0
＞	大于	$x>y$	若 x 变量的值大于 y 变量的值，其结果为1，否则为0
＜	小于	$x<y$	若 x 变量的值小于 y 变量的值，其结果为1，否则为0
＞＝	大于等于	$x>=y$	若 x 变量的值大于或等于 y 变量的值，其结果为1，否则为0
＜＞＝	小于等于	$x<=y$	若 x 变量的值小于或等于 y 变量的值，其结果为1，否则为0

【程序范例】
```
main()
{
        Int A,B,C,D,E,F,x,y；
        x＝9；
        y＝4；
        A＝(x＝＝y)；
        B＝(x！＝y)；
        C＝(x＞y)；
        D＝(x＜y)；
        E＝(x＞＝y)；
        F＝(x＜＝y)；
}
```
程序结果：

A＝0、B＝1、C＝1、D＝0、E＝1、F＝0

3.逻辑运算符

逻辑运算符就是执行逻辑运算功能的操作符号，如表3－9所示。

表 3 - 9　C 语言中常用逻辑运算符

符号	功能	范例	说明
&&	与运算	$(x>y)\&\&(y>z)$	若 x 变量的值大于 y 变量的值,且 y 变量的值也大于 z 变量的值,其结果为 1,否则为 0
||	或运算	$(x>y)\|\|(y>z)$	若 x 变量的值大于 y 变量的值,或 y 变量的值大于 z 变量的值,其结果为 1,否则为 0
!	反相运算	$!(x>y)$	若 x 变量值大于 y 变量值,结果为 0,否则为 1

【程序范例】

```
main()
{
    int A,B,C,x,y,z;
    x=9;
    y=8;
    z=10;
    A=(x>y)&&(y<z);
    B=(x==y)||(y<=z);
    C=!(x>z);
}
```

程序结果:

A=0、B=1、C=1

4.位运算符

位运算符与逻辑运算符非常相似,它们之间的差异是位运算符针对变量中的每一位,逻辑运算符则是对整个变量进行操作。位运算的运算方式如表 3-10 所示。

表 3 - 10　C 语言位运算符

符号	功能	范例	说明
&	及运算	$A=x\&y$	将 x 与 y 变量的每个位,进行与运算,其结果放入 A 变量
|	或运算	$B=x\|y$	将 x 与 y 变量的每个位,进行或运算,其结果放入 B 变量
ˆ	异或	$C=x\hat{}y$	将 x 与 y 变量的每个位,进行异或运算,其结果放入 C 变量
～	取反	$D=\sim x$	将 x 变量的每一位进行取反
<<	左移	$E=x<<n$	将 x 变量的值左移 n 位,其结果放入 E 变量
>>	右移	$F=x>>n$	将 x 变量的值右移 n 位,其结果放入 F 变量

【程序范例】

```
main()
{
    char A,B,C,D,E,F,x,y;
    x=0x25;/＊即 0010 0101＊/
    y=0x62; /＊即 0110 0010＊/
    A=x&y;
    B=x|y;
    C=x^y;
    D=～x
    E=x<<3;
    F=x>>2
}
```

程序结果：

x： 0010 0101	x： 0010 0101	x： 0010 0101	x：~0010 0101
y：&0110 0010	y：|0110 0010	y：^0110 0010	1101 1010
0010 0000	0110 0111	0100 0111	
即 A＝0x20	即 B＝0x67	即 C＝0x47	即 D＝0xda

将 x 的值左移三位的结果：

00100101
00100101000

移出的三位"001"丢失，后面三位用 0 填充，因此运算后的结果是 00101000B，即 E＝0x28。

将 x 的值右移两位的结果：

00100101
0000100101

移出去的两位"01"丢失，前面两位用"0"填充；因此，运算后的结果是 00001001B，即 F＝0x09。

5.递增/减运算符

递增/减运算符也是一种很有效的运算符，其中包括递增与递减两种操作符号，如表 3－11所示。

表 3－11　C 语言位运算符

符号	功能	范例	说明
++	加 1	$x++$	将 x 变量的值加 1
——	减 1	$x--$	将 x 变量的值减 1

【程序范例】
```
main()
{
    int A,B,x,y;
    x＝6;
    y＝4;
    A＝x＋＋;
    B＝y－－;
}
```
程序结果:
A＝7、B＝3

3.4　流程控制语句

一般的程序都是顺序、选择、循环三种结构的复杂组合。C 语言中有一批控制语句,用于控制程序的流程,以实现程序的选择结构和循环结构。它们由特定的语句定义符组成。下面分别介绍顺序、选择、循环三种基本结构及其控制语句。

3.4.1　顺序结构

顺序结构就是按照语句顺序逐步执行的程序,每条语句顺序执行一次。

【程序范例 1】求两个整数的差,并返回其差值。
```
#include〈stdio.h〉//文件包含
int gcd(int u,int v)//求两个整数的差,并返回其差值
{
    int tmp;
    temp＝u－v;
    return(temp);
}
void main()
{
    int result,a＝150,b＝35;
    result＝gcd(a,b);//将差值赋给 result
}
```
【程序范例 2】将一个 16 位二进制数 value 算术左移一位(即原数各位均向左移 1 位,最低位移入 0),试编制相应的程序。
```
#include 〈reg51.h〉
#include 〈intrins.h〉//本征库函数头文件
main()
{    int a;
```

```
        a＝value;
        a＝_irol_(a,1);
}
```

3.4.2 选择结构

C语言中,提供 if 和 switch 条件判断语句,以实现程序的选择结构。

1.if 语句

通常 if 语句用于根据条件选择的简单分支结构。if 语句有三种基本形式。

(1)if(条件表达式)

　　　　〈动作〉

如果条件表达式的值为"真"(非 0 的整数),则执行〈〉内的动作;如果条件表达式为"假"(为 0),则略过该动作执行后面的程序。例如:

　　if (a＝＝b)

　　printf("a＝b");

如果相等,则打印 a＝b;否则,跳过这条语句。

(2)if(条件表达式)

　　　　〈动作 1〉

　　else

　　　　〈动作 2〉

如果条件表达式的值为"真",则执行动作 1,略过 else 后的动作 2 部分,执行后面的程序;如果条件表达式的值为"假",则略过动作 1 而执行 else 后的动作 2,然后再往下执行。

在选择结构中,注意 else 与前面最靠近它的 if 配对。

【程序范例】在 a、b 两数中,求其大者并存入 c 中。

　　if(a＞b)

　　　　c＝a;

　　　　else

　　　　c＝b;

(3)if(条件表达式 1)

　　〈动作 A〉

　　else　　if(条件表达式 2)

　　〈动作 B〉

　　else　　if(条件表达式 3)

　　〈动作 C〉

　　else〈动作 D〉

条件表达式 1 成立时,执行动作 A;

条件表达式 1 不成立 2 成立,执行动作 B;

条件表达式 1、2 不成立 3 成立,执行动作 C;

条件表达式 1、2、3 均不成立时,执行动作 D。

2.switch-case 语句

switch-case 语句适用于多选一的多路分支结构，即需要进行多项选择时，采用 switch-case 语句能使程序变的更为简洁。

switch(条件表达式)

{

      case 条件值 1；

      动作 1；

      break；

      case 条件值 2；

      动作 2；

      break；

      ………

      ………；

      default：动作 n；

      break；

}

switch 内的条件表达式的结果必须为整数或字符。switch 以条件表达式的值来与各 case 的条件值对比，如果与某个条件相符合，则执行该 case 动作，如果所有的条件值都不符合，则执行 default 的动作。每一个动作之后一定要写 break，否则会有错误。另外，case 之后的条件值必须是数据常数，不能是变量，而且不能重复，即条件值必须各不相同。如果有数个 case 所做的动作一样时，也可以写在一起，即上下并列。

当所有 case 的条件值都不成立时，就执行 default 所指定的动作，执行完毕，也要用 break 指令跳出 switch 循环。

【程序范例】根据 temp 的值执行相应的函数。

switch(temp)

{

      case 1：do_ack()；

      break；

      case 2：do_cack()；

      break；

      case 3：do_mnack()；

      break；default ：

      break；

}

3.4.3　循环结构

C 语言有 while、do-while 及 for 三种形式的循环执行语句，以实现程序的循环结构。

1.while 循环语句

while(条件表达式)

　　{动作}

while 语句先测试条件表达式是否成立,当条件表达式为"真"时,执行循环内的动作,做完之后又继续跳回条件表达式做测试,如此反复。直到条件表达式为"假"时为止。使用时要避免条件永远为"真",而造成死循环。

【程序范例】用 while 语句求 1 到 100 的和。程序如下:

```
main()
{
    int i,sum; i=1; sum=0;
    while(i<101)
{
    sum=sum+i;
    i++;
}
printf("sum= % d",sum);
}
```

2.do-while 构成的循环语句

　　do{动作}

　　while(条件表达式)

do-while 语句先执行动作后,再测试条件表达式是否成立。当条件表达式为"真"时,继续回到前面执行动作,如此反复,直到条件表达式为"假"为止。不论条件表达式的结果为何,do-while 语句至少会做一次动作,使用时要避免条件永远为"真",而造成死循环。

【程序范例】用 do-while 语句求 1 到 100 的和。程序如下:

```
main()
{
    int i,sum; i=1; sum=0; do
    {
    sum=sum+i;
    i++;
    }
     while(i<101);
    printf("sum= % d",sum);
}
```

【程序范例】用 do-while 语句编写延时程序。程序如下:

```
void delay()
{
    int x=20000;
```

```
do
{
x＝x－1;
}while(x);
}
```

3.for 循环语句

for(表达式 1;表达式 2;表达式 3)
　〔动作〕
表达式 1:通常设定初始值。

表达式 2:通常是条件表达式。如果条件为"真",执行动作;否则,终止循环。

表达式 3:通常是步长表达式。动作执行完毕后,必须再回到这里做运算,然后再到表达式 2 做判断。

【程序范例】用 for 语句求 1 到 100 的和。程序如下:

```
main()
{
    int i,sum; sum＝0;
     for(i＝1;i<101;i++)
       {sum＝sum+i;
       printf("sum＝%d",sum);
       }
    }
```

【程序范例】编程将片内 RAM 从某一单元开始的 8 字节 16 进制数据转换为对应的 ASCII 码串,转换结果低半字节在前,高半字节在后,存于其他单元的内部 RAM 中。

```
#include〈reg51.h〉
main()
{
    intj;//计数变量
    char a[8]＝{1,4,6,7,10,13,15,4};    //存放 8 个字节的 16 进制数据;
    //指定数组的首地址为 0x30,数组 b[]存放的是转换之后的 ASCII 码
    char * b ＝ (char * ) 0x30;
    for (j＝0;j<8;j++)
    {
        //如果是 0－9 的数据,则分别转换成'1','2','3',……,'9'即 30H－39H
        if(a[j]<＝9)
        b[j]＝ a[j]+48;
        //如果是 A－F 的数,则分别转换成'A','B','C','D','E','F'即 41H－46H
        else if (a[j]>9)
        b[j]＝ a[j]+55;
```

```
    }
return 0;
    }
```

3.5　函　　数

1.函数的定义

C51 中的函数定义,除了如同标准 C 中可以定义函数的返回值类型、函数参数及其类型以外,C51 对函数的定义做了许多扩展,包括:可以指定一个函数为中断处理例程,选择函数所使用的寄存器组,选取存储器模式,说明该函数为可重入函数等。

在函数定义时,可包括以上扩展或属性。一般定义形式如下:

[return_type]　funcname([args])　[{small ｜ compact ｜ large}]　[reentrant]
[interrupt n]　[using　n]

其中:

return_type:和标准 C 中函数的定义相同,说明函数的返回值类型,或未明确说明函数的返回值类型,则默认为整型。

funcname:函数的名字。

args:函数的参数表列(形参)。

small、compact、large:说明函数的存储器模式。

reentrant:说明函数是可递归或可重入的。

interrupt:说明该函数是一个中断服务程序。

using:指定该函数所使用的寄存器组。

【例】求两个数之和的函数(一个典型的例子)。

```
int sum(int  a,int  b)


    {
return  a+b;
    }
```

该函数名为 sum,包括两个输入参数,且数据类型均为整形变量。函数的返回值也是整形的。用大括号将整个函数体括起来,函数的返回值很简单,是两个输入参数的代数和。在本例中忽略了 4 个选择项(包括 memory、reentrant、interrupt 和 using)的声明,这意味着传递给该函数的参数将使用默认的 SMALL 存储模式,而且被存放到内部数据存储区,还表明该函数不是递归函数,也不是中断服务函数。另外,该函数选择的工作寄存器组为第 0 组。

2.中断函数

C51 处理中断的方法为调用相应的中断函数,编译器在中断入口产生中断向量,当中断发生时,跳转到中断函数,执行完毕后,自动返回主程序。

C51 用关键字 interrupt 和中断号定义中断函数,一般形式为:

[void]中断函数名()interrupt 中断号　[using n]

C51 编译器最多可支持 32 个中断。因此定义中断函数时,interrupt 属性后的参数(中断号)的取值范围为 0~31。using n 用于指定中断函数使用的工作寄存器组,"n=0—3"分别表示选择第 0~3 组,也可以缺省,此时表示与调用的函数采用相同的工作寄存器组。

3. C51 库函数

C51 强大功能及高效率的重要体现之一是其丰富的、可直接调用的库函数,多使用库函数可使程序代码简单,结构清晰,易于调试和维护。C51 的库函数分为本征库函数(intrinsic routines)和非本征库函数。

(1)本征库函数:C51 提供的本征函数在编译时能够直接将固定的代码插入当前行,可以与汇编语言中的很多指令一一对应,因此代码量小,效率高。

C51 的本征库函数定义在 intrins.h 头文件中,只有 9 个,数目虽少,但都非常有用,如表 3－12所示。程序中要用到本征库函数时,必须使用 ♯include〈intrins.h〉命令将头文件包含在程序中。

表 3－12　C51 本征库函数说明

函数名	简要说明
crol ,_cror_	将 char 型变量循环向左(右)移动指定位数后返回
irol ,_iror_	将 int 型变量循环向左(右)移动指定位数后返回
lrol ,_lror_	将 long 型变量循环向左(右)移动指定位数后返回
nop	相当于插入 NOP
testbit	相当于 JBC bit 测试该位变量并跳转同时清零
chkfloat	测试并返回浮点数状态

(2)非本征库函数:包括 6 类重要的库函数。使用时,库函数对应的头文件用 include 进行包含。头文件与说明列于表 3－13。该类函数效率低、代码长。

表 3－13　C51 重要库函数及说明

序号	头文件	说明
1	reg51.h	包括了所有 8051 的 SFR 及其位定义,一般系统都必须包括本文件
2	absacc.h	定义绝对存储器访问的宏,以确定各存储空间的绝对地址
3	stdlib.h	包括数据类型转换和存储器分配函数
4	string.h	包含字符串和缓存操作函数,定义了 NULL 常数
5	stdio.h	包含流输入输出的原型函数,定义 EOF 常数
6	math.h	包含数学计算库函数

stdio.h 流输入/输出函数缺省为通过 8051 的串口读写数据,因此在使用 stdio.h 库中的函数之前,应先对串行口进行初始化。如要求串行口以 2400 波特率(时钟频率为 12 MHz)进行通信,初始化程序:

SCON＝0x52;

TMOD＝0x20;

TH1＝0xF3;

TR1＝1;

3.6 预处理命令

1.宏定义

宏定义命名为＃define,其作用是用一个标识符代表一个字符串,这个字符串既可以是常数,也可以是其他任何字符串,甚至可以是带参数的宏。

不带参数的宏定义又称符号常量定义。一般格式为:

＃define 标识符 常量表达式

例如:＃define VREF 220//定义参考电压 VREF 为 220 这个数值,单位 V。

使用这个宏定义后,VREF 这个符号就代替了常数 220,程序中就不必每次都写常数 220,而可以用符号 VREF 来代替。在编译时,编译器会自动将程序中所有的符号名 VREF 都替换成常数 220。这使得程序可用一些有意义的标识符代替常数,提高程序的可读性。通常程序中的所有宏定义都集中放在程序的开始处,便于检查和修改,提高程序的可靠性。若需要修改程序中的某个常量,也不必修改整个程序,只需修改相应的宏定义即可。表 3－14 为一些宏定义的例子。

表 3－14 宏定义

宏定义举例	说明
＃define uchar unsinged char	用 uchar 代替 unsigned char 字符串
＃define LCD_DATA P0	用 P0 定义液晶数据线,同时表明其硬件连接
＃define MAX(a,b) ((a)＞(b)? (a):(b))	带参数宏定义,MAX(a,b)是 a、b 中的较大值
＃define CUBE(x) (x)＊(x)＊(x)	CUBE(x)是 x 的立方

带参数的宏定义其形参一定要带括号,因为实参可能是任何表达式,不加括号很可能导致意想不到的错误。

2.文件包含

文件包含是指一个程序文件将另一个指定文件的全部内容包含进来。如＃include〈stdio.h〉,就是将 C51 编译器提供的输入输出库函数的说明文件 stdio.h 包含到自己的程序中。文件包含的一般格式为:

＃include〈文件名〉或＃include"文件名"

reg51.h 是 C51 编程时最常用的头文件,reg51.h 或 reg52.h 是定义 8051 微控制器或 8052 微控制器特殊功能寄存器和位寄存器的头文件。这两个头文件中的大部分内容是一样的,52 微控制器比 51 微控制器多一个定时器 T2,因此,reg52.h 中也就比 reg51.h 中多几行定义 T2 寄存器的内容。

　　文件包含命令♯include 的功能是用指定文件的全部内容替换本预处理行。在进行较大规模程序设计时,文件包含命令十分有用。为适应模块化编程的需要,可将组成 C51 程序的多个功能函数分散到多个程序文件中,分别由多人完成编程,最后再用♯include 命令将它们嵌入到一个总的程序文件中去。在模块化程序设计方法中,将进行举例说明。

3.条件编译

　　通常 C51 编译器对所有的 C51 程序行进行编译,但有时候希望其中一部分内容只有在满足特定条件时才进行编译,这就是条件编译。条件编译可选择不同的编译范围,从而产生不同的代码。C51 支持如下的条件编译命令:♯if,♯else,♯endif,♯ifdef,♯ifndef,条件编译的格式如下:

　　♯ifdef 标识符

　　程序段 1;

　　♯else

　　程序段 2;

　　♯endif

　　如果标识符已经被♯define 过,则程序段 1 参加编译,否则程序段 2 参加编译。

　　♯if 常数表达式

　　程序段 1;

　　♯else

　　程序段 2;

　　♯endif

　　如果常数表达式为非 0,则程序段 1 参加编译,否则程序段 2 参加编译。

3.7　模块化程序设计

　　设计程序时,开发者应综合考虑程序的可读性、可移植性、可靠性和可测试性。初学者往往把更多精力放在程序的功能实现上,这对于小程序设计问题不大,但当程序的规模较大时,程序的阅读、维护、移植和测试等弊端就表现出来了。

1.模块化设计的优点

　　当一个项目小组做一个相对复杂的工程软件时,意味着小组成员需要分工合作,共同完成项目设计,因此要求小组成员各自负责一部分程序。可能其中一个成员负责通信或者显示模块程序,另一个成员负责数据采集和处理模块等。对于这种情况,每个成员都应按功能模块单独编写和调试,并在设计前协调确定每个功能模块的出入口参数,以方便其他模块调用。在各小组成员完成各自模块的编写并调试无误后,由项目组长进行组合调试。这样不仅便于分工,而且有利于程序功能的划分、结构的确定和程序的调试。

　　每个成员在编写程序功能模块时,很可能需要利用别人写好的模块。因此,模块化程序的关键就是：仔细了解模块采用什么样的接口，应该如何去调用？至于模块内部是如何组织如何实现的，则无需过多关注。同样，设计功能模块程序时，要追求模块接口的独立性、单一性，方便编写、调试和调用，出入口要清晰明确，而内部细节尽可能对外部屏蔽起来。

因此，所谓模块化程序设计，就是多文件程序设计，也就是工程化设计。在这样的一个工程化设计中，往往会有多个C文件，而且每个C文件的作用不尽相同。在不同的C文件中，由于需要对外提供接口，因此必须有一些函数或者变量提供给外部其他文件进行调用。

2. 头文件的设计

在模块化程序设计中，通常对于一个C文件(.c)，设计一个对应的头文件(.h文件)。头文件描述的正是C文件对外提供的接口函数或接口变量的说明。同时，头文件也包含了一些很重要的宏定义，以及一些结构体的信息，离开了这些信息，很可能就无法正常使用接口函数或者接口变量。但总的原则是：不该让外界知道的信息就不应该出现在.h文件里，而外界调用模块内接口函数或者接口变量所必需的信息就一定要出现在.h文件里，否则，外界就无法正确地调用C文件提供的接口功能。一般来说，往往将.h文件的名字与.c文件的名字保持一致，这样可以清晰地知道哪个.h文件是哪个.c文件的描述。

例如，一个LCD.c文件，具有一个LCD驱动函数：void LcdShow(char cNewValue)，其对应的LCD.h内容如下。

```
＃ifndef _LCD_H_
＃define _LCD_H_
extern voidLcdShow (char cNewValue) ;
＃endif
```

在函数前面添加extern修饰符，表明此函数是一个外部接口函数，可以被外部其他模块调用。

总之，模块化程序设计过程就是根据工程要求，如何对于源文件和头文件进行分工，并相互调用的设计过程。

3.8 嵌入式C语言与汇编语言混合编程

混合编程技术可以把C语言和汇编语言的优点结合起来，编写出性能优良的程序。通常，应用微处理器混合编程技术的程序，其框架或主体部分用C语言编写，对那些使用频率高、要求执行效率高、延时精确的部分用汇编语言编写，这样既保证了整个程序的可读性，又保证了微处理器应用系统的性能。

3.8.1 编译器对程序和数据代码段的管理

C51能否成功调用汇编语言的前提条件之一是汇编程序的编写应符合C51编译器的编译规则。事实上，C51对汇编程序的调用就是对函数的调用。因此，要实现C语言和汇编语言的相互调用，首先要清楚的是一个被C51编译后的函数，其程序代码段和数据段的转换规则。C51对所属模块的各个函数进行编译时，每个函数都生成一个以"？PR？函数名？模块名"为段名的程序代码段，如果该函数包括无明确存储器类型声明的局部变量，将生成一个字节类型的局部数据段。当参数中有位变量时，还将生成一个位类型的局部位段，用来存放在函数内部已定义的位标量和位变量参数。在 SMALL 编译模式下,局部段的命名原则如表 3-15 所示。

表 3-15　局部段的命名规则

代码与数据类型	说明	局部段的命名
CODE	代码程序段	? PR? 函数名? 模块名
DATA	局部数据段	? DT? 函数名? 模块名
BIT	局部位段	? BI? 函数名? 模块名

　　每个局部段的段名表示该段的起始地址。假如,模块 led 包含一个名为"func"的函数,其程序代码段的命名为"? PR? func? led",其中 func(函数名)即为该段的起始地址。如果 func 函数包含有 DA TA 和 BIT 对象的局部变量,局部数据段和局部位段的起始地址则定义为 "? func? BYTE"和"? func? BIT",它们代表所传递的参数的初始位置。C51 编译器将源程序的函数名转换为汇编格式的目标文件时,转换后的函数名要根据参数传递的性质不同而改变,当 C 语言程序和汇编程序互相调用时,汇编程序的编写必须符合这种转换规则,否则编译器将会出现错误提示。表 3-16 为函数名的转换规则。

表 3-16　函数名的转换规则

C 语言函数	转换后的函数名	说明
voidfunc(void)	func	函数内部无参数在寄存器内部传递,函数名不做改变
函数类型 func(形参)	_func	函数内部有参数在寄存器内部传递,函数名前加_下划线
func_(void) reentrant	_func	原函数为再入函数时,函数名前加"_?"表明有参数在数据存储器内部传递

3.8.2　混合编程的基本方式

　　C 语言与汇编语言混合编程通常有两种基本方法:在 C 语言中嵌入汇编程序和在 C 语言中调用汇编程序。

1.在 C51 中嵌入汇编程序

　　在 C51 中嵌入汇编程序主要用于实现延时或中断处理,以便生成精练的代码,减少运行时间。嵌入式汇编通常用在当汇编函数不大,且内部没有复杂的跳转时。在微处理器 C 语言程序中嵌入汇编程序是通过 C51 中的预处理指令 ♯ pragma asm/endasm 语句实现的,格式如下:

　　♯ pragmaasm

　　;汇编程序代码

　　♯ pragmaendasm

　　通过 ♯ pragma asm 和 ♯ pragma endasm 告诉 C51 编译器它们之间的语句行不用编译成汇编程序代码。需要注意的是在直接使用形参时要小心,在不同的优先级别下产生的汇编代码有所不同,可以通过反汇编窗口或对应的.lst 文件察看。

2.在 C51 中调用汇编程序

在 C51 中调用汇编程序的方法应用较多,C 模块与汇编模块的接口较简单,分别用 C51 与 A51 对源程序进行编译,然后用 L51 将 obj 文件连接即可。关键问题是 C 函数与汇编函数之间的参数传递和得到正确返回值,以保证模块间的数据交换。

C51 中参数传递方法有两种。

(1)通过寄存器传递函数参数。CPU 寄存器中最多传递三个函数。这种参数传递技术产生的高效代码,可与汇编程序相媲美。参数传递的寄存器选择如表 3-17 所示。

表 3-17　参数传递的寄存器选择

参数类型	char 或单字节指针	int 类型	long, float 类型	一般指针
第 1 个参数	R7	R6,R7	R4~R7	R1~R3
第 2 个参数	R5	R4,R5	R4~R7	R1~R3
第 3 个参数	R3	R2,R3	无	R1~R3

下面提供了几个说明参数传递规则的例子。

func1(int a)"a"是第一个参数,在 R6,R7 中传递。

func2(int b,int c,int * d)"b"是第一个参数,在 R6,R7 中传递;"c"是第二个参数,在 R4,R5 中传递;"d"是第三个参数,在 R1,R2,R3 中传递。

func3(long e,long f)"e"是第一个参数,在 R4~R7 中传递;"f"是第二个参数,不能在寄存器中传递,只能在参数传递段中传递。

func4(float g,char h)"g"是第一个参数,在 R4~R7 中传递;"h"是第二个参数,不能在寄存器中传递,只能在参数传递段中传递。

(2)通过固定存储区传递(fixed memory)。这种参数传递的段的地址空间取决于编译时所选择的存储器模式。参数传递段首地址所采用的共公符号(public)如下:

? function_name? BIT　　//bit 类型数据参数传递段首地址

? function_name? BYTE　　//其他类型数据参数传递段首地址

至于这个固定存储区本身在何处,则由存储模式默认,SMALL 模式位于片内 RAM 空间,其他模式位于外部 RAM 内。函数返回值放入 CPU 寄存器,如表 3-18 所示。这样,与汇编语言的接口相当直观。

表 3-18　函数返回不同类型的返回值时所用的寄存器

返回值类型	寄存器	描述
bit	Cy	进位标志
char,unsigned char	R7	—
int,unsigned int	R6,R7	高位在 R6,低位在 R7

返回值类型	寄存器	描述
long,unsigned long	R4～R7	高位在 R4,低位在 R7
float	R4～R7	32 位 IEEE 格式,指数和符号位在 R7
指针	R1～R3	R3 放存储器类型,高位在 R2,低位在 R1

最后,使用 C 编译器传递参数最简单的方法是编译一个哑函数,并使其代码列表选项(CODE)有效。这样便可以清楚地看到产生的汇编程序,在自己的调用子程序中以此做模块。

【程序范例】通过 C51 中的预处理指令 ♯ pragma asm/endasm 在 C 文件中嵌入汇编代码。

```
♯include〈reg52.h〉
♯define uchar unsigned char
sbit LEDB = P2^4;
void delay_ms(void)
{
    ♯pragma asm
    MOV R0,♯0FFH
    MOV R1,♯0FFH
    D_LOOP1:
    DJNZ R0,D_LOOP1
    MOV R0,♯0FFH
    DJNZ R1,D_LOOP1
    ♯pragma endasm
}
void main(void)
{
    uchar i;
    P2 = 0xFF;
    while(1)
    {
        i++;
        delay_ms();
        if(i >= 8)
        {
            LEDB = ～LEDB;
            i=0;
        }
```

```
    }
}
```

采用这种方法的前提条件是需要经过下面 3 个步骤的设置，编译才不会出错。

(1)在 Project 窗口中包含汇编代码的 C 文件上单击鼠标右键，选择"Options for File…"选项，如图 3-1 所示。

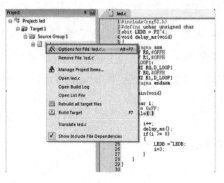

图 3-1　C 文件设置

(2)在 Options for File 窗口一栏选中 Generate Assembler SRC File 和 Assemble SRC File 两项内容，使检查框由灰色变成黑色(有效)状态，如图 3-2 所示。

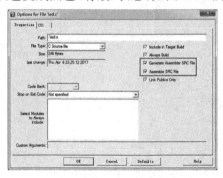

图 3-2　使能生成 SRC 文件

(3)根据选择的编译模式，把相应的库文件(如 SMALL 模式时，是 Keil_v5\C51\LIB\C51S.Lib)加入工程中，该文件必须做为工程的最后文件，如图 3-3 所示。

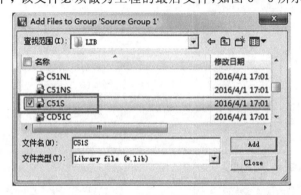

图 3-3　加入库文件

上面的例程，♯ pragma asm/endasm 可以出现在 C 程序的任意一行中，为 C 程序嵌入汇编提供了一种简易可行的方法。

【程序范例】在 C 文件中调用汇编程序（无参数传递的函数调用）。

```
/ ********************** C_ASM.c ***************************** /
♯include⟨reg52.h⟩
♯define uchar unsigned char
extern void delay();//先声明外部函数
sbit LEDB＝P2^4;
void main(void)
{
    uchar i;
    P2 = 0xFF;
    while(1)
    {
        i++;
        delay();
        if(i >= 8)
        {
            LEDB = ～LEDB;
            i=0;
        }
    }
}


; ********************** DELAY.a ***************************
;模块名为 DELAY1
NAME DELAY1
;作用是在程序存储区中定义段,DELAY 为段名,？PR？表示段位于程序存储区内
? PR? DELAY? DELAY1 SEGMENT CODE
;作用是声明函数为公共函数
PUBLIC DELAY
;表示函数可被连接器放置在任何地方,RSEG 是段名的属性
RSEG ? PR? DELAY? DELAY1
DELAY：
MOV R0,♯0FFH
MOV R1,♯0FFH
D_LOOP1：
DJNZ R0,D_LOOP1
MOV R0,♯0FFH
```

```
DJNZ R1,D_LOOP1
RET
END
```

【程序范例】在 C 文件中调用汇编程序(有参数传递的函数调用)。

```
/ *********************** main.c ******************************** /
#  include〈reg52.h〉
#  define uchar unsigned char
unsigned int i;      //定义变量
//说明被调用的 ad0809 汇编子程序是一个外部函数,采用一般指针传递参数
extern uchar ad0809(uchar * x);
main( )
{
//ADC0809 转换后的 8 通道采样值放入 ad 数组
uchar data ad[8];
while(1)
//调用的 ad0809 汇编子程序,通过数组名进行参数传递
ad0809(ad);
for (i = 0;i < 30000; i++);    //软件延时
}
/ *********************** ad0809.asm * ************************** /
EOC EQU P3.3
;模块名为 AD0809
NAME AD0809
;子程序代码段声明,_AD0809 为函数名,_表明有参数在寄存器内部传递
? PR? _AD0809? AD0809 SEGMENT CODE
;用 PUBLIC 声明该函数可以被其他模块调用
PUBLIC _AD0809
;AD0809 子程序代码段起始位置
RSEG ? PR? _AD0809? AD0809
_AD0809:
;R1 传递数组 ad[8]首址
MOV A, R1
MOV R0, A
MOV R4, #00H
MOV R7, #8
MOV DPTR, #07FF8H
SAM: MOV A, R4
MOVX @DPTR, A
JB EOC, $
```

```
MOVX A，@DPTR
MOV @R0，A
INC DPTR
INC R0
INC R4
DJNZ R7,SAM
RET
END
```

上面的范例中，在 main.C 程序里，首先对汇编子程序 ad0809 进行外部函数声明，extern uchar ad0809(uchar ＊ x) 表明传递的是一个一般指针变量。主函数用 ad0809(ad) 调用汇编子程序，在调用 ad0809 子程序的过程中，将数组名 ad(即该数组的首地址)以指针的方式进行参数传递，R1 存放该数组的首地址。在 ad0809.asm 汇编子程序中，将 R1 地址内容赋给 R0，而以 R0 寻址的连续 8 个地址空间存放的就是 ADC0809 八个通道的采样值，经过参数传递后，数组 ad［8］各元素的内容就是 A/ D 转换后的结果。函数 ad0809(uchar ＊ x) 中的形参 x 被定义为一个一般指针，参数传递通过 R1、R2、R3 寄存器进行。

第4章 Keil 快速入门

Keil C51 是美国 Keil Software 公司出品的 51 系列兼容微处理器 C 语言软件开发系统。与汇编语言相比,C 语言在功能上、结构性、可读性、可维护性上有明显的优势,因而易学易用。Keil 提供了包括 C 编译器、宏汇编、连接器、库管理和一个功能强大的仿真调试器等在内的完整开发方案,其通过一个集成开发环境(μVision)将这些部分组合在一起。要使用汇编语言或 C 语言就要使用编译器,编译器可以把编写好的程序编译为机器码,然后写入微处理器内。Keil μVision 是众多微处理器应用开发软件中最优秀的软件之一,它支持众多不同公司的 MCS51 架构的芯片,甚至 ARM,它集编辑、编译、仿真等于一体,其界面和微软 VC++的界面相似,界面友好,易学易用,其在调试程序,软件仿真方面也有很强大的功能。因此很多开发 51 应用的工程师或普通的微处理器爱好者都十分喜欢它。

4.1 Keil 软件

4.1.1 软件概述

Keil 软件的官方下载地址:https://www.keil.com/download/product。官方 Keil 有四个版本,本教材以 C51 版本为例。

(1)打开上面的链接,点击"C51"图标,如图 4-1 所示。

图 4-1 下载 Keil C51

（2）在图 4 - 2 页面中填写信息。

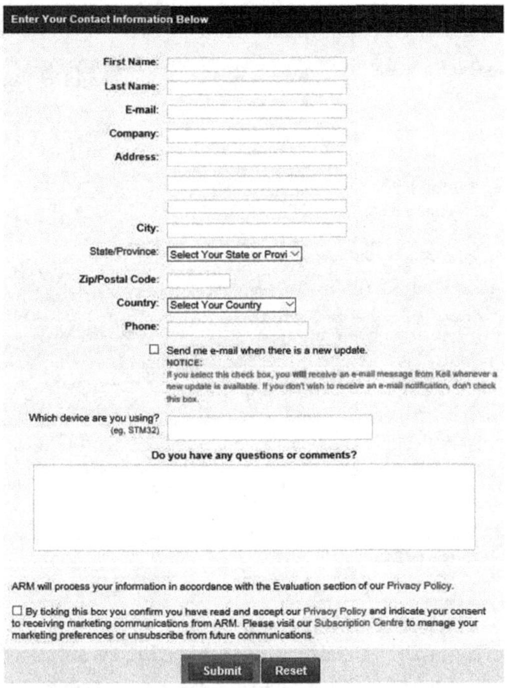

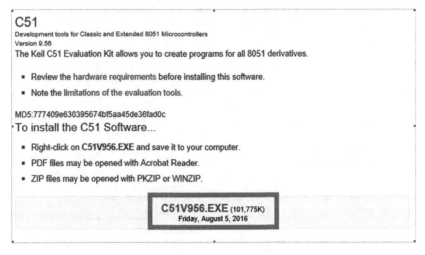

图 4 - 2　填写信息

（3）单击图 4 - 3 中所示"C51V956.EXE"按钮，选择文件的保存路径，然后单击"下载"按钮。

图 4 - 3　下载

4.1.2　Keil 软件安装

（1）点击  图标运行安装程序。

(2)完成安装过程,具体步骤如图 4-4 至图 4-8 所示。

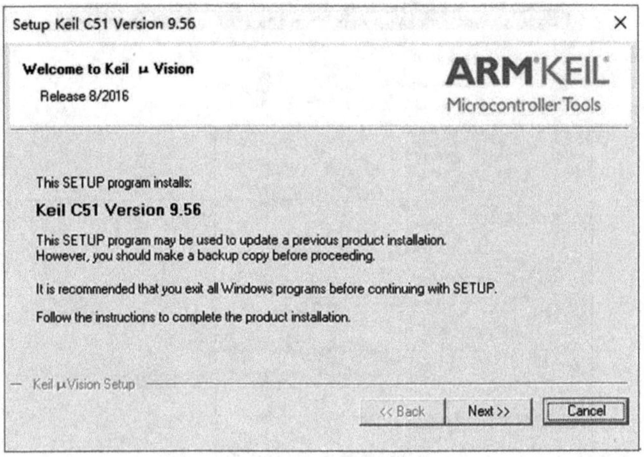

图 4-4　点击 Next

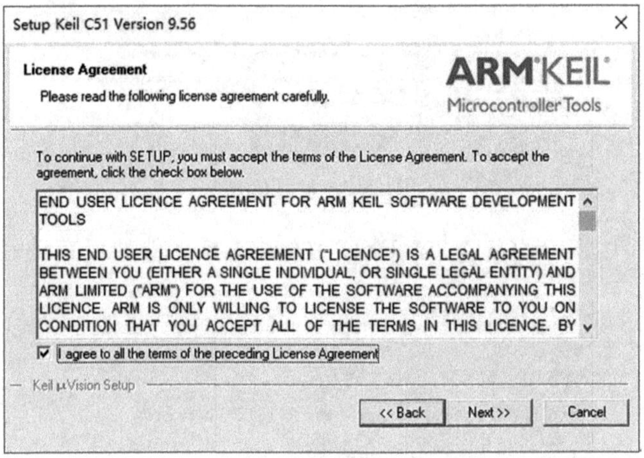

图 4-5　打勾表示同意

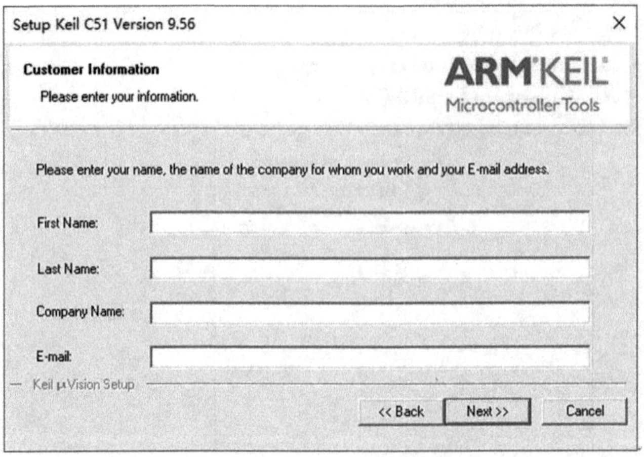

图 4-6　填写信息

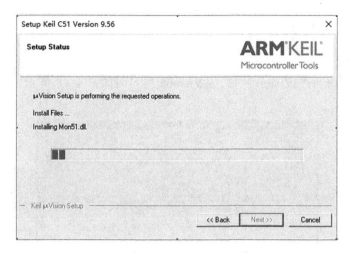

图 4 - 7　安装过程

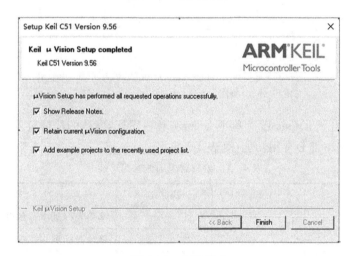

图 4 - 8　安装完成

(3)安装完成后在桌面会出现图标 。双击该 Keil μVision 图标,进入 μVision 的集成编辑环境。

4.1.3　安装芯片补丁

国内很多高校和个人爱好者都在使用国产 STC89、STC11、STC12 等系列芯片,但是我们安装的 Keil C51 没有包含 STC 器件,这就需要在 Keil C51 软件上安装 STC 补丁来增加 STC 系列芯片,本章所使用的 STC 补丁可以通过网上搜索获得。安装前需要关闭 Keil C51 软件。

4.2　创建应用程序

μVision 包含一个工程管理器。创建应用程序,必须先创建对应的工程。

4.2.1 μVision 功能介绍

双击图标 ,运行 μVision 软件。μVision5 的界面如图 4-9 所示,该软件可以打开和浏览多个源文件。

图 4-9   μVision 界面

下面的表格列出了 μVision5 菜单项命令,工具栏图标,默认的快捷键及其描述。

(1)Edit 编辑菜单部分常用功能(见表 4-1)。

表 4-1   编辑菜单部分常用功能

菜单	工具栏	快捷键	描述
Home	—	—	移动光标到本行的开始
End	—	—	移动光标到本行的末尾
Ctrl+Home	—	—	移动光标到文件的开始
Ctrl+End	—	—	移动光标到文件的结束
Ctrl+A	—	—	选择当前文件的所有文本内容
Undo	—	Ctrl+Z	取消上次操作
Redo	—	Ctrl+Y	重复上次操作
Cut	—	Ctrl+X	剪切所选文本
Copy	—	Ctrl+C	复制所选文本
Paste	—	Ctrl+V	粘贴
Indent Selected Text	—	—	将所选文本右移一个制表键的距离
Unindent Selected Text	—	—	将所选文本左移一个制表键的距离
Inset/Remove Bookmark		Ctrl+F2	设置/取消当前行的标签
Go to Next Bookmark		F2	移动光标到下一个标签处

续表

菜单	工具栏	快捷键	描述
Goto Previous Bookmark		Shift＋F2	移动光标到上一个标签处
Clear All Bookmarks		—	清除当前文件的所有标签
Find	—	Ctrl＋F	在当前文件中查找文本
Replace	—	Ctrl＋H	替换特定的字符
Find in Files…		—	在多个文件中查找

（2）Project 项目菜单部分常用功能（见表 4－2）。

表 4－2　Project 项目菜单部分常用功能

菜单	工具栏	快捷键	描述
New μVision Project	—	—	创建新项目
Open Project…	—	—	打开一个已经存在的项目
Close Project	—	—	关闭当前的项目
Select Device for Target…	—	—	选择对象的 CPU
Remove Item	—	—	从项目中移走一个组或文件
Options …		Alt＋F7	设置对象、组或文件的工具选项
Build Target		F7	编译修改过的文件并生成应用
Rebuild all target files		—	重新编译所有的文件并生成应用
Translate …		Ctrl＋F7	编译当前文件
Stop Build		—	停止生成应用的过程

（3）Debug 调试菜单部分常用功能（见表 4－3）。

表 4－3　Debug 调试菜单部分常用功能

菜单	工具栏	快捷键	描述
Start/Stop Debugging		Ctrl＋F5	开始/停止调试模式
Reset CPU		—	复位 CPU
Run		F5	运行程序,直到遇到一个中断

菜单	工具栏	快捷键	描述
Step		F11	单步执行程序,遇到子程序则进入
Step over		F10	单步执行程序,跳过子程序
Step out		Ctrl+F11	执行到当前函数的结束
Stop		—	停止程序运行
Breakpoints…	—	—	打开断点对话框
Insert/Remove Breakpoint		F9	设置/取消当前行的断点
Enable/Disable Breakpoint		Ctrl+F9	使能/禁止当前行的断点
Disable All Breakpoints		—	禁止所有的断点
Kill All Breakpoints		—	取消所有的断点
Memory Map…	—	—	打开存储器空间设置对话框
Inline Assembly…	—	—	对某一行重新汇编,可以修改汇编代码
Function Editor…	—	—	编辑调试函数和调试设置文件

(4)外围器件菜单 Peripherals 部分常用功能(见表 4 - 4)。

表 4 - 4　Peripherals 外围器件菜单部分常用功能

Interrupt	中断观察
I/O - Ports	I/O 口观察
Serial	串口观察
Timer	定时器观察

(5)工具菜单 Tool 部分常用功能(见表 4 - 5)。

表 4 - 5　工具菜单 Tool 部分常用功能

菜单	描述
Setup PC - Lint…	设置 Gimpel Software 的 PC - Lint 程序
Lint	用 PC - Lint 处理当前编辑的文件
Lint all C - Source Files	用 PC - Lint 处理项目中所有的 C 源代码文件
Customize Tools Menu…	添加用户程序到工具菜单中

2.创建项目实例

μVision5 包括一个项目管理器,它可以让我们应对 51 应用系统的设计变得简单。要创建一个应用,一般需要按下列步骤进行操作(步骤的顺序可以和下面不一样)。

- 启动 μVision5,可以通过双击桌面的 Keil μVision5 图标来启动。
- 新建一个项目文件并从器件库中选择一个器件,在此我们选 STC 公司生产的 STC89C52RC 芯片。
- 增加并设置选择器件的启动代码,此时系统会自动询问是否添加,选择是即可。
- 新建一个源文件并把它加入项目中。在这里我们选择 C 语言,因为 C 语言编写程序结构清晰、移植性好、容易维护和修改,并且上手简单。
- 针对目标硬件设置工具选项。通过实际硬件情况调节晶振等环境,以便更好地与实际相结合。
- 编译项目并生成可编程 PROM 的 HEX 文件。此时一个项目实例基本完成。

下面将按照上述步骤进行,引导读者创建一个简单的 μVision5 项目。

(1)创建一个工程文件,并从设备数据库中选择一个 CPU 芯片。下面以名为 Keys 的工程为例来创建工程文件:选择 Project→New μVision Project 菜单项,μVision5 将打开一个标准对话框,输入希望新建工程的名字即可创建一个新的工程,建议对每个新建工程使用独立的文件夹。例如,这里先建立一个新的文件夹,然后选择这个文件夹做为新建工程的目录,输入新建工程的名字 Keys,μVision 将会创建一个以 Keys.uvproj 为名字的新工程文件,如图 4 - 10 所示。

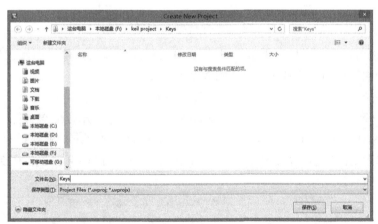

图 4 - 10 建立工程

创建完工程文件之后会弹出一个对话框,要求从设备数据库中选择一个 CPU 芯片。读者可以根据自己使用的微处理器型号来选择,Keil C51 几乎支持所有的 51 核的微处理器,这里只是以常用的 STC89C52RC 为例来说明,如图 4 - 11 所示。选择 STC89C52RC 之后,右边 Description 栏中即显示微处理器的基本说明,然后单击"确定"按钮。

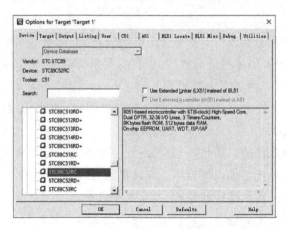

图 4-11　选择 CPU 芯片

　　(2)当创建一个新的工程时,μVision 会自动为所选择的 CPU 添加合适的启动代码,如图 4-12 所示。

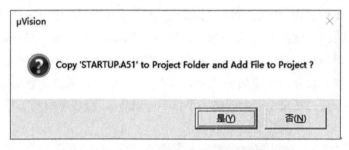

图 4-12　添加启动代码

　　对于一些设备而言,μVision 需要用户手动输入额外的参数。请仔细阅读这个对话框右边的信息,因为它可能包含所选设备的额外配置要求。

　　(3)创建一个新的源文件,并将这个源文件加载到工程中。

　　通过 File→New 菜单项可创建一个新的源文件。这时将打开一个空文件编辑窗口,在这里可以输入源文件代码。当通过 File→Save As 对话框以扩展名.c 的形式保存了这个源文件以后,μVision 可以用彩色高亮度显示 C 语言的语法。例如,保存下面的代码到 Keys.c 文件中,如图 4-13 所示。

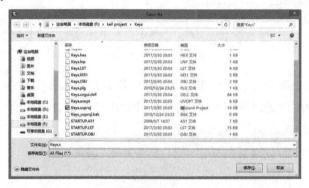

图 4-13　新建 C 程序文件

注意一定要输入扩展名,如果是 C 程序文件,扩展名为.c;如果是汇编文件,扩展名为.asm;如果 ini 文件,扩展名为.ini。这里需要存储 C 程序文件,所以输入.c 扩展名。

```
#include ⟨reg52.h⟩
/ ************** /
sbit led = P1^4;     //管脚定义
sbit key1 = P1^6;
sbit key2 = P1^7;
void dlms(void)
{
    unsigned char i;
    for(i = 200;i > 0;i——){}
}
/ ************** /
void main(void)
{
    while(1)          //死循环
    {                 //程序是在定时器中断中完成的!
        if(!key2)
        {
            dlms();
            if(!key2)
            {
                led =!led;
                while(!key2);
            }
        }
    }
}
```

创建源文件以后,就可以将这个文件添加到工程中。μVision 提供了几种方法将源文件添加到工程中。例如,在 Project Workspace →Project 页的文件组上点击鼠标右键,然后在弹出的菜单中选择 Add Files 菜单项,这时将打开标准的文件对话框,选择刚才创建的 Keys.c 文件,即完成源文件的添加,如图 4-14 所示。

#include⟨reg52.h⟩是代码引用的头文件,可以免去每次编写同类程序都要将头文件的语句重复编写。可以将鼠标移动至 reg52.h 上,然后单击右键,选择"Open document⟨reg52.h⟩"即可打开头文件,具体如图 4-15 所示。通过 reg52.h 可以看到 52 微处理器内部所有寄存器宏定义。

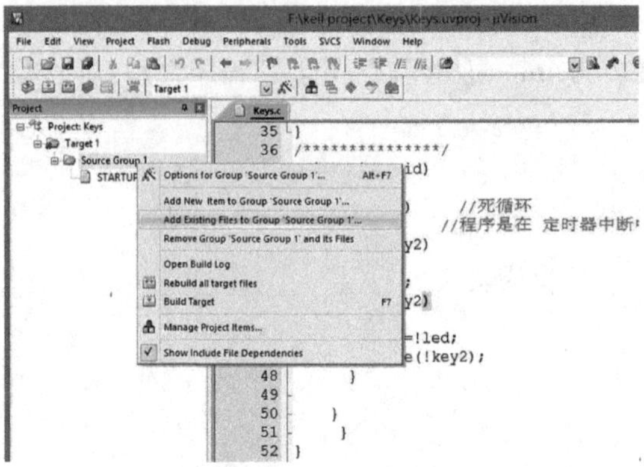

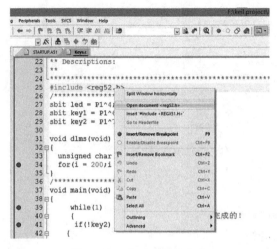

图 4-14 添加文件

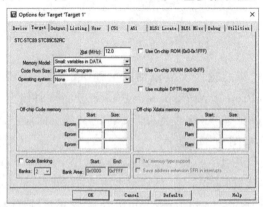

图 4-15 打开头文件方法

(4)针对目标硬件设置工具选项。

μVision 可以设置目标硬件的选项。通过工具栏按钮或 Project→Options for Target 菜单项打开 Options for Target 对话框,如图 4-16 所示。在 Target 页中设置目标硬件及所选 CPU 片上组件的参数。图 4-16 是 STC98C52RC 的一些参数设置。

图 4-16 Target 对话框

在编译工具栏中,单击 按钮可以弹出工程选项,其中包含多个标签页,各个标签页的简要介绍如表 4－6 所示。

表 4－6　部分标签页简要介绍

Device	从 μVision 的设备数据库中选择选择设备
Target	为应用程序指定硬件环境
Output	定义工具链的输出文件,在编译完成后运行用户程序
Listing	指定工具链产生的所有列表文件
Debug	μVision 调试器的设置
Utilities	配置 Flash 编程实用工具

- Xtal,设备的晶振(XTAL)频率。一般情况下 CPU 的时钟与 XTAL 的频率是不同的。仔细查阅硬件手册以确定合适的 XTAL 值。这里根据本教材使用的开发板设置为 12 MHz。
- Use On－Chip ROM/RAM,仅针对 Keil ARM 工具。选择这两个多选框以后,将设置 Keil LA 链接器/装载器。GNU 和 ADS 是通过链接器控制文件实现的。

一般来说,在新建一个应用程序时,Options→Target 页中的所有工具和属性都需要配置。单击 Build Target 工具栏图标 ,将编译所有的源文件链接应用程序。当编译有语法错误的应用程序时,μVision 将在 Output Window→Build 窗口中显示错误和警告信息,如图 4－17所示。单击这些信息行,μVision 将会定位到相应的源代码处。

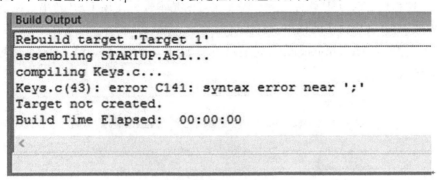

图 4－17　编译错误提示

(5)编译项目并生成可编程 PROM 的 HEX 文件。

源文件编译成功产生应用程序以后就可以开始调试了。创建可下载到 EPROM 或软件仿真器中运行的 intel 十六进制文件。当 Options for Target→Output 页中的 Create HEX file 多选框被选中后,μVision 每次编译后都会生成十六进制文件,如图4－18所示。

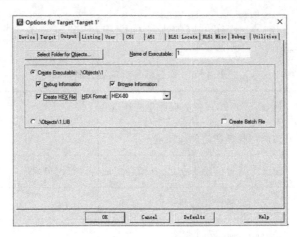

图 4-18　编译生成十六进制文件选项

如果修改工程中已存在的代码或向工程中添加新的代码,Build Target 工具按钮仅编译已修改过或新建的源文件,产生可执行的文件。这是因为 μVision 有一个文件的依赖列表,它记录了每一个源文件所包含的头文件。甚至工具选项都保存在文件依赖列表中,所以只有在需要的时候 μVision 才会重新编译这些源文件。

此时,生成的 HEX 文件就在建立工程的文件夹里面,如图 4-19 所示。

Keys.hex
类型: HEX 文件

修改日期: 2017/3/30 20:15

大小: 150 字节

图 4-19　生成 HEX 文件

(6)烧录 HEX 文件。

在 HEX 文件生成后需要完成烧录工作,之后才可以让微处理器系统正常工作。烧录的工具非常多,这里以 STC-ISP 软件为例。需要注意的是本教材使用 USB 转串口线进行下载,所以需要安装 USB 转串口驱动程序。具体过程如下。

①到 http://www.prolific.com.tw 的官网下载 USB 转串口芯片 PL2303 的驱动并安装,如图 4-20 所示。

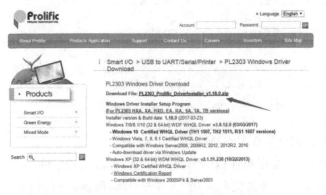

图 4-20　USB 转串口芯片驱动下载

②打开 STC-ISP,下载界面如图 4 – 21 所示。

图 4 – 21   STC-ISP 下载界面

③在下载界面的左上角"单片机型号"中选择为 STC89C52RC/LE52RC 。

④点击"打开程序文件",选择要下载的目标文件"＊.HEX 或 ＊.Bin"。

⑤选择通信连接的串口号: Prolific USB-to-Serial Comm P 。

如果不确定电脑认定的是哪一个 COM 口,可以在"我的电脑→属性→硬件→设备管理器"中查看, 端口 (COM 和 LPT) Prolific USB-to-Serial Comm Port (COM9) 。

⑥串口通信的参数设置: 最低波特率 2400 最高波特率 115200 。

注意:不同下载工具其参数设置的方法不尽相同,比如有的工具需要设置校验位、终止位等参数,这就需要读者自己根据相关手册进行设置。

⑦点击"下载/编程"后弹出如图 4 – 22 所示对话框。这时请打开学习板,待程序下载完成后,弹出图 4 – 23 所示对话框,这表示程序已经下载完成。

图 4 – 22   下载文件到微处理器

图 4 – 23   下载完成

4.3 调试应用程序

μVision 调试器提供了两种操作模式,这两种模式可以在 Options for Target→Debug 对话框中选择。

选中 Use Simulator 单选框,以此作用 μVision 软件仿真器的调试器。在目标硬件设计好之前,可以用这个软件仿真器调试应用程序。μVision 可以仿真许多片上外设,例如串口,外部 I/O 和定时器。当为目标(target)选中一个 CPU 时,可仿真的片上外设就已经确定了。

μVision 调试器可以仿真高达 4 GB 的存储空间,这些存储空间可以被映射为读、写或可执行等访问权限。μVision 软件仿真器可以捕获和报告非法的存储访问。在创建工程时,从设备数据库中选择的 CPU 已决定了可用软件仿真器仿真的片上外围设备。关于如何从设备数据库中选择设备的信息请参考"运行 μVision 及创建工程"文件。可以调试菜单选择和显示片上外围设备,同时通过相应的对话框改变这些外围设备的特征。图 4-24 中对话框各选项的功能如表4-7所示。

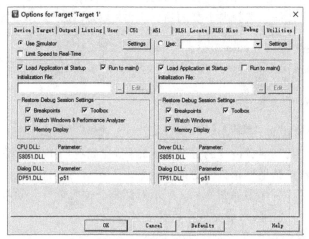

图 4-24 debug 设置

表 4-7 对话框选项解释

工具	作用
Use Simulator	选择 μVision 的软件仿真器做为调试工具
Settings	打开已选的高级 GDI 驱动器的配置对话框
Load Application at Startup	选中该选项以后,在启动 μVision 调试器时自动加载目标应用程序
Run to main ()	当启动调试器时开始执行程序,直到 main()函数处停止
Initialization File	调试程序时做为命令行输入的指定文件

续表

工具	作用
Breakpoints	从前一个调试会话中恢复断点设置
Toolbox	从前一个调试会话中恢复工具框按钮
Watchpoints & PA	从前一个调试会话中恢复观察点和性能分析仪的设置
Memory Display	从前一个调试会话中恢复内存显示设置
CPU DLL,Driver DLL,Parameter	配置内部 μVision 调试 DLL。这些设置来源于设备数据库。用户能修改 DLL 或 DLL 的参数

在工具栏上,点击按钮  ,可以启动调试模式。或者可以通过 Debug→Start/Stop Debug Session 菜单项启动 μVision 的调试模式。根据 Options for Target→Debug 页配置的不同,μVision 将加载应用程序,运行启动代码。关于 μVision 调试器配置的详细信息请参考设置调试选项。μVision 可以保存编辑窗口的布局,以及回复最后调试时的窗口布局。如果程序停止执行,μVision 将打开一个显示源代码文本的编辑窗口或在反汇编窗口中显示相应的 CPU 指令。下一个可执行的语句被标记为黄色箭头。调试状态的界面具体见图 4 - 25 所示。

图 4 - 25　Debug 模式界面

在调试时,大多数编辑器的功能都是可用的。例如,可以使用查找命令或纠正程序错误。应用程序的源代码文本在同一窗口中显示。μVision 的调试模式和编辑模式有如下不同。

- 调试菜单和调试命令是可用的。调试窗口将在以后讨论。
- 工程结构和工具参数是不能被修改的;所有的编译命令不可用。

下面我们举例说明如何完成程序的调试,所使用的程序见前面代码。

在编译链接完成后,就可使用 μVision 的调试器进行调试了。选择 Debug 菜单中的选项 Start/Stop Debug Session 或者点击工具栏中的对应图标进入调试模式。μVision 将会初始化调试器并启动程序运行到主函数。编译无错误警告提示,进入 debug,查看 I/O 和变量。

在 debug 中,我们通过单步执行代码时即点击 ,查看硬件 I/O 口电平和变量值的变化。先将硬件 I/O 口模拟器打开,选择图 4 - 26 中选项"Port 1",弹出图 4 - 27 所示对话框。

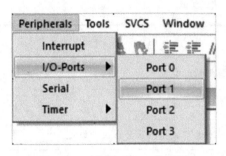

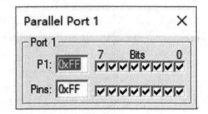

图 4-26　选择 I/O 口状态图　　　　　　4-27　查看 I/O 状态

图 4-27 显示的是软件模拟出的微处理器 P1 口 8 位口线的状态,微处理器启动后 P1 口全为 1,即为十六进制的 0xFF。

下面讲述如何查看变量:首先需要打开变量查看标签,如图 4-28 所示。打开"Watch 1"标签,窗口变成如图 4-29 所示。

图 4-28　变量查看标签

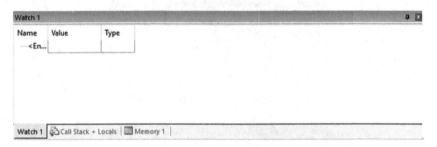

图 4-29　变量查看对话框

选中需要观察的变量,右击选择,如图 4-30 所示,将变量 key2 加入到"Watch 1"对话框中。

图 4-30　将 key2 添加到"Watch 1"窗口

现在就可以在如图 4 - 31 所示窗口看到变量 key2 的变化。

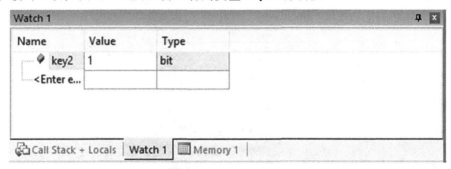

图 4 - 31　"Watch 1"对话框

如果需要设断点,只需在设断点的指令行空白处双击左键,指令行的前端出现红色方块即可,如图 4 - 32 所示。同样,取消断点设置也是在空白处双击左键,红色方块消失。

图 4 - 32　设断点

如果点击  运行程序,程序则全速运行,最终停在断点处,如图 4 - 33 所示。

图 4 - 33　程序停止

同时，我们也可以在图 4 - 34 中看到微处理器内部寄存器的变化。

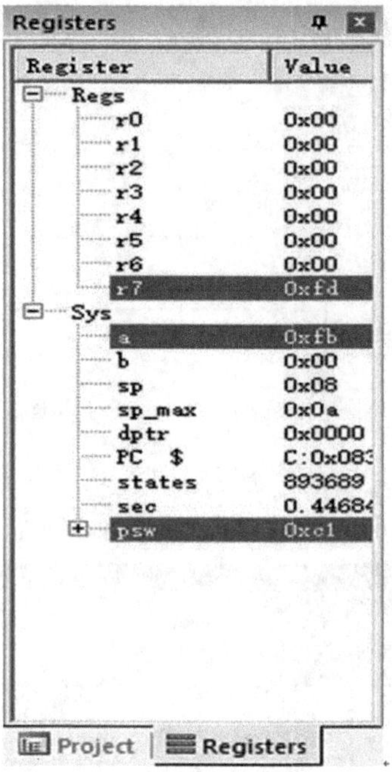

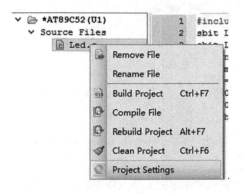

Registers
Register
Value
Regs
r0 0x00
r1 0x00
r2 0x00
r3 0x00
r4 0x00
r5 0x00
r6 0x00
r7 0xfd
Sys
a 0xfb
b 0x00
sp 0x08
sp_max 0x0a
dptr 0x0000
PC $ C:0x083
states 893689
sec 0.44684
psw 0xc1
Project
Registers

图 4 - 34　寄存器

另外，需要注意的是，当编译完成后如果出现如图 4 - 35 所示的错误信息，按照图4 - 36、图 4 - 37、图 4 - 38 所示更改即可，出现错误的原因是所编写的程序大小超出选定器件的内存大小。

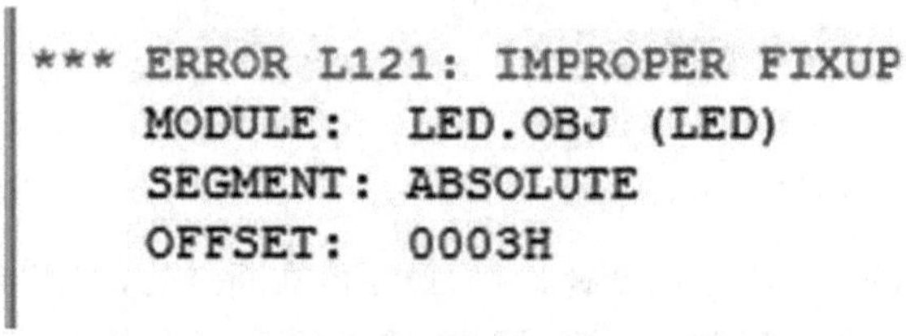

*** ERROR L121: IMPROPER FIXUP
MODULE: LED.OBJ (LED)
SEGMENT: ABSOLUTE
OFFSET: 0003H

图 4 - 35　错误提醒

*AT89C52 (U1)
Source Files
Remove File
Rename File
Build Project Ctrl+F7
Compile File
Rebuild Project Alt+F7
Clean Project Ctrl+F6
Project Settings

图 4 - 36　工程设置

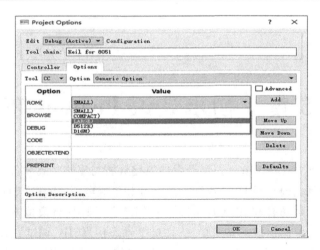

图 4 - 37　更改内存大小

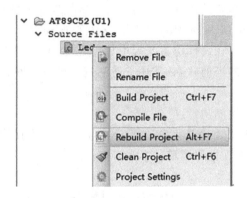

图 4 - 38　重新建立工程

　　进行微处理器系统的设计时,首先要选择合适的软硬件开发环境。本章对如何建立 51 微处理器的软硬件开发环境进行了详细介绍,主要讲述了微处理器系统设计所需软件的下载、安装、创建,以及对程序进行调试和烧录的流程。通过本章的讲解,读者可以进行简单的系统设计,能较快地建立对微处理器系统设计的总体印象。本章的知识属于入门级,读者如有不明之处请多查阅相关资料,通过开发板的实操加深对课堂知识的理解。

第 5 章　初步认识 Proteus ISIS

Proteus ISIS 是英国 Labcenter 公司开发的电路分析与实物仿真软件,它运行于 Windows 操作系统上,可以仿真、分析(SPICE)各种模拟器件和集成电路,该软件的特点如下。

(1)实现了微处理器仿真和 SPICE 电路仿真相结合。其具有模拟电路仿真、数字电路仿真、微处理器及其外围电路组成的系统仿真、RS232 动态仿真、IIC 调试器、SPI 调试器、键盘和 LCD 系统仿真的功能;有各种虚拟仪器,如示波器、逻辑分析仪、信号发生器等。

(2)支持主流微处理器系统的仿真。目前支持的微处理器类型有:68000 系列、8051 系列、AVR 系列、PIC12 系列、PIC16 系列、PIC18 系列、Z80 系列、HC11 系列,以及各种外围芯片。

(3)提供软件调试功能。在硬件仿真系统中具有全速、单步、设置断点等调试功能,同时可以观察各个变量、寄存器等的当前状态;其还支持第三方的软件编译和调试环境,如 Keil C51 μVision2 等软件。

(4)具有强大的原理图绘制功能。

总之,该软件是一款集微处理器和 SPICE 分析于一身的仿真软件,功能极其丰富。本章将介绍 Proteus ISIS 软件的工作环境和基本入门操作。

5.1　Proteus ISIS 软件

双击桌面上的 ISIS 8.0 SP1 Professional 图标或者选择屏幕左下方的"开始"→"程序"→ "Proteus 8 Professional"选项,弹出如图 5-1 所示界面,表明进入了 Proteus ISIS 集成环境。

图 5-1　启动时的界面

Proteus ISIS 的工作界面是一种标准的 Windows 界面,如图 5-2 所示。包括:标题栏、主菜单、标准工具栏、绘图工具栏、状态栏、对象选择按钮、预览对象方位控制按钮、仿真进程控制按钮、预览窗口、对象选择器窗口、图形编辑窗口。

图 5 - 2　Proteus ISIS 的工作界面

5.2　Proteus 电路设计仿真基本操作

5.2.1　基本操作

1.微处理器系统的传统开发过程

在未出现计算机的微处理器仿真技术之前,微处理器系统的传统开发过程一般可分为三步。

(1)微处理器系统原理图设计、选择元器件接插件、安装和电气检测等(简称硬件设计)。

(2)微处理器系统程序设计、汇编编译、调试和编程等(简称软件设计)。

(3)微处理器系统实际运行、检测、在线调试直至完成(简称微处理器系统综合调试)。

2.微处理器系统的 Proteus 设计与仿真的开发过程

Proteus 强大的微处理器系统设计与仿真功能,使它成为微处理器系统应用开发和改进的手段之一。在 Proteus 上的开发过程一般分为三步。

(1)在 ISIS 平台上进行微处理器系统电路设计、选择元器件、接插件、连接电路和电气检测等。(本书简称 Proteus 电路设计)

(2)在 ISIS 平台上进行微处理器系统程序设计、编辑、汇编编译、代码级调试,最后生成目标代码文件(* .hex)。(本书简称 Proteus 源程序设计和生成目标代码文件)

(3)在 ISIS 平台上将目标代码文件加载到微处理器系统中,并实现微处理器系统的实时交互、协同仿真。它在相当程度上反映了实际微处理器系统的运行情况。(本书简称 Proteus 仿真)

微处理器系统的 Proteus 设计与仿真流程如图 5 - 3 所示,而其中的 Proteus 电路设计流程如图 5 - 4 所示。

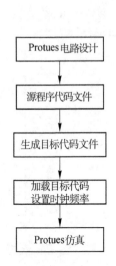

图 5 - 3　Proteus 设计与仿真流程

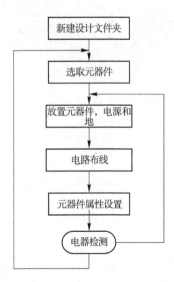

图 5 - 4　Proteus 电路设计流程

5.2.2　Proteus 电路设计 SCH

下面我们通过项目实践的方式带领大家认识和了解 Proteus 及其使用。

首先我们设计一个简单的微处理器电路，如图 5 - 5 所示。

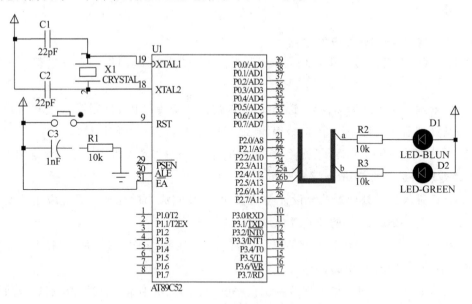

图 5 - 5　一个简单的微处理器电路图

此电路的核心是微处理器 AT89C52，晶振 X1 和电容 C1、C2 构成微处理器的时钟电路，微处理器的 P2 口接两个发光二极管，二极管的阳极通过限流电阻接到电源的正极。下面开始电路图的绘制。

1.将需要用到的元器件加载到对象选择器窗口。

单击对象选择器按钮 P ，弹出“Pick Devices”对话框，在“Category”下面找到“Mircoprocessor ICs"选项,单击。在对话框的右侧,我们会发现这里有大量常见的各种型号的微处理器。找到 AT89C52,双击;这样在左侧的对象选择器中就有了 AT89C52 元件了。

我们也可以在"Keywords"文本框中输入 AT89C52,系统会在对象库中进行搜索查找,并将搜索结果显示在"Results"中,如图 5-6 所示。

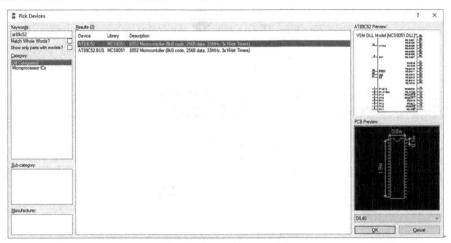

图 5-6 系统在对象库中进行搜索查找

在"Results"的列表中,双击"AT89C52"即可将 AT89C52 加载到对象选择器窗口中。接着在"Keywords"中输入 CRY,在"Results"的列表中,双击"CRYSTAL",将晶振加载到对象选择器窗口内,如图 5-7 所示。

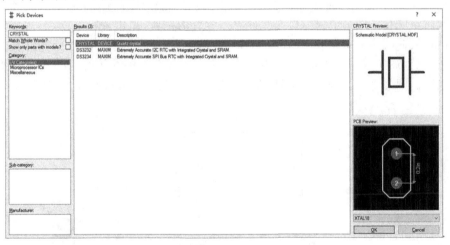

图 5-7 晶振加载到对象选择器窗口

经过前面的操作,我们已经将 AT98C52、晶振加载到了对象选择器窗口中,现在还缺 CAP(电容)、CAP-POL、LED-RED(红色发光二极管)、RES(电阻)。我们只要依次在"Keywords"文本框中输入 CAP、CAP-POL 、LED-GREEN、LED-BLUE、RES、BUTTON,在"Results"的列表中,把需要用到的元件加载到对象选择器窗口内即可。

在对象选择器窗口中单击"AT89C52",就可在预览窗口看到 AT89C52 的实物图,且绘图工具栏中的元器件按钮 处于选中状态。单击"CRYSTAL""LED-GREEN"也能看到对应的实物图,按钮也处于选中状态,如图 5－8 所示。

图 5－8　元器件处于选中状态

2.将元器件放置到图形编辑窗口

在对象选择器窗口内选中 AT89C52,如果元器件的方向不符合要求,可使用预览对象方向控制按钮进行操作。如用按钮 $\circlearrowright$ 对元器件进行顺时针旋转,用按钮 $\circlearrowleft$ 对元器件进行逆时针旋转,用 $\leftrightarrow$ 按钮对元器件进行左右反转,用按钮 $\updownarrow$ 对元器件进行上下反转。元器件方向符合要求后,将鼠标移至图形编辑窗口元器件需要放置的位置,单击鼠标左键,出现紫红色的元器件轮廓符号(此时还可对元器件的放置位置进行调整)。单击鼠标左键,元器件被完全放置(放置元器件后,如还需调整方向,可使用鼠标左键单击需要调整的元器件,再单击鼠标右键菜单进行调整)。同理将晶振、电容、电阻、发光二极管放置到图形编辑窗口,如图 5－9 所示。

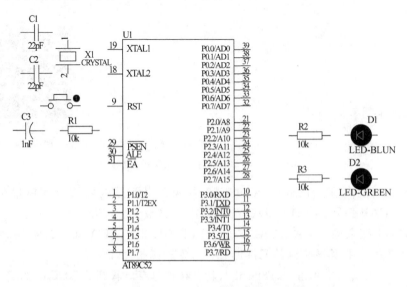

图 5－9　元器件图形编辑

图 5 - 9 中我们已将元器件编号，并修改了参数。修改的方法是：在图形编辑窗口中，双击元器件，在弹出的"Edit Component"对话框中进行修改。现在以电阻为例进行说明。

把"Part Reference"中的 R? 改为 R1，把"Resistance"中的 10k 改为 1k，修改完成后点击 OK 按钮，这时编辑窗口就有了一个编号为 R1，阻值为 1k 的电阻了。修改参数页面参见图 5 - 10。大家只需重复以上步骤就可对其他元器件的参数进行编辑。

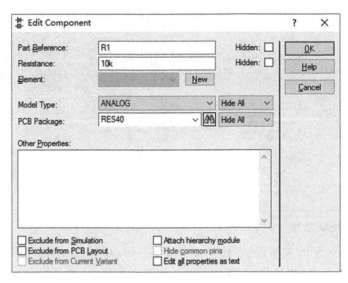

图 5 - 10　修改元器件参数

3.元器件间的电气连接

Proteus 具有自动线路功能(wire auto router)，当鼠标移动至连接点时，鼠标指针处出现一个虚线框，如图 5 - 11 所示。

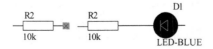

图 5 - 11　元器件间的电气连接

单击鼠标左键，移动鼠标至 LED-BLUE 的阴极，出现虚线框时，单击鼠标左键完成连线。同理，我们可以完成其他连线。在此过程中，我们都可以按下 Esc 键或者单击鼠标右键放弃连线。

4.放置电源端子

单击绘图工具栏的 按钮，使之处于选中状态。点击选中"POWER"，放置三个电源端子；点击选中"GROUND"，放置一个接地端子。放置好后完成连线，如图 5 - 12 所示。

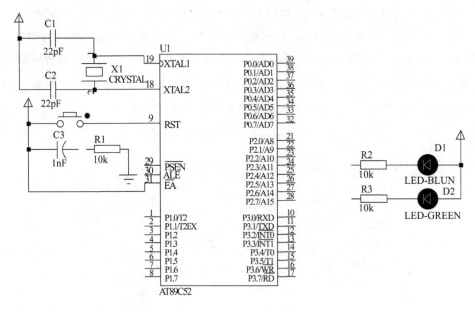

图 5 - 12　放置电源端子

5.在编辑窗口绘制总线

　　单击绘图工具栏的 ⊞ 按钮,使之处于选中状态。将鼠标置于图形编辑窗口,单击鼠标左键,确定总线的起始位置;移动鼠标,屏幕出现一条蓝色的粗线,选择总线的终点位置,双击鼠标左键,这样一条总线就绘制完毕,如图 5 - 13 所示。

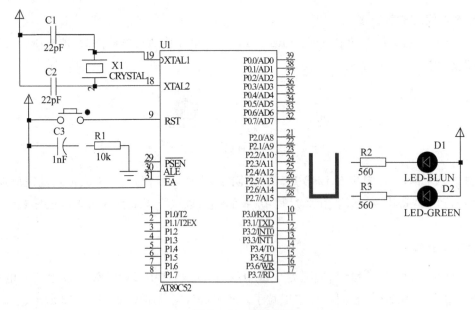

图 5 - 13　绘制总线

6.元器件与总线的连线

　　为了与一般的导线区分,绘制与总线连接导线时通常采用斜线来表示分支线。此时我们需要自己决定走线路径,只需在想要拐点处单击鼠标左键即可。在绘制斜线时我们需要关闭自动线路功能。可通过使用工具栏里的 **WAR** 命令按钮 关闭。绘制完毕的效果如图 5-14 所示。

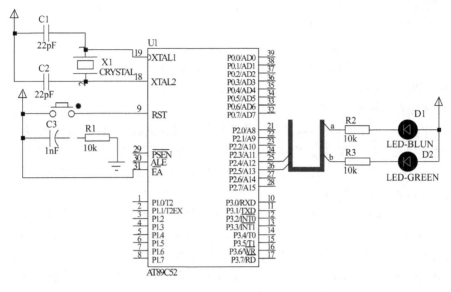

图 5-14　元器件与总线的连线

7.放置网络标号

单击绘图工具栏的网络标号按钮 ，使之处于选中状态。将鼠标置于欲放置网络标号的导线上,这时会出现一个"×",表明该导线可以放置网络标号。单击鼠标左键,弹出"Edit Wire Label"对话框,在"String"文本框中输入网络标号名称(如 P2.4 端口放置的字母 a),单击 OK 按钮,完成该导线的网络标号放置。同理,可以放置其他导线的标号。注意:在放置导线网络标号的过程中,相互接通的导线必须标注相同的标号,如图 5-15 所示。

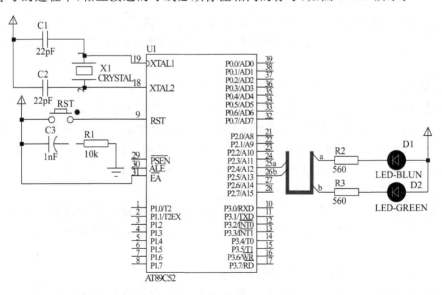

图 5-15　放置网络标号

至此,我们便完成了整个电路图的绘制。通过上面的实例,可以得出应用 Proteus ISIS 绘制微处理器电路的基本步骤:

(1)新建设计文件夹或打开一个现有的设计文件。

(2)选择元器件(通过关键字或分类检索)。

(3)将元器件放入设计窗口。

(4)添加其他模型(电源、地线、信号源等)和相关的虚拟仪器。

(5)编辑和连接电路。

1.创建并保存新的设计

启动 ISIS,出现一个对话框,询问是否要使用软件提供的设计范例,这些范例对学习很有帮助。这里可以选"No"。如果已经启动了 ISIS,可以通过菜单或工具执行"New Design"(新建)命令,将出现一张空的图纸供我们进行电路设计。新设计的默认名为"UNTITLED.DSN",设计文件扩展名为"DSN"。

使用"Save Design"(保存)命令保存文件。在保存对话框中选择保存路径和文件名,建议保存在 D 盘或移动 U 盘中,并按照章节给文件夹命名,按设计内容或练习题号给文件命名。这里可取文件夹的路径"D:\MCU\CH1\EX1−1",文件为名"1−1"。

以后再次使用时,在 Windows 下双击该文件即可自动启动 ISIS 并打开该文件。

2.选择元器件(关键字筛选或分类筛选)

Proteus 提供了丰富的元器件资源,包括30余类、上万种不同型号参数的元器件。在模型选择工具栏中选中元器件按钮◇,单击 P 按钮,即弹出元器件 Pick Devices 窗口。要从众多的元器件中筛选出所需要的元件有两种方法:分类筛选法和关键字筛选法。两种方法也可结合使用。

(1)分类筛选法。根据元器件所在的类别进行逐步筛选。在元器件选择窗口的"Category"(器件种类)下,单击该元器件所在的类别。元器件分类如表 1−2 所示。对于微处理器,可单击选择"Micropprocessor IC"类别,在对话框的右侧"Results"栏中,有常见的各种型号的微处理器,接着可进一步在下方的"SubCategory"中选择子类别。这里可以单击"8051 Family",使得结果中只包括 8051 系列微处理器,然后从结果栏中找到自己所需要的微处理器芯片型号。

(2)关键字筛选法。在元器件选择窗口的关键字搜索栏"Keywords"中输入元器件型号或名称,确认后就可以将包含该关键字的元器件筛选出来显示在结果栏中。支持模糊筛选,即可以用元器件的名称、型号或描述中所包含的部分文字做为搜索关键字,如 89C51、10K 等。

实际工作中常将分类筛选和关键字筛选两种方法配合起来使用。例如,如果关键字模糊匹配筛选出来的元器件太多,可以在从"Category"中或"Sub−Category"中限定一下类别以缩小范围。当然也可以先选定类别后再输入关键字。

在筛选结果栏中单击所需的元器件,右侧会显示出该芯片的原理图符号和外形封装,最终确认后,双击所选元器件即可添加到 ISIS 主窗口左侧的元器件列表中,供绘制电路图使用。

3.将元器件从对象选择器放入原理图编辑区

单击对象选择器中的某个元器件,然后把鼠标指针移到右边的原理图编辑区的适当位置(蓝色方框),单击鼠标的左键,就把该元器件放到了原理图编辑区。编辑区的大小可以通过

"System"菜单下的"Set sheet size"来设置。

放置过程有以下技巧。

(1)在对象选择器中选定对象后,其放置方向将会在预览窗口显示出来。如果元器件的方向不对,可以在放置前用方向工具转动后再放入。如果已经放入图纸,在图纸中选定该对象后,用快捷菜单或块旋转工具转动。

(2)如果要连续放置相同的对象,可以在放置第一个元器件后,在编辑区中连续双击。

4.选择和放置其他类别的模型

单击模型选择工具栏中不同的模型工具,可以显示相应的对象列表。往往不必像元器件那样要经过筛选,可以直接单击使用,再在编辑区中单击就可以将其放入了原理图。

5.编辑和连接电路

(1)选中对象。对编辑区中的对象进行各种操作均需要先选中对象。对象被选中后将改变颜色。在空白处点击鼠标左键可以取消所有对象。

选中对象的方法:

①单击对象可以选中单一对象。

②按住"Ctrl"键,依次单击各个对象(或用鼠标拖出一个选择框将所需要的对象框选进来)可以选中一组对象。

注意:右击对象可以在选中单一对象的同时弹出该对象的快捷菜单,通过快捷菜单可以实现对该对象的一些常用操作。

(2)删除对象。删除对象的方法:

①选定对象后按"Del"键(或单击编辑工具栏中的块删除按钮)可删除被选中的对象。

②右键双击单一对象可以直接删除该对象。

(3)拖动对象。拖动对象的方法:

①选定对象或对象组后可用左键拖动的方法移动对象。

②对于对象组,单击编辑工具栏中的块移动按钮,移动鼠标即可移动该组对象。

(4)旋转对象的方向。左键单击或框选选定对象或对象组后,单击编辑工具栏中的块旋转按钮,在对话框中输入旋转角度或选择翻转方向,单击"OK"按钮即可实现对象方向旋转。

(5)复制对象。复制对象按以下步骤进行:

①左键单击或框选要选定的对象。

②单击编辑工具栏中的块复制按钮。

③把复制的轮廓拖到需要的位置,左击鼠标放置即可。

(6)连接。两个对象(器件引脚或导线)间的连接按以下方法进行。

①连接电路不需要选择工具,直接用鼠标单击第一个对象连接点后,再单击另一个连接点,则会自动连接。注意,连接与 2D 图形工具中的绘制直线不同,连接具有导线性质,2D 线段不具备导线性质。如果想自己解决走线的路径,只要在拐点处单击鼠标即可。连接过程中的任何一个阶段,都可以通过按"Esc"键来放弃连线。

②若要重复绘制若干相同的连线,可以在绘制一条后,在下一条位置处直接双击。

③为了避免导线太长、太多影响图纸布线的美观,对于较长的导线,可分别在需要连接的引脚处绘制一条短导线,在短导线末端双击鼠标以放置一个节点,然后在导线上放置一个标签(Label 工具),输入标签文字。凡是标签文字相同的点都相当于之间建立了电气连

接而不不必在图纸上绘出连线。已用过的标签文字可以在标签属性编辑对话框的下拉表中选用。

④为了更简洁地表示出一组导线的连接走向,还可以用总线(Bus)工具绘制出总线(单击开始,双击结束),再用绘制导线的方法将各分支导线连接到总线上(若按住"Ctrl"键可绘制45°线),并通过标签 Label 文字表示对应的连接关系。

5.2.3 Proteus 源程序设计和生成目标代码文件

在进行调试前我们需要设计和编译程序,并加载编译好的程序。下面对如何进行程序的设计和编译进行详细讲解。

1.编译程序

Proteus 自带编译器,有 8051、AVR 和 PIC 的汇编器等。在 ISIS 中添加编写好的程序就需要打开编译器。方法如下:右击微处理器,选择最下面的 "Edit Source Code",在出现的窗口中有 Compiler 下拉列表,选择"Keil for 8051"选项,然后单击"确定"按钮,如图 5-16 所示。

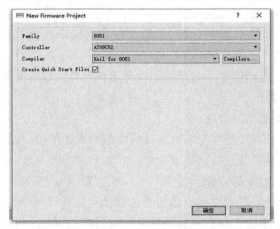

图 5-16 打开编译器

在系统新建的 main.c 文件上右击,选择"Remove File"选项,如图 5-17 所示。这时会弹出一个对话框口,在出现的对话框口中单击"Remove"按钮,如图 5-18 所示。

在"Source Files"文件上右击鼠标,选择"Add Files"选项,如图 5-19 所示。在弹出的对话框中选择添加已经写好的 C 语言程序,如图 5-20 所示。

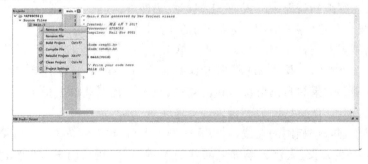

图 5-17 删除文件

图 5 - 18　删除文件对话框

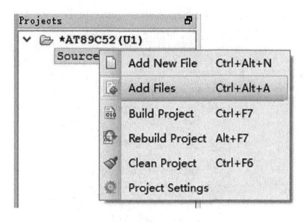

图 5 - 19　Add Files

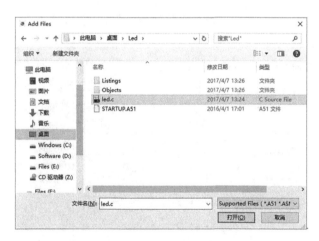

图 5 - 20　添加 C 文件

附录程序:

```
#include ⟨reg52.h⟩
sbit LEDB = P2^4;   //定义位变量 LEDB
sbit LEDG = P2^5;   //定义位变量 LEDG
unsigned int i;     //定义变量
void main(){
    while(1){
        LEDB = 0;   //点亮蓝色 LED
```

```
LEDG = 1;   //熄灭绿色 LED
for (i = 0;i < 30000;i++);   //软件延时
LEDB = 1;   //熄灭蓝色 LED
LEDG = 0;   //点亮绿色 LED
for (i = 0;i < 30000;i++);   //软件延时
   }
}
```

这时可以在"Source Files"文件中看到刚刚添加 led.c 文件。接着右击刚刚添加的 led.c 文件,选择"Build Project"选项来建立工程,如图 5-21 所示。

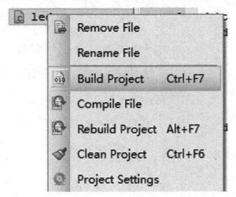

图 5-21　建立工程

2.加载程序

选中微处理器 AT89C52,单点击 AT89C52,弹出一个对话框,如图 5-22 所示。

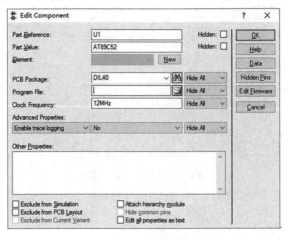

图 5-22　加载程序

在弹出的对话框中单击"Program File"按钮,找到利用 Keil 软件编译产生的 HEX 文件并打开,然后点击 OK 按钮就可以模拟了。点击调试控制按钮的运行按钮 ▶ ,进入调试状态。这时我们能清楚地看到每一个引脚电平的变化。红色代表高电平,蓝色代表低电平。

5.3 Proteus 源代码调试仿真

5.4.1 调试菜单及调试窗口

单击 ▶ 按钮可以启动仿真。在全速运行时不显示调试窗口,单击暂停按钮 ‖ ‖ ,弹出源程序调试窗口,如图 5-23 所示。若未出现,再单击 DEBUG(调试)菜单,在弹出的下拉菜单中选择"8051 CPU"→"Source Code-U1"选项,如图 5-24 所示,即可显示源代码调试窗口。显示的源代码调试窗口如图 5-25 所示,光条停在下一条要执行的指令行。

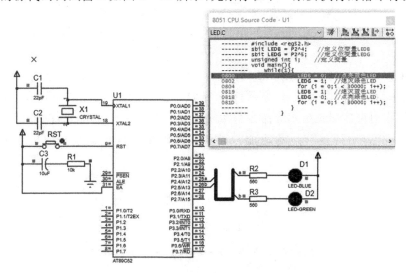

图 5-23 暂停仿真时弹出源代码调试窗口

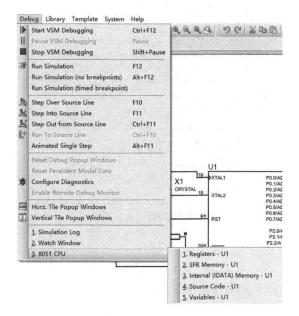

图 5-24 调试菜单

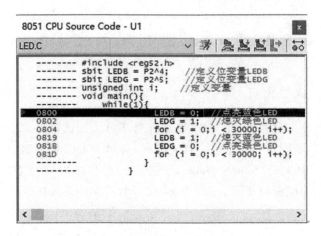

图 5 - 25 源代码调试窗口

在调试窗口中右击鼠标,弹出其快捷菜单,如图 5 - 26 所示。其中,有快速移动光条的命令;有断点操作的命令;有在指令行显示行号、地址等信息的命令;还有设置显示字体、颜色等的命令。在操作时可选择菜单相应命令行单击或操作相应的快捷键,如设置、清除断点按 F9 键快速操作。在"显示行号""显示地址""显示操作码命令行"及"加载时固定断点"前出现"√",表示相应显示内容已打开。

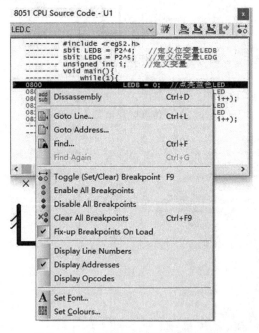

图 5 - 26 源代码调试窗口的快捷菜单

5.3.2 存储器窗口

从调试菜单中可看出 CPU 源代码就在调试窗口中。另外,还有 3 个存储器窗口。

1.微处理器寄存器窗口

通过菜单"Debug"→"8051 CPU→Registers-U1"打开微处理器寄存器窗口,如图 5 - 27

所示。其中除有 R0~R7 外,还有常用的 SFR,如 SP、PC、PSW,将要执行的指令等。在本窗口内右击鼠标,弹出可设置本窗口的快捷菜单。

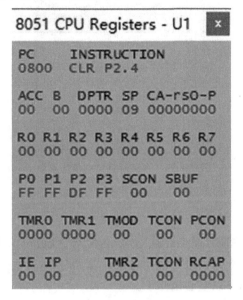

图 5 - 27　微处理器寄存器窗口

2.微处理器 SFR 窗口

通过菜单"Debugs"→"8051 CPU"→"SFR Memory-U1"打开微处理器的 SFR,如图5 - 28所示。

8051 CPU SFR Memory - U1										8051 CPU Internal (IDATA) Memory - U1									
80	FF	09	00	00	00	00	00	00	....	00	00	00	00	00	00	00	00	00	....
88	00	00	00	00	00	00	02	00	....	08	75	30	00	00	00	00	00	00	u0......
90	FF	00	00	00	00	00	00	00	....	10	00	00	00	00	00	00	00	00	....
98	00	00	00	00	00	00	00	00	....	18	00	00	00	00	00	00	00	00	....
A0	DF	00	00	00	00	00	00	00	....	20	00	00	00	00	00	00	00	00	....
A8	00	00	00	00	00	00	00	00	....	28	00	00	00	00	00	00	00	00	....
B0	FF	00	00	00	00	00	00	00	....	30	00	00	00	00	00	00	00	00	....
B8	00	00	00	00	00	00	00	00	....	38	00	00	00	00	00	00	00	00	....
C0	00	00	00	00	00	00	00	00	....	40	00	00	00	00	00	00	00	00	....
C8	00	00	00	00	00	00	00	00	....	48	00	00	00	00	00	00	00	00	....
D0	00	00	00	00	00	00	00	00	....	50	00	00	00	00	00	00	00	00	....
D8	00	00	00	00	00	00	00	00	....	58	00	00	00	00	00	00	00	00	....
E0	00	00	00	00	00	00	00	00	....	60	00	00	00	00	00	00	00	00	....
E8	00	00	00	00	00	00	00	00	....	68	00	00	00	00	00	00	00	00	....
F0	00	00	00	00	00	00	00	00	....	70	00	00	00	00	00	00	00	00	....
F8	00	00	00	00	00	00	00	00	....	78	00	00	00	00	00	00	00	00	....
										80	00	00	00	00	00	00	00	00	....
										88	00	00	00	00	00	00	00	00	....

图 5 - 28　微处理器的 SFR、IDATA 窗口

3.微处理器 IDATA 窗口

通过菜单"Debug"→"8051 CPU"→"Internal(IDATA)Memory-U1"打开微处理器的 IDATA 窗口,如图 5 - 28 所示。若要查看寄存器 P0、P1 的内容,既可从微处理器寄存器窗口中查看(见图 5 - 27),也可从 SFR 寄存器中查看(见图 5 - 28 左边窗口)。

在 SFR、IDATA 窗口中右击鼠标,可弹出设置本窗口的快捷菜单,如图 5 - 29 所示。由此可用 Goto 命令方便地快速移动显示内容。还可设置存储单元内容的显示类型、显示格式,设置显示字体、颜色等。

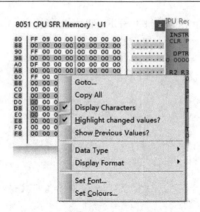

图 5 - 29　存储器窗口的快捷菜单

5.3.3　鼠标操作断点

单击 ▶ 按钮,启动仿真。在全速执行时不显示代码窗口及寄存器窗口,单击 ‖ 按钮,可使各调试窗口显示出来。也可在适当的位置设置断点,使运行暂停,观察各窗口。有效断点以实心圆标示,无效断点以空心圆标示。

1.设置断点

- 单击要设置断点的行后,出现光条,再单击调试窗口右上角中的按钮 ⚬⚬。
- 在要设置断点的行双击鼠标左键。

2.取消断点

在有效断点的行双击鼠标左键,或单击有效断点行,再单击按钮 ⚬⚬。

3.清除断点

在无效的断点行双击鼠标左键,或单击无效断点行,再单击按钮 ⚬⚬,若连续双击鼠标左键或是连续单击按钮 ⚬⚬,则可在设置断点、取消断点、清除断点间切换。如图 5 - 30 所示,当前断点在第六行:

for (i = 0;i < 30000;i++);微处理器源代码调试窗口中的第一列为命令行首地址,第二列为代码。

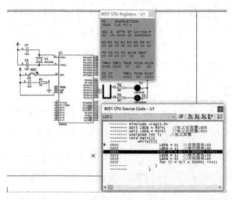

图 5 - 30　简单实例带断点的仿真片段

5.3.4 调试中各窗口的个性化设置

1.源代码调试窗口的颜色设置

源代码调试窗口的颜色设置如图 5 - 31 所示。

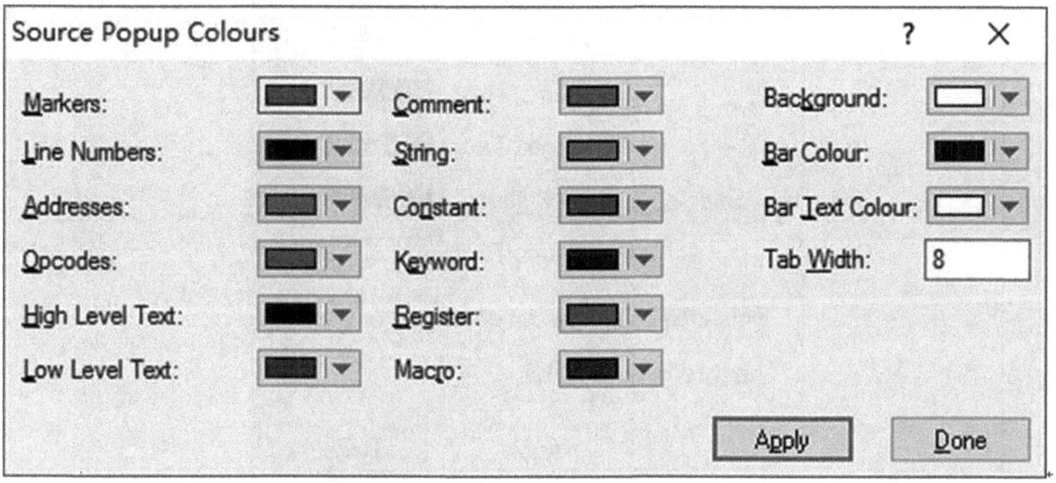

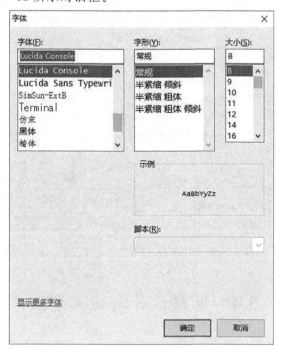

图 5 - 31 源代码调试窗口颜色设置

2.字体设置

调试时各存储器窗口及观察窗口的字体设置方式相同。鼠标右击储存器窗口,选择"Set Font"选项,出现如图 5 - 32 所示对话框。

图 5 - 32 存储器窗口字体设置

3.观察窗口的颜色设置(见图 5－33)

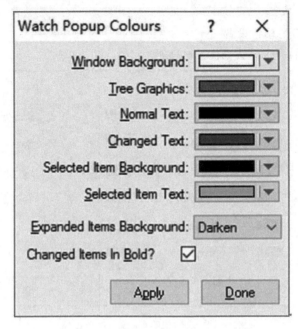

图 5－33　观察窗口颜色设置

4.SFR 及 IDATA 窗口数据类型及显示格式设置(见图 5－34)

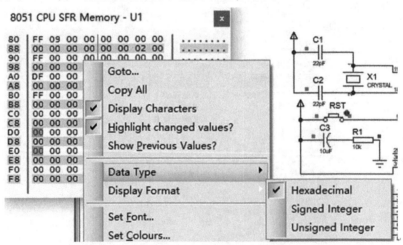

图 5－34　SFR 及 IDATA 窗口数据类型及显示格式设置

5.4　电路设计与仿真实例

5.4.1　实验原理图

实验原理图如图 5－35 所示,通过 AT89C51 微处理器控制两个发光二极管交替闪烁。用

Proteus 设计、仿真以 AT89C51 为核心的发光二极管闪烁灯实验装置。并掌握发光二极管的控制方法。

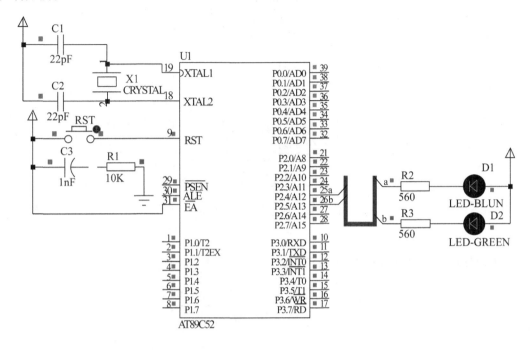

图 5 - 35　发光二极管流水灯实验装置电路原理图

5.4.2　PROTEUS 电路设计

本设计完全在 ISIS 环境中进行,并从 Proteus 库中选取元器件,如图 5 - 36 所示。

图 5 - 36　选取元器件

放置元器件、放置电源和地(终端)、连线、元器件属性设置、电气检测等所有操作都是在 ISIS中进行的,与前例相似,故不详述。

5.4.3　源程序设计、生成目标代码文件

1.流程图
闪烁程序流程如图 5 - 37 所示。

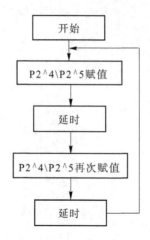

图 5-37　流水灯程序流程图

2.源程序设计

右击微处理器 Edit Source Code,在出现的窗口选择 Keil for 8051,如图 5-38 所示。

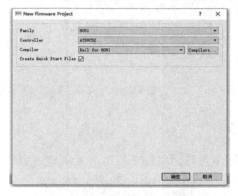

图 5-38　选择 Keil for 8051

在左边窗口"Source Files"中右击 main.c,在弹出的快捷菜单中选择"Remove File"选项,如图 5-39 所示。在弹出的对话框中单击"Remove"按钮,将文件从工程中移除,如图 5-40 所示。

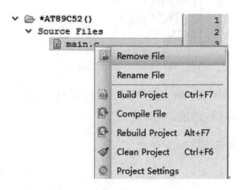

图 5-39　移除文件

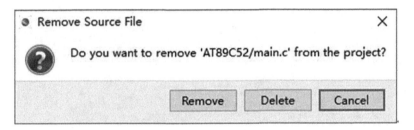

图 5 - 40　移除文件

右击"Source Files",在弹出的快捷菜单中选择"Add New File",在弹出的图 5 - 41 所示对话框中保存一个 C 语言文件,这里保存为 Led.c。

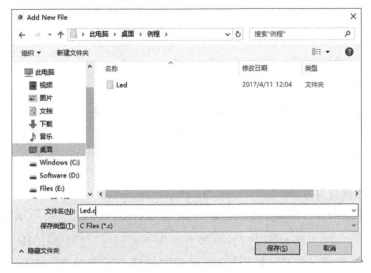

图 5 - 41　保存 C 文件

在编辑界面编辑如下源程序:
```c
#include <reg52.h>
sbit LEDB = P2^4;   //定义位变量 LEDB
sbit LEDG = P2^5;   //定义位变量 LEDG
unsigned int i;     //定义变量
void main(){
    while(1){
        LEDB = 0;  //点亮蓝色 LED
        LEDG = 1;  //熄灭绿色 LED
        for (i = 0;i < 30000;i++);   //软件延时
        LEDB = 1;  //熄灭蓝色 LED
        LEDG = 0;  //点亮绿色 LED
        for (i = 0;i < 30000;i++);   //软件延时
    }
}
```

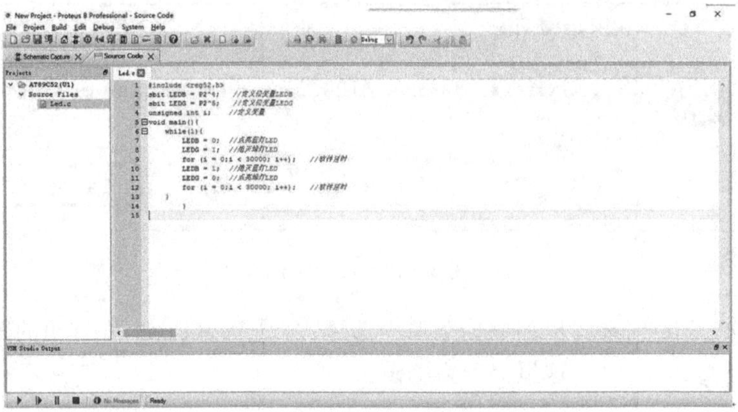

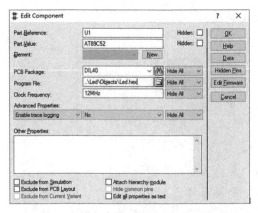

图 5-42　源程序

程序编辑好后,单击 ![save] 按钮存入文件 Led.c 中,如图 5-42 所示。

3.源程序编译汇编、生成目标代码文件

通过菜单"Source/Build All"编译汇编源程序,生成目标代码文件(本例为 Led.HEX)。若编译失败,可对程序进行修改调试,直至编译汇编成功。

5.4.4　Proteus 仿真

1.加载目标代码文件

鼠标指针指在器件 AT89C51 上,先右击再左击,在弹出的图 5-43 所示的属性编辑对话框的 Program File 一栏中单击 ![folder] 按钮,出现文件浏览对话框,找到 Led.HEX 文件,单击"打开"按钮,完成文件添加。在 Clock Frequency 栏中把频率设定为 12 MHz,单击"OK"按钮退出。

图 5-43　为 AT89C51 加载 HEX 文件、设置频率

2.全速仿真

单击 ![play] 按钮,启动仿真,仿真运行片段如图 5-44 所示。暗点以 1 Hz 频率由低位到高位循环移动。红色方块代表高电平,蓝色方块代表低电平,灰色方块代表不确定电平(Floating)。

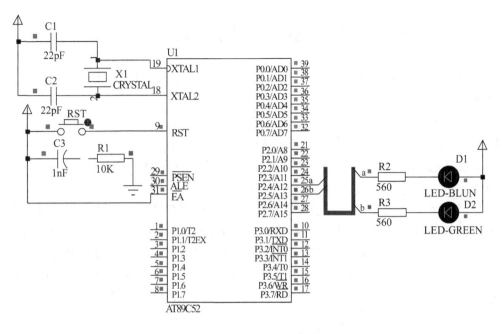

图 5-44　闪烁灯仿真运行片段

3.仿真调试

(1)带断点仿真。如图 5-45 所示,当前在"for(i = 0;i < 30000;i++);"所在行设置断点,当运行到这一行时(红色箭头指示),仿真暂停。此时状态为断点处前一指令"LEDG = 0;"的运行结果。在 CPU Registers 窗口可看到 P2 的内容是 DF,即 11011111B,对应于原理图中 P2^5 引脚控制的发光二极管灭,其余的亮。达到了控制程序代码与被控对象运行过程的协同仿真。

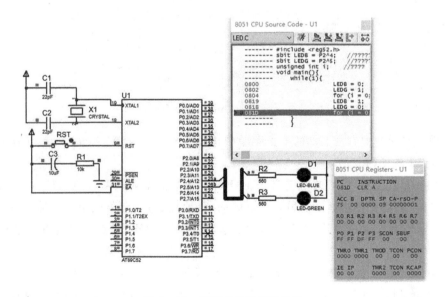

图 5-45　带断点仿真运行片段

5.5　Keil μVision 和 Proteus 联和调试

Keil μVision 和 Proteus 各有特色,为了充分利用两个软件的优点,往往需要对程序进行联合调试。

(1)假若 Keil C51 与 Proteus 均已正确安装在 D:\Program Files 的目录中,把 D:\Program Files\Labcenter Electronics\Proteus 8 Professional\MODELS\VDM51.dll 复制到 D:\Program Files\keilC\C51\BIN 目录中,如果没有"VDM51.dll"文件,可在网上下载。

(2)用记事本打开 D:\Program Files\keilC\C51\TOOLS.INI 文件,在[C51]栏目下加入: TDRV5＝BIN\VDM51.DLL ("Proteus VSM Monitor－51 Driver"),其中"TDRV5"中的"5" 要根据实际情况写,不要和原来的重复即可。(步骤(1)和(2)只需在初次使用设置。)

(3)需要设置 Keil C 的选项。选择"Project"→"Options for Target"选项或者点击工具栏的"Option for Target"按钮,弹出窗口,打开"Debug"选项卡,出现如图 5－46 所示页面。

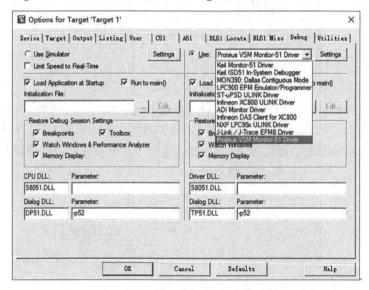

图 5－46　Keil μVision5 选项设置

在出现的对话框中右栏上部的下拉菜单中选择"Proteus VSM Monitor 51 Driver"选项。并选中"Use"单选按钮。

单击"Setting"按钮,设置通信接口。在"Host"文本框中输入"127.0.0.1",如果使用的不是同一台电脑,则需要在这里添上另一台电脑的 IP 地址(另一台电脑也应安装 Proteus)。在"Port"文本框中输入"8000",如图 5－47(a)所示,然后单击"OK"按钮。最后将工程编译,进入调试状态,并运行。设置完之后,请重新编译、链接、生成可执行文件。

(4)Proteus 的设置。进入 Proteus 的 ISIS 界面,打开"Debug"选项卡,选中"Enable Remote Debug Monitor"选项,如图 5－47(b)所示。此后,便可实现 Keil C 与 Proteus 连接调试。

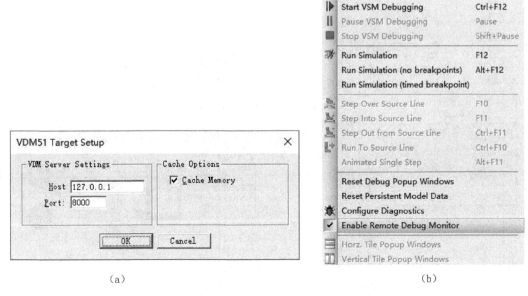

（a）　　　　　　　　　　　　　　　　（b）

图 5-47　Keil 与 Proteus 选项设置

（5）Proteus 里加载可执行文件。左键双击 AT89C52 原理图，将弹出图 5-48 所示对话框，加载可执行文件"Led.hex"。

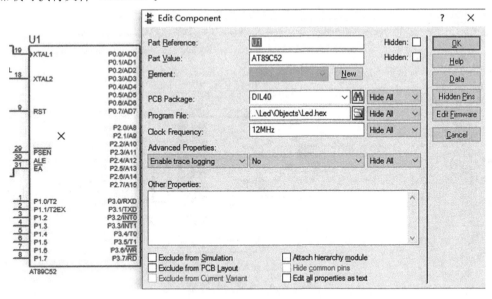

图 5-48　选择加载可执行文件

6.Keilu C 与 Proteus 连接仿真调试。

单击仿真运行开始按钮，我们能清楚地观察到每一个引脚的电频变化，红色代表高电频，蓝色代表低电频。其运行情况如图 5-49、图 5-50 所示。

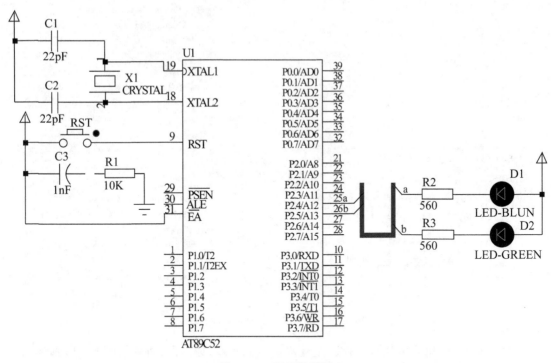

图 5-49　运行情况图

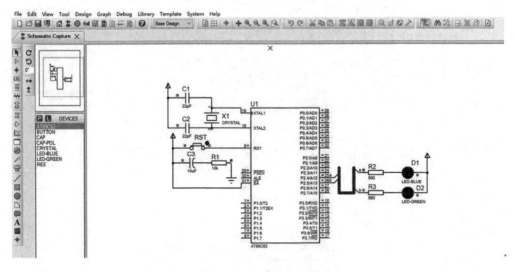

图 5-50　仿真运行效果

第6章 嵌入式微处理器硬件结构和原理

6.1 嵌入式微处理器内部结构

8051 微处理器由微处理器(含运算器和控制器)、存储器、I/O 接口以及定时/计数器、中断系统(特殊功能寄存器 SFR,图中会用加黑方框和相应的标识符表示)等构成,如图 6-1 所示。

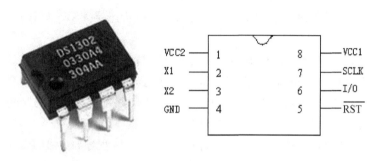

图 6-1 8051 微处理器内部结构

6.1.1 微处理器 CPU 结构

8051 内部 CPU 是一个字长为 8 位(二进制)的中央处理单元,也就是说它对数据的处理是按字节为单位进行的。与微型计算机 CPU 类似,8051 内部 CPU 也是由运算器(ALU)、控制器(定时控制部件等)和专用寄存器组三部分电路构成。

1.算术逻辑部件(ALU)

8051 的 ALU 是一个性能极强的运算器,它既可以进行加、减、乘、除四则运算,也可以进行与、或、非、异或等逻辑运算,还具有数据传送、移位、判断和程序转移等功能。8051ALU 为用户提供了丰富的指令系统和极快的指令执行速度,大部分指令的执行时间为 1 μs,乘法指令为 4 μs。

8051ALU 由一个加法器、两个 8 位暂存器(TMP1 和 TMP2)和一个性能卓著的布尔处理器(图中未画出)组成。虽然 TMP1 和 TMP2 对用户并不开放,但可用来为加法器和布尔处理器暂存两个 8 位二进制操作数。8051 时钟频率可达 12 MHz。

2.定时控制部件

定时控制部件起着控制器的作用,由定时控制逻辑、指令寄存器和振荡器 OSC 等电路组成。指令寄存器 IR 用于存放从程序存储器中取出的指令码,定时控制逻辑用于对指令寄器中的指令码进行译码,并在 OSC 的配合下产生执行指令的时序脉冲,以完成相应指令的执行。OSC(OSCillator)是控制器的心脏,能为控制器提供时钟脉冲。

8051 的控制器由指令寄存器 IR、指令译码器 ID、定时及控制逻辑电路和程序计数器 PC 等组成。

指令寄存器 IR 保存当前正在执行的一条指令。执行一条指令,先要把它从程序存储器取到指令寄存器中。指令内容含操作码和地址码两部分,操作码送往指令译码器 ID,并形成相应指令的微操作信号。地址码送往操作数地址形成电路以便形成实际的操作数地址。

定时与控制是微处理器的核心部件,它的任务是控制取指令、执行指令、存取操作数或运算结果等操作,向其他部件发出各种微操作控制信号,协调各部件的工作。8051 微处理器片内设有振荡电路,只需外接石英晶体和频率微调电容就可产生内部时钟信号。

3.专用寄存器组

专用寄存器组主要用来指示当前要执行指令的内存地址、存放操作数和指示指令执行后的状态等。它是计算机 CPU 不可缺少的组成部件,其寄存器的多寡因机器型号的不同而异。专用寄存器组主要包括程序计数器 PC、累加器 A、程序状态字 PSW、堆栈指示器 SP、数据指针 DPTR 和通用寄存器 B 等。

(1)程序计数器 PC(program counter)。程序计数器 PC 是一个二进制 16 位的程序地址寄存器,专门用来存放下一条需要执行指令的内存地址,能自动加 1。CPU 执行指令时,它是先根据程序计数器 PC 中的地址从存储器中取出当前需要执行的指令码,并把它送给控制器分析执行,随后程序计数器 PC 中地址码自动加 1,以便为 CPU 取下一个需要执行的指令码作准备。当下一个指令码取出执行后,PC 又自动加 1。这样,程序计数器 PC 一次次加 1,指令就被一条条地执行。所以,需要执行程序的机器码必须在程序执行前预先一条条地按序放到程序存储器中,并为程序计数器 PC 设置成程序第一条指令的内存地址。

8051 程序计数器 PC 由 16 个触发器构成,故它的编码范围为 0000H~FFFFH,共 64 KB。这就是说,8051 对程序存储器的寻址范围为 64 KB。如果想为 8051 配置大于 64 KB 的程序存储器,就必须在制造 8051 器件时加长程序计数器的位数。但在实际应用中,64 KB 的程序存储器通常已足够了。

(2)累加器 A(accumulator)。累加器 A 又记作 ACC,是一个具有特殊用途的二进制 8 位寄存器,专门用来存放操作数或运算结果,51 微处理器中的所有运算几乎都要通过该累加器实现。在 CPU 执行某种运算前,两个操作数中的一个通常应放在累加器 A 中,运算完成后累加器 A 中便可得到运算结果。

(3)通用寄存器 B(general purpose register)。通用寄存器 B 是专门为乘法和除法设置的寄存器,也是一个二进制 8 位寄存器,由 8 个触发器组成。该寄存器在乘法或除法前,用来存放乘数或除数,在乘法或除法完成后用于存放乘积的高 8 位或除法的余数。

(4)程序状态字 PSW(program status word)。PSW 是一个 8 位标志寄存器,用来存放指令执行后的有关状态。PSW 中各位状态通常是在指令执行过程中自动形成的,但也可以由用户根据需要采用传送指令加以改变。它的各标志位定义如下。

PSW7	PSW6	PSW5	PSW4	PSW3	PSW2	PSW1	PSW0
Cy	AC	F0	RS1	RS0	OV	—	P

其中,PSW7 为最高位,PSW0 为最低位。

①进位标志位 Cy(carry):用于表示加减运算过程中最高位 A7(累加器最高位)有无进位或借位。在加法运算时,若累加器 A 中最高位 A7 有进位,则 Cy=1;否则 Cy=0。在减法运算时,若 A7 有了借位,则 Cy=1;否则 Cy=0。此外,CPU 在进行移位操作时也会影响这个标志位。

②辅助进位位 AC(auxiliary carry):用于表示加减运算时低 4 位(即 A3)有无向高 4 位(即 A4)进位或借位。若 AC=0,则表示加减过程中 A3 没有向 A4 进位或借位;若 AC=1,则表示加减过程中 A3 向 A4 有了进位或借位。

③用户标志位 F0(flagzero):F0 标志位的状态通常不是机器在执行指令过程中自动形成的,而是由用户根据程序执行的需要通过传送指令确定的。该标志位状态一经设定,便由用户程序直接检测,以决定用户程序的流向。

④寄存器选择位 RS1 和 RS0:8051 共有 8 个 8 位工作寄存器,分别命名为 R0~R7。工作寄存器 R0~R7 常常被用户用来进行程序设计,但它在 RAM 中的实际物理地址是可以根据需要选定的。用户通过改变 RS1 和 RS0 的状态可以方便地决定 R0~R7 的实际物理地址。工作寄存器 R0~R7 的物理地址和 RS1、RS0 之间的关系如表 6-1 所列。

表 6-1 RS1、RS0 对工作寄存器的选择

RS1、RS0	R0~R7 的组号	R0~R7 的物理地址
00	0	00 H~07 H
01	1	08 H~0 FH
10	2	10 H~17 H
11	3	18 H~1 FH

采用 8051 或 8031 做成的微处理器控制系统,开机后的 RS1 和 RS0 总是为零状态,故 R0~R7 的物理地址为 00H~07H,即 R0 的地址为 00H,R1 的地址为 01H,R7 的地址为 07H。

若 RS1、RS0 为 01B,则 R0~R7 的物理地址变为 08H~0FH。因此,用户利用这种方法可以很方便地达到保护 R0~R7 中数据的目的,这对用户的程序设计是非常有利的。

⑤溢出标志位 OV(OVerflow):可以指示运算过程中是否发生了溢出,由机器执行指令过程中自动形成。若机器在执行运算指令过程中,累加器 A 中运算结果超出了 8 位数能表示的范围,即 -128~+127,则 OV 标志自动置 1;否则 OV=0。因此,人们根据执行运算指令后的 OV 状态就可判断累加器 A 中的结果是否正确。

⑥奇偶标志位 P(parity):PSW1 为无定义位,用户也可不使用。PSW0 为奇偶标志位 P,用于指示运算结果中 1 的个数的奇偶性。若 P=1,则累加器 A 中 1 的个数为奇数;若 P=0,则累加器 A 中 1 的个数为偶数。

(5)堆栈指针 SP(stack pointer)。堆栈指针 SP 是一个 8 位寄存器,能自动加 1 或减 1,专门用来存放堆栈的栈顶地址。人们在堆放货物时,总是把先入栈的货物堆放在下面,后入栈的货物堆放在上面,一层一层向上堆。取货时的顺序和堆货顺序正好相反,最后入栈的货物最先被取走,最先入栈的货物最后被取走。因此,货栈的堆货和取货符合"先进后出"或"后进先出"的规律,如图 6-2 所示。

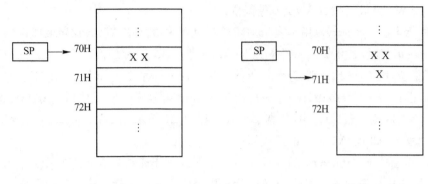

(a)没有压数时的堆栈　　　　　　　　(b)压入一个数时的堆栈

图 6-2　堆栈示意图

　　计算机中的堆栈类似于商业中的货栈,是一种能按"先进后出"或"后进先出"规律存取数据的 RAM 区域。这个区域是可大可小的,常称为堆栈区。8051 片内 RAM 共有 128 B,地址范围为 00H～7FH,故这个区域中的任何子域都可以用作堆栈区,即做为堆栈来用。堆栈有栈顶和栈底之分,栈底由栈底地址标识,栈顶由栈顶地址指示。栈底地址是固定不变的,它决定了堆栈在 RAM 中的物理位置;栈顶地址始终在 SP 中,即由 SP 指示,是可以改变的,它决定堆栈中是否存放有数据。因此,当堆栈中为空,即无数据时,栈顶地址必定与栈底地址重合,即 SP 中一定是栈底地址;当堆栈中存放的数据越多,SP 中的栈顶地址就越大。这就是说,SP 就好像是一个地址指针,始终指示着堆栈中最上面的那个数据。

　　由于堆栈区在程序中没有标识,因此程序设计人员在进行程序设计时应主动给可能的堆栈区空出若干存储单元,这些单元是禁止用传送指令存放数据的。

　　(6)数据指针 DPTR(data pointer)。数据指针 DPTR 是一个 16 位的寄存器,由两个 8 位寄存器 DPH 和 DPL 拼成,其中,DPH 为 DPTR 的高 8 位,DPL 为 DPTR 的低 8 位。DPTR 可以用来存放片内 ROM 的地址,也可以用来存放片外 RAM 和片外 ROM 的地址。

6.1.2　存储器结构

　　MCS-51 的存储器不仅有 ROM 和 RAM 之分,而且有片内和片外之分。MCS-51 的片内存储器集成在芯片内部,是 MCS-51 的一个组成部分;片外存储器是外接的专用存储器芯片,MCS-51 只提供地址和控制命令,需要通过印刷电路板上三总线才能联机工作。

　　8051 微处理器的片内存储器与一般微机存储器的配置不同。一般微机的 ROM 和 RAM 安排在同一空间的不同范围(称为普林斯顿结构),而 8051 微处理器的存储器在物理上设计成程序存储器和数据存储器两个独立的空间(称为哈佛结构)。

1.8051 的程序存储器配置

　　8051 微处理器的程序计数器 PC 是 16 位的计数器,所以能寻址 64 KB 的程序存储器地址范围,允许用户程序调用或转向 64 KB 的任何存储单元。

　　MCS-51 系列的 8051 在芯片内部有 4 KB 的掩模 ROM,87C51 在芯片内部有 4 KB 的 EPROM,而 80C31 在芯片内部没有程序存储器,应用时要在微处理器外部配置一定容量的 EPROM。8051 的程序存储器配置如图 6-3 所示。

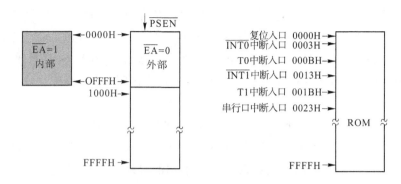

图 6 - 3　8051 程序存储器配置

8051 的 EA 引脚为访问内部或外部程序存储器的选择端。接高电平时,CPU 将首先访问内部存储器,当指令地址超过 0FFFH 时,自动转向片外 ROM 去取指令;接低电平时(接地),CPU 只能访问外部程序存储器,外部程序存储器的地址从 0000H 开始编址。

程序存储器低端的一些地址被固定地用作特定的入口地址。

0000H:微处理器复位后的入口地址;

0003H:外部中断 0 的中断服务程序入口地址;

000BH:定时/计数器 0 溢出中断服务程序入口地址;

0013H:外部中断 1 的中断服务程序入口地址;

001BH:定时/计数器 1 溢出中断服务程序入口地址;

0023H:串行接口的中断服务程序入口地址;

002BH:增强型微处理器定时/计数器 2 溢出或 T2EX 负跳变中断服务程序入口地址。

编程时,通常在这些入口地址开始的二三个单元中放入一条转移指令,以使相应的服务与实际分配的程序存储器区域中的程序段相对应(仅在中断服务程序较短时,才可以将中断服务程序直接放在相应的入口地址开始的几个单元中)。

2.8051 的数据存储器配置

8051 微处理器的数据存储器分为片外 RAM 和片内 RAM 两大部分,如图 6-4 所示。

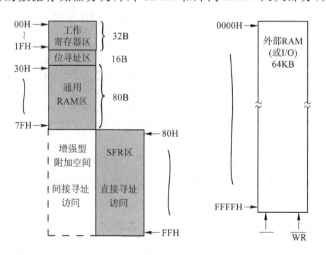

图 6 - 4　8051 微处理器 RAM 配置

8051 片内 RAM 共有 128 B,分成工作寄存器区、位寻址区、通用 RAM 区三部分。

基本型微处理器片内 RAM 地址范围是 00H～7FH。增强型微处理器(如 80C52)片内除地址范围在 00H～7FH 的 128BRAM 外,又增加了 80H～FFH 的高 128 B 的 RAM。增加的这一部分 RAM 仅能采用间接寻址方式访问(以与特殊功能寄存器 SFR 的访问相区别)。

片外 RAM 地址空间为 64 KB,地址范围是 0000H～FFFFH。

与程序存储器地址空间不同的是,片外 RAM 地址空间与片内 RAM 地址空间在地址的低端 0000H～007FH 是重叠的。这就需要采用不同的寻址方式加以区分。访问片外 RAM 时使用专门的指令 MOVX,这时读(RD)或写(WR)信号有效;而访问片内 RAM 使用 MOV 指令,无读写信号产生。另外,与片内 RAM 不同,片外 RAM 不能进行堆栈操作。在 8051 微处理器中,尽管片内 RAM 的容量不大,但它的功能多,使用灵活。

(1)工作寄存器区。8051 微处理器片内 RAM 的低端 32B 分成 4 个工作寄存器组,每组占 8 个单元。

• 寄存器 0 组:地址 00H～07H;

• 寄存器 1 组:地址 08H～0FH;

• 寄存器 2 组:地址 10H～17H;

• 寄存器 3 组:地址 18H～1FH。

每个工作寄存器组都有 8 个寄存器,分别称为 R0,R1,…,R7。程序运行时,只能有一个工作寄存器组做为当前工作寄存器组。

当前工作寄存器组的选择由特殊功能寄存器中的程序状态字寄存器 PSW 的 RS1、RS0 来决定。可以对这两位进行编程,以选择不同的工作寄存器组。工作寄存器组与 RS1、RS0 的关系及地址如表 6－2 所示。

表 6－2　8051 微处理器工作寄存器地址表

组号	RS1	RS0	R7	R6	R5	R4	R3	R2	R1	R0
0	0	0	07H	06H	05H	04H	03H	02H	01H	00H
1	0	1	0FH	0EH	0DH	0CH	0BH	0AH	09H	08H
2	1	0	17H	16H	15H	14H	13H	12H	11H	10H
3	1	1	1FH	1EH	1DH	1CH	1BH	1AH	19H	18H

当前工作寄存器组从某一工作寄存器组换至另一工作寄存器组时,原来工作寄存器组的各寄存器的内容将被屏蔽保护起来。利用这一特性可以方便地完成快速现场保护任务。

(2)位寻址区。内部 RAM 的 20H～2FH 共 16B 是位寻址区。其 128 位的地址范围是 00H～7FH。对被寻址的位可进行位操作。人们常将程序状态标志和位控制变量设在位寻址区内。该区未用的单元也可以做为通用 RAM 使用。位地址与字节地址的关系如表 6－3 所示。

表 6 - 3　8051 微处理器位地址表

字节地址	位地址							
	D7	D6	D5	D4	D3	D2	D1	D0
20H	07H	06H	05H	04H	03H	02H	01H	00H
21H	0FH	0EH	0DH	0CH	0BH	0AH	09H	08H
22H	17H	16H	15H	14H	13H	12H	11H	10H
23H	1FH	1EH	1DH	1CH	1BH	1AH	19H	18H
24H	27H	26H	25H	24H	23H	22H	21H	20H
25H	2FH	2EH	2DH	2CH	2BH	2AH	29H	28H
26H	37H	36H	35H	34H	33H	32H	31H	30H
27H	3FH	3EH	3DH	3CH	3BH	3AH	39H	38H
28H	47H	46H	45H	44H	43H	42H	41H	40H
29H	4FH	4EH	4DH	4CH	4BH	4AH	49H	48H
2AH	57H	56H	55H	54H	53H	52H	51H	50H
2BH	5FH	5EH	5DH	5CH	5BH	5AH	59H	58H
2CH	67H	66H	65H	64H	63H	62H	61H	60H
2DH	6FH	6EH	6DH	6CH	6BH	6AH	69H	68H
2EH	77H	76H	75H	74H	73H	72H	71H	70H
2FH	7FH	7EH	7DH	7CH	7BH	7AH	79H	78H

(3)通用 RAM 区。位寻址区之后的 30H～7FH 共 80B 为通用 RAM 区。这些单元可以做为数据缓冲器使用。这一区域的操作指令非常丰富,数据处理方便灵活。

在实际应用中,常需在 RAM 区设置堆栈。8051 的堆栈一般设在 30H～7FH 的范围内。栈顶的位置由 SP 寄存器指示。复位时 SP 的初值为 07H,在系统初始化时可以重新设置。

3.8051 的特殊功能寄存器

在 8051 微处理器中设置了与片内 RAM 统一编址的 21 个特殊功能寄存器(SFR),它们离散地分布在 80H～FFH 的地址空间中。字节地址能被 8 整除的(即十六进制的地址码尾数为 0 或 8 的)单元是具有位地址的寄存器。在 SFR 地址空间中,有效位地址共有 83 个,如表 6-4所示。访问 SFR 只允许使用直接寻址方式。

表 6 - 4 8051 特殊功能寄存器位地址及字节地址表

SER	位地址/信符号(有效位 82 个)								字节地址
P0	87H	86H	85H	84H	83H	82H	81H	80H	80H
	P0.7	P0.6	P0.5	P0.4	P0.3	P0.2	P0.1	P0.0	
SP									81H
DPL									82H
DPH									83H
PCON	按字节访问,但相应位有规定含义(见第 6 章)								87H
TCON	8FH	8EH	8DH	8CH	8BH	8AH	89H	88H	88H
	TF1	TR1	TF0	TR0	IE1	IT1	IE0	IT0	
TOMD	按字节访问,但相应位有规定含义(见第 5 章)								89H
TL0									8AH
TL1									8AH
TH0									8CH
TH1									8DH
P1	97H	96H	95H	94H	93H	92H	91H	90H	90H
	P1.7	P1.6	P1.5	P1.4	P1.3	P1.2	P1.1	P1.0	
SCON	9FH	9EH	9DH	9CH	9BH	9AH	99H	98H	98H
	SM0	SM1	SM2	REN	TB8	RB8	TI	RI	
SBUF									99H
P2	A7H	A6H	A5H	A4H	A3H	A2H	A1H	A0H	A0H
	P2.7	P2.6	P2.5	P2.4	P2.3	P2.2	P2.1	P2.0	
IE	AFH	—	—	ACH	ABH	AAH	A9H	A8H	A8H
	EA			ES	ET1	EX1	ET0	EX0	
P3	B7H	B6H	B5H	B4H	B3H	B2H	B1H	B0H	B0H
	P3.7	P3.6	P3.5	P3.4	P3.3	P3.2	P3.1	P3.0	
IP	—	—	—	BCH	BBH	BAH	B9H	B8H	B8H
	—	—	—	PS	PT1	PX1	PT0	PX0	
PSW	D7H	D6H	D5H	D4H	D3H	D2H	D1H	D0H	D0H
	CY	AC	F0	RS1	RS0	OV	—	P	
ACC	E7H	E6H	E5H	E4H	E3H	E2H	E1H	E0H	E0H
	ACC.7	ACC.6	ACC.5	ACC.4	ACC.3	ACC.2	ACC.1	ACC.0	
B	F7H	F6H	F5H	F4H	F3H	F2H	F1H	F0H	F0H
	B.7	B.6	B.5	B.4	B.3	B.2	B.1	B.0	

特殊功能寄存器(SFR)每一位的定义和作用与微处理器各部件直接相关。

（1）与运算器相关的寄存器（3 个）：

①8 位的累加器 ACC 是 8051 微处理器中最繁忙的寄存器，用于向 ALU 提供操作数，许多运算的结果也存放在累加器中。

②8 位的寄存器 B 主要用于乘、除法运算。也可以做为 RAM 的一个单元使用。

③8 位的程序状态字寄存器 PSW。

（2）指针类寄存器（3 个）：

①8 位的 SP 堆栈指针总是指向栈顶。

②16 位的数据指针 DPTR 用来存放 16 位的地址。它由两个 8 位寄存器 DPH 和 DPL 组成，可对片外 64 KB 范围的 RAM 或 ROM 数据进行间接寻址或变址寻址操作。

（3）与接口相关的寄存器（7 个）：

①并行 I/O 口 P0、P1、P2、P3，均为 8 位。通过对这 4 个寄存器的读/写操作，可以实现数据从相应口的输入/输出。

②串行口数据缓冲器 SBUF，串行口控制寄存器 SCON。

③串行通信波特率倍增寄存器 PCON（一些位还与电源控制相关，所以又称为电源控制寄存器）。

（4）与中断相关的寄存器（2 个）：

①中断允许控制寄存器 IE。

②中断优先级控制寄存器 IP。

（5）与定时/计数器相关的寄存器（6 个）：

①定时/计数器 T0 的两个 8 位计数初值寄存器 TH0、TL0，它们可以构成 16 位的计数器，TH0 存放高 8 位，TL0 存放低 8 位。

②定时/计数器 T1 的两个 8 位计数初值寄存器 TH1、TL1，它们可以构成 16 位的计数器，TH1 存放高 8 位，TL1 存放低 8 位。

③定时/计数器的工作方式寄存器 TMOD，定时/计数器的控制寄存器 TCON。

6.1.3　I/O 端口

I/O 端口又称为 I/O 接口，也叫做 I/O 通道或 I/O 通路。I/O 端口是 MCS-51 微处理器对外部实现控制和信息交换的必经之路，是一个过渡的集成电路，用于信息传送过程中的速度匹配和增强它的负载能力。I/O 端口有串行和并行之分，串行 I/O 端口一次只能传送一位二进制信息，并行 I/O 端口一次可以传送一组二进制信息。

1.并行 I/O 端口

8051 有四个并行 I/O 端口，分别命名为 P0、P1、P2 和 P3。在这四个并行 I/O 端口中，每个端口都有双向 I/O 功能。即 CPU 既可以从四个并行 I/O 端口中的任何一个输出数据，又可以从它们那里输入数据。每个 I/O 端口内部都有一个 8 位数据输出锁存器和一个 8 位数据输入缓冲器，四个数据输出锁存器和端口号 P0、P1、P2 和 P3 同名，皆为特殊功能寄存器 SFR 中的一个（见表 6-4）。因此，CPU 数据从并行 I/O 端口输出时可以得到锁存，数据输入时可以得到缓冲。

四个并行 I/O 端口在结构上并不相同，因此它们在功能和用途上的差异较大。P0 口和

P2 口内部均有一个受控制器控制的二选一选择电路,故它们除可以用作通用 I/O 口外,还具有特殊的功能。例如,P0 口可以输出片外存储器的低 8 位地址码和读写数据,P2 口可以输出片外存储器的高 8 位地址码,等等。P1 口常做为通用 I/O 口使用,为 CPU 传送用户数据;P3 口除可以做为通用 I/O 口使用外,还具有第二功能。在四个并行 I/O 端口中,只有 P0 口是真正的双向 I/O 口,故它具有较大的负载能力,最多可以推动 8 个 LSTTL 门,其余 3 个 I/O 口是准双向 I/O 口,只能推动 4 个 LSTTL 门。

四个并行 I/O 端口做为通用 I/O 使用时有写端口、读端口和读引脚三种操作方式。写端口实际上就是输出数据,是把累加器 A 或其他寄存器中的数据传送到端口锁存器中,然后自动从端口引脚线上输出。读端口不是真正的从外部输入数据,而是把端口锁存器中输出数据读到 CPU 的累加器 A。读引脚才是真正的输入外部数据的操作,是从端口引脚线上读入外部的输入数据。端口的上述三种操作实际上是通过指令或程序来实现的,这些将在以后章节中详细介绍。

2.串行 I/O 端口

8051 有一个全双工的可编程串行 I/O 端口。这个串行 I/O 端口既可以在程序控制下把 CPU 的 8 位并行数据变成串行数据逐位从发送数据线 TXD 发送出去,也可以把 RXD 线上串行接收到的数据变成 8 位并行数据送给 CPU,而且这种串行发送和串行接收可以单独进行,也可以同时进行。

8051 串行发送和串行接收利用了 P3 口的第二功能,即它利用 P3.1 引脚做为串行数据的发送线 TXD 和 P3.0 引脚做为串行数据的接收线 RXD,如表 6-5 所示。串行 I/O 口的电路结构还包括串行口控制寄存器 SCON、电源及波特率选择寄存器 PCON 和串行数据缓冲器 SBUF 等,它们都属于 SFR(特殊功能寄存器)。其中,PCON 和 SCON 用于设置串行口工作方式和确定数据的发送和接收波特率,SBUF 实际上由两个 8 位寄存器组成,一个用于存放待发送的数据,另一个用于存放接收到的数据,起着数据缓冲作用。

表 6-5　P3 口各位的第二功能

P3 口的位	第二功能	注释
P3.0	RXD	串行数据接收口
P3.1	TXD	串行数据发送口
P3.2	$\overline{INT0}$	外中断 0 输入
P3.3	$\overline{INT1}$	外中断 1 输入
P3.4	T0	计数器 0 计数输入
P3.5	T1	计数器 1 计数输入
P3.6	$\overline{WR}$	外部 RAM 写选通信号
P3.7	$\overline{RD}$	外部 RAM 读选通信号

6.1.4　中断系统

计算机中的中断是指 CPU 暂停原程序执行转而为外部设备服务(执行中断服务程序),并在服务完后回到原程序执行的过程。中断系统是指处理上述中断过程所需要的电路模块。

中断源是指任何引起计算机中断的事件。8051 共可处理五个中断源发出的中断请求,对中断请求信号进行排队和控制,并响应其中优先权最高的中断请求。8051 的五个中断源有内部和外部之分:外部中断源有两个,通常指外部设备;内部中断源有三个,分别是两个定时器/计数器中断源和一个串行口中断源。外部中断源产生的中断请求信号可以从 P3.2 和 P3.3(即 $\overline{\text{ITN0}}$ 和 $\overline{\text{INT1}}$)引脚上(见表 6-5)输入,有电平或边沿两种触发方式引起中断。内部中断源 T0 和 T1 的两个中断是在它们从全"1"变为全"0"溢出时自动向中断系统提出的;内部串行口中断源的中断请求是在串行口每发送完一个 8 位二进制数据或接收到一组输入数据(8 位)后自动向中断系统请求的。

8051 的中断系统主要由 IE(interrupt enable,中断允许)控制器和中断优先级控制器 IP 等电路组成。其中,IE 用于控制 CPU 响应哪些中断,并屏蔽其他的中断;IP 用于控制五个中断源的中断请求的优先权,决定哪个中断请求可以被 CPU 最优先处理。IE 和 IP 都属于特殊功能寄存器,其状态也可以由用户通过指令设定。这些也将在后续章节中详细介绍。

6.1.5　定时器/计数器

8051 内部有两个 16 位可编程序的定时器/计数器,命名为 T0 和 T1。T0 由两个 8 位寄存器 TH0 和 TL0 拼装而成,其中 TH0 为高 8 位,TL0 为低 8 位。和 T0 类同,T1 也由 TH1 和 TL1 拼装而成,其中 TH1 为高 8 位,TL1 为低 8 位。TH0、TL0、TH1 和 TL1 均为 SFR 中的一个,用户可以通过指令对它们存取数据(见表 6-4)。因此,T0 和 T1 的最大计数模值为 $2^{16}-1$,即需要 65535 个脉冲才能把它们从全"0"变为全"1"。

T0 和 T1 有定时器和计数器两种工作模式,在每种模式下又分为若干工作方式。

在定时器模式下,T0 和 T1 的计数脉冲可以由微处理器时钟脉冲经 12 分频后提供,故定时时间和微处理器时钟频率有关。在计数器模式下,T0 和 T1 的计数脉冲可从 P3.4 和 P3.5 引脚输入。

对 T0 和 T1 的控制由两个 8 位特殊功能寄存器完成:一个称为定时器方式选择寄存器 TMOD,用于确定定时器还是计数器工作模式;另一个叫做定时器控制寄存器 TCON,可以控制定时器或计数器的启动、停止,以及进行中断控制。TMOD 和 TCON 也是 21 个特殊功能寄存器 SFR 中的两个,用户也可以通过指令确定它们的状态。

6.2　嵌入式微处理器引脚

在 MCS-51 系列中,各类微处理器都是相互兼容的,只是引脚功能略有差异。在器件引脚的封装上,MCS-51 系列机通常有两种封装:一种是双列直插式封装,常为 HMOS 型器件所用;另一种是方形封装,大多数在 CHMOS 型器件中使用,如图 6-5 所示。

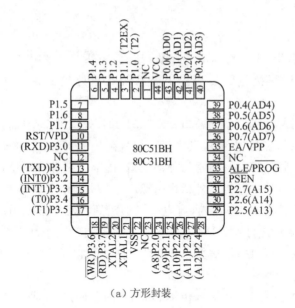

（a）方形封装

（b）双列直插式封装

图 6-5　MCS-51 封装和引脚分配

图 6-5 中，双列直插式的引脚 1 和引脚 2（方形封装为引脚 2 和引脚 3）的第二功能仅用于 8052/8032，NC 为空引脚。

6.2.1　嵌入式微处理器引脚功能

8051 有 40 条引脚，共分为端口线、电源线和控制线三类。

1.端口线（4×8＝32 条）

8051 共有四个并行 I/O 端口 P1～P4，每个端口都有 8 条端口线，用于传送数据/地址。

由于每个端口的结构各不相同,因此它们在功能和用途上的差别颇大。

(1)P0.7～P0.0:这组引脚共有 8 条,为 P0 口所专用。其中 P0.7 为最高位,P0.0 为最低位。这 8 条引脚共有两种不同的功能,分别应用于两种情况。第一种情况是 8051 不带片外存储器,P0 口可以做为通用 I/O 口使用。P0.7～P0.0 用于传送 CPU 的输入/输出数据。这时,输出数据可以得到锁存,不需外接专用锁存器,输入数据可以得到缓冲,增加了数据输入的可靠性。第二种情况是 8051 带片外存储器,P0.7～P0.0 在 CPU 访问片外存储器时先是用于传送片外存储器的低 8 位地址,然后传送 CPU 对片外存储器的读写数据。8751 的 P0 口还有第三种功能,即它们可以用来给 8751 片内 EPROM 编程或进行编程后的读出校验。这时,P0.7～P0.0 用于传送 EPROM 的编程机器码或读出校验码。

(2)P1.7～P1.0:这 8 条引脚和 P0 口的 8 条引脚类似,P1.7 为最高位,P1.0 为最低位。当 P1 口做为通用 I/O 使用时,P1.7～P1.0 的功能和 P0 口的第一功能相同,也用于传送用户的输入/输出数据。8751 的 P1 口还有第二功能,即它在 8751 编程/校验时用于输入片内 EPROM 的低 8 位地址。

(3)P2.7～P2.0:这组引脚的第一功能和上述两组引脚的第一功能相同,即它可以做为通用 I/O 使用。它的第二功能和 P0 口引脚的第二功能相配合,用于输出片外存储器的高 8 位地址,共同选中片外存储器单元,但并不能像 P0 那样还可以传送存储器的读写数据。8751 的 P2.7～P2.0 还具有第二功能,即它可以配合 P1.7～P1.0 传送片内 EPROM12 位地址中的高 4 位地址。

(4)P3.7～P3.0:这组引脚的第一功能和其余三个端口的第一功能相同。第二功能作控制用,每个引脚并不完全相同,如表 6-4 所列。

2.电源及时钟引脚(4 个)

(1)VCC:电源接入引脚。

(2)VSS:接地引脚。

(3)XTAL1:晶体振荡器接入的一个引脚(采用外部振荡器时,此引脚接地)。

(4)XTAL2:晶体振荡器接入的另一个引脚(采用外部振荡器时,此引脚做为外部振荡信号的输入端)。

3.控制线引脚(4 个)

(1)ALE/$\overline{PROG}$:地址锁存允许/编程线,配合 P0 口引脚的第二功能使用。在访问片外存储器时,8051 的 CPU 在 P0.7～P0.0 引脚线上输出片外存储器低 8 位地址的同时还在 ALE/$\overline{PROG}$线上输出一个高电位脉冲,其下降沿用于把这个片外存储器低 8 位地址锁存到外部专用地址锁存器,以便空出 P0.7～P0.0 引脚线去传送随后而来的片外存储器读写数据。在不访问片外存储器时,8051 自动在 ALE/$\overline{PROG}$线上输出频率为 $f_{osc}/6$ 的脉冲序列。该脉冲序列可用作外部时钟源或做为定时脉冲源使用。对于 8751,ALE/$\overline{PROG}$线还具有第二功能。它可以在对 8751 片内 EPROM 编程/校验时传送 52 ms 宽的负脉冲。

(2)$\overline{EA}$/VPP:允许访问片外存储器/编程电源线,可以控制 8051 使用片内 ROM 还是使用片外 ROM。若$\overline{EA}$=1,则允许使用片内 ROM;若$\overline{EA}$=0,则允许使用片外 ROM。

对于 8751,$\overline{EA}$/VPP 用于在片内 EPROM 编程/校验时输入 21V 编程电源。

(3)$\overline{PSEN}$:片外 ROM 选通线,在执行访问片外 ROM 的指令 MOVC 时,8051 自动在 $\overline{PSEN}$线上产生一个负脉冲,用于为片外 ROM 芯片的选通。其他情况下,$\overline{PSEN}$线均为高电平封锁状态。

(4)RST/VPD:复位/备用电源线,可以使 8051 处于复位(即初始化)工作状态。

6.2.2 嵌入式微处理器的时钟电路

微处理器的时钟信号用来为微处理器芯片内部的各种微操作提供时间基准。

1.8051 的时钟产生方式

8051 微处理器的时钟信号通常有两种产生方式:一是内部时钟方式,二是外部时钟方式。

内部时钟方式如图 6-6(a)所示。在 8051 微处理器内部有一振荡电路,只要在微处理器的 XTAL1 和 XTAL2 引脚外接石英晶体(简称晶振),就构成了自激振荡器,可以在微处理器内部产生时钟脉冲信号。图中电容器 C_1 和 C_2 的作用是稳定频率和快速起振,电容值在 5~30 pF,典型值为 30 pF。晶振 CYS 的振荡频率范围为 1.2~12 MHz,典型值为 12 MHz 和 6 MHz。

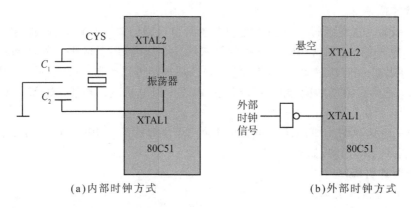

(a)内部时钟方式   (b)外部时钟方式

图 6-6　8051 微处理器的时钟信号

外部时钟方式是把外部已有的时钟信号引入到微处理器内,如图 6-6(b)所示。此方式常用于多片 8051 微处理器同时工作,以便于各微处理器同步。一般要求外部信号高电平的持续时间大于 20 ns,且为频率低于 12 MHz 的方波。对于采用 CHMOS 工艺的微处理器,外部时钟要由 XTAL1 端引入,而 XTAL2 端引脚应悬空。

2.8051 的时钟信号

晶振周期(或外部时钟信号周期)为最小的时序单位,如图 6-7 所示。

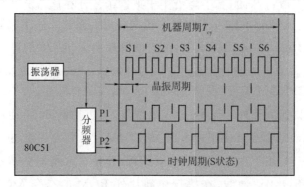

图 6-7　8051 微处理器的时钟信号

晶振信号经分频器后形成两相错开的时钟信号 P1 和 P2。时钟信号的周期也称为 S 状态,它是晶荡周期的两倍。即一个时钟周期包含两个晶振周期。在每个时钟周期的前半周期,相位 1(P1)信号有效,在每个时钟周期的后半周期,相位 2(P2)信号有效。每个时钟周期有两个节拍(相)P1 和 P2,CPU 以两相时钟 P1 和 P2 为基本节拍指挥各个部件谐调地工作。

晶振信号 12 分频后形成机器周期。一个机器周期包含 12 个晶荡周期或 6 个时钟周期。因此,每个机器周期的 12 个振荡脉冲可以表示为 S1P1,S1P2,S2P1,S2P2,…,S6P2。

指令的执行时间称作指令周期。8051 微处理器的指令按执行时间可以分为三类:单周期指令、双周期指令和四周期指令(四周期指令只有乘、除两条指令)。

晶振周期、时钟周期、机器周期和指令周期均是微处理器时序单位。晶振周期和机器周期是微处理器内计算其他时间值(如波特率、定时器的定时时间等)的基本时序单位。如晶振频率为 12 MHz,则机器周期为 1 μs,指令周期为 1~4 μs。

6.2.3　嵌入式微处理器的复位电路

复位是使微处理器或系统中的其他部件处于某种确定的初始状态。微处理器的工作就是从复位开始的。

1.复位电路

当在 8051 微处理器的 RST 引脚引入高电平并保持 2 个机器周期时,微处理器内部就执行复位操作(如果 RST 引脚持续保持高电平,微处理器就处于循环复位状态)。

实际应用中,复位操作有两种基本形式:一种是上电复位;另一种是上电与按键均有效的复位,如图 6-8 所示。

上电复位要求接通电源后,微处理器自动实现复位操作。常用的开机复位电路如图 6-8(a)所示。开机瞬间 RST 引脚获得高电平,随着电容 C_1 的充电,RST 引脚的高电平将逐渐下降。RST 引脚的高电平只要能保持足够的时间(2 个机器周期),微处理器就可以进行复位操作。该电路典型的电阻和电容参数为:晶振频率为 12 MHz 时,C_1 为 10 μF,R_1 为 8.2 kΩ;晶振频率为 6 MHz 时,C_1 为 22 μF,R_1 为 1 kΩ。

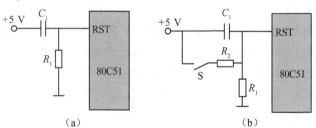

图 6-8　微处理器的复位电路

开机与按键均有效的复位电路如图 6-8(b)所示。其中开机复位原理与图 6-8(a)相同;另外在微处理器运行期间还可以利用按键完成复位操作。晶振频率为 6 MHz 时,R_2 为 200 Ω。

2.微处理器复位后的状态

微处理器的复位操作使微处理器进入初始化状态。初始化后,程序计数器 PC=0000H,所以程序从 0000H 地址单元开始执行。微处理器启动后,片内 RAM 为随机值,运行中的复位操作不改变片内 RAM 的内容。

特殊功能寄存器复位后的状态是确定的。P0～P3 为 FFH,SP 为 07H,SBUF 不定,IP、IE 和 PCON 的有效位为 0,其余的特殊功能寄存器的状态均为 00H。相应的意义为:

- P0～P3＝FFH,相当于各接口锁存器已写入 1,此时不但可用于输出,也可以用于输入;
- SP＝07H,堆栈指针指向片内 RAM 的 07H 单元(第一个入栈内容将写入 08H 单元);
- IP、IE 和 PCON 的有效位为 0,各中断源处于低优先级且均被关断,串行通信的波特率不加倍;
- PSW＝00H,当前工作寄存器为 0 组。

6.3 嵌入式微处理器时序

微处理器的工作过程:取指令、译码、进行微操作,取下一条指令、译码、进行微操作。从而逐步依序完成相应指令规定的功能。

微处理器时序就是 CPU 在执行指令时所需控制信号的时间顺序。因此,微型计算机中的 CPU 实质上就是一个复杂的同步时序电路,这个时序电路是在时钟脉冲推动下工作的。在执行指令时,CPU 首先要到程序存储器中取出需要执行指令的指令码,然后对指令码译码,并由时序部件产生一系列控制信号去完成指令的执行。这些控制信号在时间上的相互关系就是 CPU 时序。

CPU 发出的时序信号有两类:一类用于片内各功能部件的控制,这类信号很多,但对于用户是没有意义的,故通常不作专门介绍;另一类用于片外存储器或 I/O 端口的控制,需要通过器件的控制引脚送到片外,这部分时序对于分析硬件电路原理至关重要。

6.3.1 机器周期和指令周期

为了对 CPU 时序进行分析,首先要定义一种能够度量各时序信号出现时间的尺度。这个尺度称为时钟周期、机器周期和指令周期。

1.时钟周期

时钟周期 T 又称为振荡周期,由微处理器片内振荡电路 OSC 产生,常定义为时钟脉冲频率的倒数,是时序中最小的时间单位。例如,若某微处理器时钟频率为 1 MHz,则它的时钟周期 T 应为 1 μs。因此,时钟周期的时间尺度不是绝对的,而是一个随时钟脉冲频率而变化的参量。它控制着微处理器的工作节奏,使微处理器的每一步工作都统一到它的步调上来。因此,采用时钟周期做为时序中最小时间单位是必然的。

2.机器周期

机器周期定义为实现特定功能所需的时间,通常由若干时钟周期 T 构成。因此,微型计算机的机器周期常常按其功能来命名,且不同机器周期所包含的时钟周期的个数也不相同。例如,Z80CPU 中的取指令机器周期由 4 个时钟周期 T 构成,而存储器读/写机器周期所需的时钟周期数是不固定的(最少有 4 个 T),由 WAIT 引脚上的电平决定。MCS-51 的机器周期没有采用上述方案,它的机器周期时间是固定不变的,均由 12 个时钟周期 T 组成,分为 6 个状态(S1～S6),每个状态又分为 P1 和 P2 两拍。因此,一个机器周期中的 12 个振荡周期可以表示为 S1P1,S1P2,S2P1,S2P2,…,S6P2。

3.指令周期

指令周期是时序中的最大时间单位,定义为执行一条指令所需的时间。由于机器执行不同指令所需的时间不同,因此不同指令所包含的机器周期数也不相同。通常,包含一个机器周期的指令称为单周期指令,包含两个机器周期的指令称为双周期指令,等等。指令的运算速度和指令所包含的机器周期数有关,机器周期数越少的指令执行速度越快。MCS-51 微处理器通常可以分为单周期指令、双周期指令和四周期指令等三种。四周期指令只有乘法和除法指令两条,其余均为单周期和双周期指令。

6.3.2 指令的取指/执行时序

微处理器执行任何一条指令时都可以分为取指令阶段和执行指令阶段。取指令阶段简称取指阶段,微处理器在这个阶段中可以把程序计数器 PC 中的地址送到程序存储器,并从中取出需要执行指令的操作码和操作数。指令执行阶段可以对指令操作码进行译码,以产生一系列控制信号完成指令的执行。

按照指令字节数和机器周期数,MCS-51 的 111 条指令可分为 6 类,分别对应 6 种基本时序。这 6 类指令是:单字节单周期指令、单字节双周期指令、单字节四周期指令、双字节单周期指令、双字节双周期指令和三字节双周期指令。

1.单周期指令时序

单字节指令时,时序如图 6-9(a)所示。在 S1P2 期间把指令操作码读入指令寄存器,并开始执行指令。但在 S4P2 期间读的下一指令的操作码要丢弃,且 PC 不加 1。

双字节指令时,时序如图 6-9(b)所示。在 S1P2 期间把指令操作码读入指令寄存器,并开始执行指令。在 S4P2 期间再读入指令的第二字节。

单字节指令和双字节指令均在 S6P2 期间结束操作。

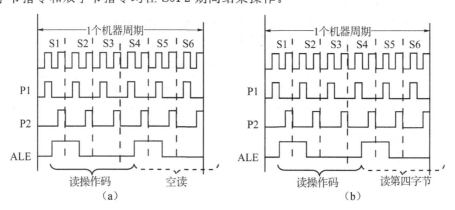

图 6-9　单周期指令时序

2.双周期指令时序

对于单字节指令,在两个机器周期之内要进行 4 次读操作。只是后 3 次读操作无效。如图 6-10 所示。

由图中可以看到,每个机器周期中 ALE 信号有效两次,具有稳定的频率,可以将其做为外部设备的时钟信号。

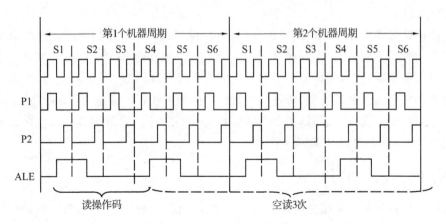

图 6-10　单字节双周期指令时序

应注意的是,在对片外 RAM 进行读/写时,ALE 信号会出现非周期现象,如图 6-11 所示。在第二机器周期无读操作码的操作,而是进行外部数据存储器的寻址和数据选通,所以在 S1P2～S2P1 期间无 ALE 信号。

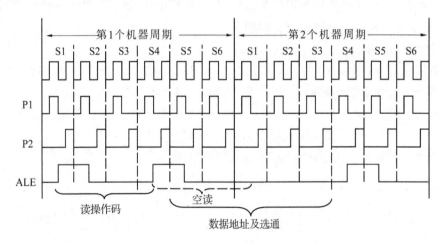

图 6-11　访问外部 RAM 的双周期指令时序

第7章　嵌入式微处理器并行 I/O 接口的 C 语言编程

输入/输出(I/O)接口是 CPU 和外设间信息交换的桥梁,是一个完成信息传递的大规模集成电路,可以和 CPU 集成在同一块芯片上,也可以制成专门的芯片。I/O 接口有并行接口和串行接口两种。

7.1　I/O 接口

为了弄清 I/O 接口的地位和作用,首先需要介绍 CPU 和外设的连接关系。外部设备分为输入设备和输出设备两种,故又称为输入/输出(I/O)设备。输入设备用于向计算机输入信息。例如,人们只要按动键盘上的按键就可以向 CPU 送入数据或命令,A/D 转换器也可以把模拟电量变成数字量输入计算机。输出设备用于输出程序和运算结果。例如,CRT(阴极射线管)能把输出信息显示在荧光屏上,D/A 转换器把 CPU 处理后的数字信息还原为模拟电量,以便对被控对象进行实时控制。因此,键盘和 A/D 转换器属于输入设备,CRT 和 D/A 转换器属于输出设备。另一类 I/O 设备是磁盘驱动器和磁带机,它们依靠磁介质存储信息,这些磁性载体是微型计算机常用的外存储器。磁盘驱动器和磁带机既可以接收从 CPU 送来的信息,也可以把存储在磁盘和磁带上的程序代码和数据读出来送给 CPU,故它们既可以看作输入设备又可以认作输出设备,是二者兼而有之的 I/O 设备。由于 CPU 与外部设备间所传递信息的性质、传送方式、传送速度和电平各不相同,因此 CPU 和外设之间不是简单地直接相连,而必须借助 I/O 接口这个过渡电路才能协调起来。这就好像不同直径的自来水管需用"异型接头"连接的情形一样。

现代计算机外部设备种类繁多,企图设计一种接口电路把千差万别的外设同 CPU 连成一体是不现实的。为了满足各种不同外设对 CPU 的不同要求,I/O 接口电路的形式和种类也是多种多样的。

7.1.1　I/O 接口的作用

1.实现与不同外设的速度匹配

不同外设的工作速度差别很大,但大多数外设的速度都很慢,无法和毫微秒级的 CPU 媲美。CPU 和外设间的数据传送方式有同步、异步、中断和 DMA(direct memory access,直接存储器存取)4 种方式。不论设计者采用哪种数据传送方式来设计 I/O,所设计的接口电路本身都必须实现 CPU 和外设间工作速度的匹配。通常,I/O 接口采用中断方式传送数据以提高 CPU 的工作效率。

2.改变数据传送方式

I/O 数据有并行和串行两种传送方式。对于 8 位机而言,并行传送是指数据在 8 条数据总线上同时传送,一次传送 8 位二进制信息;串行传送是指数据在一条数据总线上分时地传送,一次只传送一位二进制信息。通常,数据在 CPU 内部传送是并行传递的,而有些外部设备(例如盒式磁带机、磁盘机和通信系统)中的数据串行传递。因此,CPU 与采用串行传送数据的外设联机工作时,必须采用能够改变数据传送方式的 I/O 接口电路。也就是说,这种 I/O接口电路必须具有能把串行数据变换成并行数据传送(或把并行数据变换成串行传送)的本领。

3.改变信号的性质和电平

CPU 和外设之间交换的信息有两类:一类是数据型的,例如程序代码、地址和数据;另一类是状态和命令型的。状态信息反映外部设备工作状态(如输入设备"准备好"和输出设备"忙"信号),命令信息用于控制外部设备的工作(如外部设备的"启动"和"停止"信号)。因此,I/O 接口必须既能把外设进来的状态信息规整划一后送给 CPU,又能自动根据要求给外部设备发送控制命令。

通常,CPU 输入/输出的数据和控制信号是 TTL 电平(例如小于 0.6 V 表示"0",大于 3.4 V表示"1"信号),而外部设备的信号电平类型较多(例如小于 5 V 表示"0",大于 24 V 表示"1")。为了实现 CPU 和外设间的信号传送,I/O 接口电路需要具备信号电平的自动变换能力。

7.1.2　I/O 接口的类型

I/O 接口的种类很多,但归根结底主要分成串行 I/O 接口和并行 I/O 接口两种基本类型。

1.串行 I/O 接口

串行 I/O 接口可以满足串行 I/O 设备的要求。串行 I/O 接口可以从发送数据线(如TXD)上逐位连续发送数据,并在发送完 8 位后自动(通过中断)从 CPU 并行接收下一个要发送的字节,也可以从接收数据线(如 RXD)上连续接收串行数据,并在收到一个字节后自动向CPU 发出中断请求,CPU 响应该中断请求后便可通过中断服务程序并行提取这个接收到的数据。串行 I/O 接口电路既可集成在 CPU 内部(如 MCS-51),也可制成专用 I/O 芯片(如Intel8251)供用户选用(本书第 9 章将专门介绍这类 I/O 接口电路的原理和应用)。

2.并行 I/O 接口

并行 I/O 接口用于并行传送 I/O 数据,例如打印机、键盘、A/D 和 D/A 芯片等都要通过并行 I/O 接口才能和 CPU 联机工作。并行 I/O 接口一方面以并行方式和 CPU 传送 I/O 数据,另一方面又可以以并行方式和外设交换数据。也就是说,并行 I/O 接口并不改变数据传送方式,只是实现 CPU 与外设间的速度和电平匹配以及对 I/O 数据的缓冲。和串行接口一样,并行 I/O 接口电路可集成在 CPU 内部,也可制成专用芯片(如 intel 8255 和 intel 8155 等)出售。MCS-51 内部集成有 4 个并行 I/O 口(P0~P3),可以外接其他并行 I/O 接口电路,以扩张并行 I/O 端口的数目。对此,本章后续部分将进行专门介绍。

7.1.3　外部设备的编址

I/O 接口(interface)和 I/O 端口(port)是有区别的,不能混为一谈。I/O 端口简称 I/O

口,常指 I/O 接口中带有端口地址的寄存器或缓冲器,CPU 通过端口地址就可以对端口中的信息进行读写。I/O 接口是指 CPU 和外设间的 I/O 接口芯片,一个外设通常需要一个 I/O 接口,但一个 I/O 接口可以有多个 I/O 端口,传送数据字的端口称为数据口,传送命令字的端口称为命令口,传送状态字的端口称为状态口。当然,不是所有外设都需要三端口齐全的 I/O 接口。因此,外设的编址实际上是给所有 I/O 接口中的端口编址,以便 CPU 通过端口地址和外设交换信息。通常,外设端口有两种编址方式:①对外设端口单独编址;②外设端口和存储器统一编址。

1.外设端口的单独编址

外设端口单独编址是指外设端口地址和存储器存储单元地址分别编址,互为独立。例如,存储器地址范围为 0000H～FFFFH,外设端口地址范围为 00H～FFH。但是,存储器地址和外设端口地址所用的地址总线通常是公用的,即地址总线中的低 8 位既可以用来传送存储器的低 8 位地址,又可以传送外设端口地址。这就需要区分 CPU 低 8 位地址总线上地址究竟是送给存储器的还是送给外设端口的。为了区分这两种地址,制造 CPU 时必须单独集成专用 I/O 指令所需要的部分逻辑电路。

外设端口单独编址的优点是它不占用存储器地址,但需要 CPU 指令集有专用的 I/O 指令,并且也要增加 $\overline{\text{MREO}}$ 和 $\overline{\text{IORQ}}$ 两条控制线。

2.外设端口和存储器统一编址

这种编址方式是把外设端口当作存储单元对待,也就是让外设端口地址占用部分存储器单元地址。

外设端口和存储器统一编址方式的优点:

(1)CPU 访问外部存储器的一切指令均适用于对 I/O 端口的访问,这就大大增强了 CPU 对外设端口信息的处理能力。

(2)CPU 本身不需要专门为 I/O 端口设置 I/O 指令。

(3)外设端口地址安排灵活,数量不受限制。

外设端口和存储器统一编址方式的缺点:外设端口占用了部分存储器地址,所用译码电路较为复杂。但由于 CPU 通常有 16 条或 16 条以上的地址线,而外设端口的数量不会太多,因此这种编址方式仍有较为广泛的应用。MCS-51 的外设端口地址就选择了这种编址方式。

7.1.4 I/O 数据的四种传送方式

不同的 I/O 设备,需用不同的传送方式。CPU 可以采用无条件传送、查询传送、中断传送和 DMA 传送与 I/O 设备进行数据交换。

1.无条件传送

这种传送方式不测试 I/O 设备的状态。在规定的时间,微处理器用输入或输出指令来进行数据的输入或输出,即用程序来定时同步传送数据。

数据输入时,所选数据端口的数据必须已经准备好。即输入设备的数据已送到 I/O 接口的数据端口,微处理器直接执行输入指令。数据输出时,所选数据端口必须为空(数据已被输出设备取走),即数据端口处于准备接收数据状态,微处理器直接执行输出指令。

此种方式只适用于对简单的 I/O 设备(如开关、LED 显示器、继电器等)的操作,或者 I/O 设备的定时固定或已知的场合。

2.查询状态传送

查询状态传送时,微处理器在执行输入/输出指令前,首先要查询 I/O 接口的状态端口。数据输入时,用输入状态指示要输入的数据是否"准备就绪";数据输出时,用输出状态指示输出设备是否"空闲"。由此条件来决定是否可以执行输入/输出。这种传送方式与前述无条件的同步传送不同,是有条件的异步传送。

当微处理器工作任务较轻时,应用查询状态传送方式。该方式可以较好地协调中、慢速 I/O 设备与微处理器之间的速度差异问题。其主要缺点:微处理器必须执行程序循环等待,不断测试 I/O 设备的状态,直至 I/O 设备为传送的数据准备就绪时为止。这种循环等待方式花费时间多,降低了微处理器的运行效率。

3.中断传送方式

在一般实时控制系统中,往往有数十乃至数百个 I/O 设备,有些 I/O 设备还要求微处理器为它们进行实时服务。若用查询方式,除浪费大量的查询等待时间外,还很难及时响应 I/O 设备的请求。采用中断传送方式时,由 I/O 设备主动申请中断。所谓中断,是指 I/O 设备或其他中断源终止微处理器当前正在执行的程序,转去执行为该 I/O 设备服务的中断程序。一旦中断服务结束,再返回执行原来的程序。这样,在 I/O 设备处理数据期间,微处理器就不必浪费大量的时间去查询 I/O 设备的状态。在中断传送方式中,微处理器与 I/O 设备并行工作,工作效率大大提高。

4.直接存储器存取(DMA)方式

利用中断传送方式,虽然可以提高微处理器的工作效率,但它仍需由微处理器通过执行程序来传送数据。在处理中断时,还要"保护现场"和"恢复现场"。以上两部分执行的程序段与数据传送没有直接关系,却要占用一定时间。这对于高速外设以及成组交换数据的场合,就显得太慢了。DMA(direct memory access)方式是一种采用专用硬件电路执行输入/输出的传送方式,它使 I/O 设备可直接与内存进行高速的数据传送,而不必经过 CPU 执行传送程序。这就不必进行保护现场之类的额外操作,实现了对存储器的直接存取。这种传送方式通常采用专门的硬件 DMA 控制器(即 DMAC,如 intel 公司的 8257 及 Motorola 公司的 MC6844),也可以选用具有 DMA 通道的微处理器,如 80C152J 或 83C152J。

7.2 内部并行 I/O 端口及其应用

7.2.1 内部并行 I/O 端口

8051 有 4 个并行 I/O 端口,分别命名为 P0、P1、P2 和 P3。这 4 个并行 I/O 端口的内部结构如图 7-1 所示。每个端口皆有 8 位,但图中只画出了其中的一位。由图可见,每个 I/O 端口都由一个 8 位数据锁存器和一个 8 位数据缓冲器组成。其中,8 位数据锁存器和端口号 P0、P1、P2 和 P3 同名,属于 21 个特殊功能寄存器中的 4 个,用于存放需要输出的数据。8 个数据缓冲器用于对端口引脚上的输入数据进行缓冲,但不能锁存,因此各引脚上输入的数据必须一直保持到 CPU 把它读走为止。

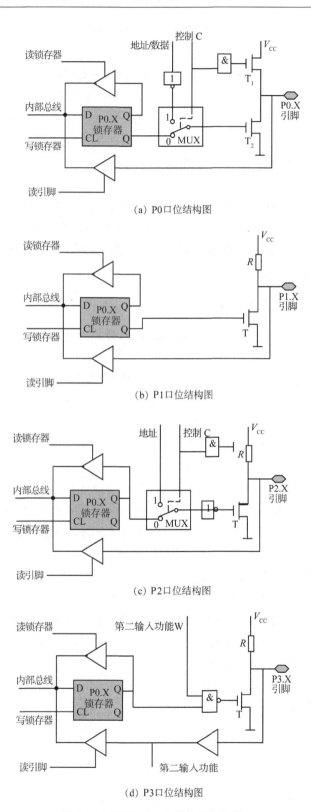

(a) P0 口位结构图

(b) P1 口位结构图

(c) P2 口位结构图

(d) P3 口位结构图

图 7 - 1　MCS - 51 内部并行 I/O 端口

P0、P1、P2 和 P3 端口的功能不完全相同,电路形式也不一样。现把它们的不同之处分述如下。

(1)P0 和 P2 端口内部各有一个二选一的选择电路,受 CPU 内部控制器控制。若控制端使选择电路中电子开关 MUX 打向上方,则 P0 口的"地址/数据"端和 P2 口的"地址"端信号均可经过输出驱动器输出;若 MUX 开关打向下方,则端口锁存器中的信号得以输出。因此,P0 和 P2 口除做为输入/输出数据外都有第二功能;P0 口的第二功能先是用于传送外部存储器低 8 位地址,后是传送外部存储器的读写数据;P2 口的第二功能是用于传送外部存储器的高 8 位地址。

(2)P1 和 P3 端口虽无选择电路,但彼此之间是有差别的。P1 口比较简单,无第二功能,仅作输入/输出数据之用。P3 口除做为输入/输出数据外还有第二功能,但 P3 口各位的第二功能并不相同。例如,P3.0 的第二功能可以接收串行数据,是做为输入引脚来用的,P3.1 的第二功能可以发送串行数据,是做为输出线来用的。

7.2.2　内部并行 I/O 端口的应用

MCS-51 四个 I/O 端口共有三种操作方式:输出数据方式,读端口数据方式和读端口引脚方式。

在数据输出方式下,CPU 通过一条语句就可以把输出数据写入 P0~P3 的端口锁存器,然后通过输出驱动器送到端口引脚线。例如以下语句均可在 P0 口输出数据:

P0=0xFF,即 P0 的 I/O 口全部输出高电平。

P0=0x01,P0.0 的引脚输出高电平,其余引脚低电平。

P0=0x09,P0.0 和 P0.3 的引脚输出高电平,其余引脚低电平。

P0=0xF6,P2.0 和 P2.3 的引脚输出低电平,其余引脚高电平。

读端口数据方式是一种仅对端口锁存器中数据进行读入的操作方式,CPU 读入的这个数据并非端口引脚线上输入的数据。因此,CPU 只要用一条语句就可把端口锁存器中的数据读入,例如以下语句可以从 P1 口锁存器读入数据:

a=P1,把 P1 口锁存器的数据送 a。

读引脚方式可以从端口引脚线上读入信息。在这种方式下,CPU 首先必须使欲读端口引脚所对应的锁存器置位,以便驱动器中 T2 管截止;然后打开输入三态缓冲器,使相应端口引脚线上的信号输入 MCS-51 内部数据总线。因此,用户在读引脚时必须连续使用两条语句,例如读 P1 口 8 位引脚线上信号的程序:

P1=0xFF,使 P1 口 8 位锁存器置位。

a=P1,读 P1 口 8 位引脚线信号送 a。

7.2.3　设计实例

"实例"使用软件延时的方式循环点亮蓝灯和绿灯,硬件电路原理图如图 7-2 所示。

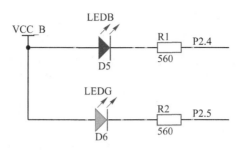

图 7-2　LED 原理图

实例分析:由于硬件设计点亮 LED 灯的操做为灌电流方式,因此点亮蓝 LED 灯和绿 LED 灯只需要对 P2 口的第 4,5 位输出低电平就可以了。另外,C 语言常用的延时方法,有如图 7-3 所示 4 种。其中两种非精确延时,两种是精确一些的延时。for 语句和 while 语句都可以通过改变 i 的范围值来改变延时时间,但是 C 语言循环的执行时间都不能通过程序看出来。精确延时有两种方法:一种方法是用定时器来延时;另一种是用库函数 nop() 来延时,一个 NOP 的时间是一个机器周期的时间。由于实例要求软件延时,这里我们采用 for 语句进行延时。

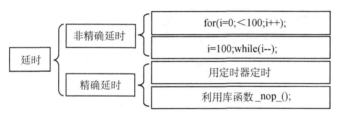

图 7-3　C 语言延时方法

参考程序如下:

```
#include <reg52.h>
sbit LEDB = P2^4;    //定义位变量 LEDB
sbit LEDG = P2^5;    //定义位变量 LEDG
unsigned int i;      //定义变量
void main(){
    while(1){
            LEDB = 0;  //点亮蓝色 LED
            LEDG = 1;  //熄灭绿色 LED
            for (i = 0;i < 30000;i++);   //软件延时
            LEDB = 1;  //熄灭蓝色 LED
            LEDG = 0;  //点亮绿色 LED
            for (i = 0;i < 30000;i++);   //软件延时
    }
}
```

为了观察我们写的延时到底有多长时间,可以通过仿真器进行查看。首先选择 Keil 菜单项"Project"→"Options for Target 'Target 1'…",进入工程选项。

打开 Target 选项卡,找到里面的 Xtal(MHz)位置,这是填写进行模拟时间的晶振选项,由于微处理器实验板所使用的晶振是 12 MHz,所以这里填上 12,如图 7-4 所示。然后打开 Debug 选项卡,选中左侧的 Use Simulator 单选按钮,如图 7-5 所示,然后点击最下边的 OK 即可。

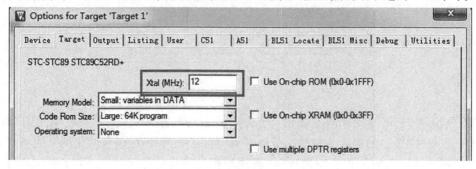

图 7-4　时钟频率设置

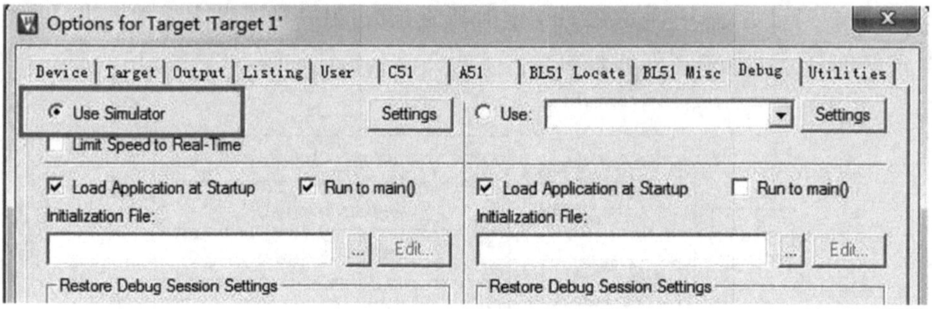

图 7-5　仿真设置

接着选择菜单项"Debug"→"Start/Stop Debug Session"选项,或者单击 🔍 按钮,就会进入一个新的页面,如图 7-6 所示。

图 7-6　工程调试界面

最左侧一栏显示微处理器一些寄存器的当前值和系统信息,最上边一栏是 Keil 将 C 语言转换成汇编的代码,下边就是我们写 C 语言的程序,调试界面包含很多子窗口,都可以通过菜单 View 中的选项打开和关闭。在 C 语言的源代码文件和反汇编窗口内都有一个黄色的箭头,这个箭头代表的就是程序当前运行的位置,因为反汇编内的代码就由源文件编译生成,所以它们指示的是相同的实际位置。在这个工程调试界面,还可以看到程序运行的过程。在左上角的工具栏里有这样三个按钮:第一个 ![RST] 是复位,单击,程序就会跑到最开始的位置运行;右侧紧挨着的按钮 ![] 是全速运行,单击,程序就会全速跑起来;再右边的 ![] 是停止按钮,当程序全速运行起来后,可以通过点击停止按钮让程序停止,观察程序运行到哪里了。点击复位按钮后,会发现 C 语言程序左侧有灰色或绿色,有的地方还是保持原来的白色,我们可以在灰色的位置双击鼠标设置断点,比如程序一共 14 行,在第 9 行设置断点后,点全速运行,程序就会运行到第 9 行停止,方便我们观察运行到这个地方的情况。另外,有的位置可以设置断点,有的地方不可以设置断点,这是因为 Keil 软件本身具备程序优化的功能,如果大家想在所有的代码位置都能设置断点,可以在工程选项中把优化等级设置为 0,就是告诉 Keil 不要进行优化。如图 7-7 所示。

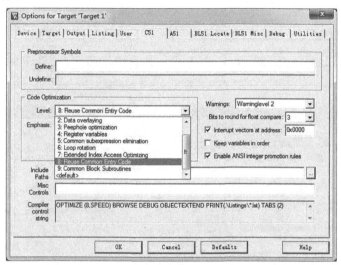

图 7-7　工程优化等级

　　这里我们重点是看 C 语言代码的运行时间,在最左侧的 Register 框内,有一个 sec 选项,这个选项显示的就是微处理器运行了多少时间。单击一下复位按钮,会发现这个 sec 变成了 0,然后我们在"LEDG = 1;"这一句加一个断点,在"LEDB = 1;"这个位置加一个断点,点击全速运行按钮,会直接停留在"LEDG = 1;"我们会看到时间变化成 0.00010400 s,如图 7-8 所示。请注意,这里设置的优化等级是默认的 8,如果你用的是其他等级,运行时间就会有所差别,因为优化等级会直接影响程序的执行效率。

　　再单击全速运行,会发现时间变成了 0.04823067 s,如图 7-9 所示。那么减去上次的值,就是程序在这两个断点之间执行所经历的时间,也就是这个 for 循环的执行时间,大概是 48 ms。我们也可以通过改变 30 000 这个数字来改变这个延时时间。当然了,大家要注意 i 的取值范围,你如果写成了大于 65 535 的值以后,程序就一直运行不下去了,因为 unsigned int 类型的数据取值范围就是 0~65 535,因此 i 无论如何变化,都不会大于这个值,如果要大于这个值且正常运行,必须改变 i 定义的类型。后边如果我们要查看一段程序运行了多长时间,都可以通过这种方式来查看。

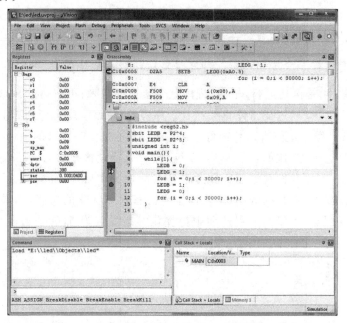

图 7 - 8　查看程序运行时间

图 7 - 9　查看软件延时运行时间

第 8 章　中断系统的 C 语言编程

8.1　中断系统

中断是现代计算机必须具备的重要功能,也是计算机发展史上的一个重要里程碑。因此,建立准确的中断概念并灵活掌握中断技术是学好本门课程的重要一环。

8.1.1　中断系统的结构

1.中断的概念

中断是指计算机暂时停止原程序的执行,转而为内部或外部事件服务(执行中断服务程序),并在服务完成后自动返回原程序执行的过程。中断由中断源产生,中断源在需要时可以向 CPU 提出"中断请求"。"中断请求"通常是一种电信号,CPU 一旦对这个电信号进行检测和响应,便可自动转入该中断源的中断服务程序,并在执行完后自动返回原程序继续执行。因此,中断又可以定义为 CPU 自动执行中断服务程序并返回原程序执行的过程。中断源不同,中断服务程序的功能也不同。

2.MCS‑51 中断系统的结构

MCS‑51 系列微处理器的中断系统有 5 个中断源,两个优先级,可实现两级中断服务嵌套。由中断允许寄存器 IE 控制 CPU 是否响应中断请求,IE 寄存器属于片内特殊功能寄存器;由中断优先级寄存器 IP 安排各中断源的优先级。同一优先级内各中断多个中断源同时提出中断请求时,由内部的查询逻辑确定其响应次序。

MCS‑51 微处理器的中断系统由中断请求标志位(在相关的特殊功能寄存器中)、中断允许寄存器 IE、中断优先级寄存器 IP 及内部硬件查询电路组成,如图 8‑1 所示。图中反映出了 MCS‑51 微处理器中断系统的功能和控制情况。

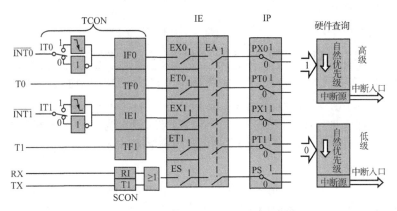

图 8‑1　MCS‑51 中断系统结构图

8.1.2 中断源

在 MCS-51 微处理器中,微处理器类型不同,其中断源个数和中断标志位的定义也有差别。例如,8031、8051 和 8751 有 5 个中断源;8032、8052 和 8752 有 6 个中断源;80C32、80C252 和 87C252 有 7 个中断源。现以 MCS-51 的五个中断源为例加以介绍。

1.中断源

MCS-51 的五个中断源分为两个外部中断、两个定时器/计数器溢出中断和一个串行口中断。

(1)外部中断源:MCS-51 有 $\overline{INT0}$ 和 $\overline{INT1}$ 两条外部中断请求输入线,用于输入两个外部中断源的中断请求信号,并允许外部中断源以低电平或负边沿两种中断触发方式输入中断请求信号。当 CPU 检测到 P3.2 引脚上出现有效的中断请求信号时,中断标志 IE0(TCON.1)置 1,向 CPU 申请中断。当 CPU 检测到 P3.3 引脚上出现有效的中断信号时,中断标志 IE1(TCON.3)置 1,向 CPU 申请中断。

(2)定时器/计数器溢出中断:由 MCS-51 的内部定时器/计数器中断源产生,故它们属于内部中断。MCS-51 内部有两个定时器/计数器,其计数部件对内部定时脉冲(主脉冲经 12 分频后)或 T0/T1 引脚上输入的外部脉冲计数。当定时器/计数器(T0/T1)的计数部件在计数脉冲的作用下从全"1"变为全"0"时,可自动向 CPU 提出定时器/计数器溢出中断请求,以表明定时器/计数器的定时时间或计数次数已到。

(3)串行口中断:由 MCS-51 内部串行口中断源产生,故也是一种内部中断。串行口中断分为串行口发送中断和串行口接收中断。当串行口接收完一帧串行数据时置位 RI 或当串行口发送完一帧串行数据时置位 TI,向 CPU 申请中断。

2.中断请求标志位

MCS-51 在每个机器周期的 S5P2 时检测(或接收)外部(或内部)中断源发来的中断请求信号后,先使相应中断请求标志位置位,然后便在下个机器周期检测这些中断请求标志位状态,以决定是否响应该中断。MCS-51 中断请求标志位集中安排在定时器控制寄存器 TCON 和串行口控制寄存器 SCON 中,由于它们对 MCS-51 中断初始化关系密切,故读者应注意熟悉或记住它们。

(1)定时器控制寄存器 TCON。

位	7	6	5	4	3	2	1	0	
字节地址: 88H	TF1	TR1	TF0	TR0	IE1	IT1	IE0	IT0	TCON

①IT0 和 IT1:外部中断 0、1 触发方式选择位。IT0 为 $\overline{INT0}$ 中断触发标志位,位地址是 88H。IT0 状态可由用户通过程序设定:若使 IT0=0,则 $\overline{INT0}$ 上中断请求信号的中断触发方式为电平触发(即低电平引起中断);若 IT0=1,则 $\overline{INT0}$ 设定为负边沿中断触发方式(即由负边沿引起中断)。IT1 的功能和 IT0 相同,区别仅是被设定的外部中断触发方式不是 $\overline{INT0}$ 而是 $\overline{INT1}$,位地址为 8AH。

②IE0 和 IE1:外部中断 0、1 请求标志位。IE0 为外部中断 $\overline{INT0}$ 中断请求标志位,位地址是 89H。当 CPU 在每个机器周期的 S5P2 时检测到 $\overline{INT0}$ 上的中断请求有效时,IE0 由硬件自动置位;当 CPU 响应 $\overline{INT0}$ 上的中断请求后进入相应中断服务程序时,IE0 被自动复位。IE1

为外部中断$\overline{\text{INT1}}$的中断请求标志位,位地址为 8BH,其作用和 IE0 相同。

③TR0 和 TR1:TR0 为定时器 T0 的启动停止控制位,位地址为 8CH。TR0 状态可由用户通过程序设定:若 TR0＝1,则定时器 T0 立即开始计数;若 TR0＝0,则定时器 T0 停止计数。TR1 为定时器 T1 的启动停止控制位,位地址为 8EH,其作用和 TR0 相同。

④TF0 和 TF1:溢出中断请求标志。TF0 为定时器 T0 的溢出中断标志位,位地址为 8DH。当定时器 T0 产生溢出中断(全"1"变为全"0")时,TF0 由硬件自动置位;当定时器 T0 的溢出中断为 CPU 响应后,TF0 被硬件复位。

TF1 为定时器 T1 的溢出中断标志位,位地址为 8FH,其作用和 TF0 相同。

(2)串行口控制寄存器 SCON。

位	7	6	5	4	3	2	1	0	
字节地址：98H							TI	RI	SCON

TI 和 RI:串行口发送中断标志位和接收中断标志位。TI 为串行口发送中断标志,位地址为 99H。在串行口发送完一个字节时,串行口电路向 CPU 发出串行中断请求的同时也使 TI 位置位,但在 CPU 响应串行口中断后是不能硬件复位的,故用户应在串行口中断服务程序中通过指令来使它复位。

RI 为串行口接收中断标志位,位地址为 98H。在串行口接收到一个字节时,串行口电路在向 CPU 发出串行口中断请求的同时也使 RI 位置位,表示串行口已产生了接收中断。RI 也应由用户在中断服务程序中通过指令复位。

8.1.1　中断的控制

1.中断允许控制

MCS－51 没有专门的开中断和关中断指令,中断的开放和关闭是通过中断允许寄存器 IE 进行两级控制的。所谓两级控制是指有一个中断允许总控位 EA,配合各中断源的中断允许控制位共同实现对中断请求的控制。这些中断允许控制位集成在中断允许寄存器 IE 中。

位	7	6	5	4	3	2	1	0	
字节地址：A8H	EA			ES	ET1	EX1	ET0	EX0	IE

①EA:EA 为允许中断总控位,位地址为 AFH。EA 的状态可由用户通过程序设定:若使 EA＝0,则 MCS－51 的所有中断源的中断请求均被关闭;若使 EA＝1,则 MCS－51 所有中断源的中断请求均被开放。它们最终是否能为 CPU 响应还取决于 IE 中相应中断源的中断允许控制位状态。

②EX0 和 EX1:EX0 为$\overline{\text{INT0}}$中断请求控制位,位地址是 A8H。EX0 状态也可由用户通过程序设定:若使 EX0＝0,则$\overline{\text{INT0}}$上的中断请求被关闭;若使 EX0＝1,则$\overline{\text{INT0}}$上的中断请求被允许,但 CPU 最终是否能响应$\overline{\text{INT0}}$上的中断请求还要看允许中断总控位 EA 是否为"1"状态。

EX1 为$\overline{\text{INT1}}$中断请求允许控制位,位地址为 AAH,其作用和 EX0 相同。

③ET0、ET1 和 ET2:ET0 为定时器 T0 的溢出中断允许控制位,位地址是 A9H。ET0 状态可以由用户通过程序设定:若 ET0＝0,则定时器 T0 的溢出中断被关闭;若 ET0＝1,则定时器 T0 的溢出中断被开放,但 CPU 最终是否响应该中断请求还要看允许中断总控位 EA 是否

处于"1"状态。ET1 为定时器 T1 的溢出中断允许控制位,位地址是 ABH;ET2 为定时器 T2 的溢出中断允许控制位,位地址是 ADH。ET1、ET2 和 ET0 的作用相同,但只有 8032、8052 和 8752 等芯片才具有 ET2 这一中断功能。

④ES:ES 为串行口中断允许控制位,位地址是 ACH。ES 状态可由用户通过程序设定: 若 ES=0,则串行口中断被禁止;若 ES=1,则串行口中断被允许,但 CPU 最终是否能响应这 一中断还取决于中断允许总控位 EA 的状态。

2.中断优先级控制

MCS-51 微处理器有两个中断优先级,即可实现二级中断服务嵌套。每个中断源的中断 优先级都是由中断优先级寄存器 IP 中相应位的状态来规定的。IP 的状态由软件设定,某位 设定为 1,则相应的中断源为高优先级中断;某位设定为 0,则相应的中断源为低优先级中断。 微处理器复位时,IP 各位清 0,各中断源同为低优先级中断。

字节地址:	位	7	6	5	4	3	2	1	0	
	B8H				PS	PT1	PX1	PT0	PX0	IP

①PX0 和 PX1:PX0 是 $\overline{INT0}$ 中断优先级控制位,位地址为 B8H。PX0 的状态可由用户通 过程序设定。若 PX0=0,则 $\overline{INT0}$ 中断被定义为低中断优先级;若 PX0=1,则 $\overline{INT0}$ 被定义为 高中断优先级。PX1 是 $\overline{INT1}$ 中断优先级控制位,位地址是 BAH,其作用和 PX0 相同。

②PT0、PT1 和 PT2:PT0 称为定时器 T0 的溢出中断控制位,位地址是 B9H。PT0 状态 可由用户通过程序设定。若 PT0=0,则定时器 T0 被定义为低中断优先级;若 PT0=1,则定 时器 T0 被定义为高中断优先级。PT1 为定时器 T1 的溢出中断控制位,位地址是 BBH,PT2 为定时器 T2 的溢出中断控制位,位地址是 BDH。PT1 及 PT2 的功能和 PT0 相同,但只有 8032、8052 和 8752 等芯片才有 PT2。

③PS:PS 为串行口中断控制位,位地址是 BCH。PS 状态也由用户通过程序设定:若 PS=0,则串行口中断定义为低中断优先级;若 PS=1,则串行口中断定义为高中断优先级。

中断优先级寄存器 IP 也是 MCS-51 的 21 个特殊功能寄存器之一。各位状态均可由用 户通过程序设定,以便对各中断优先级进行控制。MCS-51 其有 5 个中断源,但中断优先级 只有高低两级。因此,MCS-51 在工作过程中必然会有两个或两个以上中断源处于同一中断 优先级(或者为高中断优先级,或者为低中断优先级)。若出现这种情况,MCS-51 又该如何 响应中断呢? MCS-51 内部中断系统对各中断源的中断优先级有统一规定,在出现同级中断 请求时就按这个顺序来响应中断(见表 8-1)。

表 8-1 各中断源响应优先级及中断服务程序入口表

中断源	中断标志	中断服务程序入口	优先级顺序
外部中断 0($\overline{INT0}$)	IE0	0003H	高
定时/计数器 0(T0)	TF0	000BH	↓
外部中断 1($\overline{INT1}$)	IE1	0013H	↓
定时/计数器 1(T1)	TF1	001BH	↓
串行口	RI 或 TI	0023H	低

MCS-51 微处理器的中断优先级处理有三条原则：

①CPU 同时接收到几个中断时，首先响应优先级别最高的中断请求。

②正在进行的中断过程不能被新的同级或低优先级的中断请求所中断。

③正在进行的低优先级中断服务，能被高优先级中断请求所中断。

为了实现上述后两条原则，中断系统内部设有两个用户不能寻址的优先级状态触发器。其中一个置 1，表示正在响应高优先级的中断，它将阻断后来所有的中断请求。另一个置 1，表示正在响应低优先级中断，它将阻断后来所有的低优先级中断请求。

8.2　中断处理过程

8.2.1　中断响应条件和时间

1.中断响应条件

MCS-51 响应中断时与一般的中断系统类似，通常也需要满足如下条件之一。

①若 CPU 处在非响应中断状态且相应中断是开放的，则 MCS-51 在执行完现行指令后就会自动响应来自某中断源的中断请求。

②若 CPU 正处在响应某一中断请求状态时，对于新的优先级更高的中断请求，MCS-51 会立即响应并实现中断嵌套；若新来的中断优先级比正在服务的优先级低，则 CPU 必须等到现有中断服务完成以后才会自动响应新来的中断请求。

③若 CPU 正处在执行 RETI 或访问 IE/IP 的指令时，MCS-51 必须等待执行完指令后才响应该中断请求。

2.中断响应时间

图 8-2 所示为某中断的响应时序。

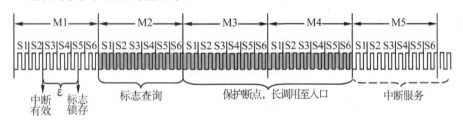

图 8-2　中断响应时序

从中断源提出中断申请，到 CPU 响应中断（如果满足了中断响应条件），需要经历一定的时间。若 M1 周期的 S5P2 前某中断生效，在 S5P2 期间其中断请求被锁存在相应的标志位中。下一个机器周期 M2 恰逢某指令的最后一个机器周期，且该指令不是 RET、RETI 或访问 IE、IP 的指令。于是，后面两个机器周期 M3 和 M4 便可以执行硬件 LCALL 指令，M5 周期将进入中断服务程序。

可见，MCS-51 的中断响应时间（从标志置 1 到进入相应的中断服务）至少要 3 个完整的机器周期。中断控制系统对各中断标志进行查询需要 1 个机器周期。如果响应条件具备，CPU 执行中断系统提供的相应向量地址的硬件长调用指令，这个过程要占用 2 个机器周期。

另外,如果中断响应过程受阻,就要增加等待时间。若同级或高级中断正在进行,所需要的附加等待时间取决于正在执行的中断服务程序的长短,等待的时间不确定。若没有同级或高级中断正在进行,所需要的附加等待时间在3～8个机器周期。

8.2.2 中断响应过程

在响应新中断请求时,MCS-51的中断系统先把该中断请求锁存在各自的中断标志位中,然后在下个机器周期内按照IP和表8-1的中断优先级顺序查询中断标志位状态,并完成中断优先级排队。在下个机器周期的S1状态时,MCS-51开始响应最高优先级中断。在响应中断的三个机器周期里,MCS-51必须做以下三件事:①把中断点的地址(断点地址),也就是当前程序计数器PC中的内容压入堆栈,以便执行到中断服务程序中的RETI指令时按此地址返回原程序执行;②关闭中断,以防在响应中断期间受其他中断的干扰;③将中断源入口地址(如表8-1所列)赋值给PC,执行长转移指令跳转到相应的中断服务程序。

8.2.3 中断返回

中断服务程序的最后一条指令必须是中断返回指令RETI。RETI指令能使CPU结束中断服务程序的执行,返回到曾经被中断过的程序处,继续执行主程序。RETI指令的具体功能:

(1)将中断响应时压入堆栈保存的断点地址从栈顶弹出送回PC,CPU从原来中断的地方继续执行程序。

(2)将相应中断优先级状态触发器清0,通知中断系统,中断服务程序已执行完毕。

注意,不能用RET指令代替RETI指令,因为用RET指令虽然也能控制PC返回到原来中断的地方,但RET指令没有清零中断优先级状态触发器的功能,中断控制系统会认为中断仍在进行,其后果是与此同级的中断请求将不被响应。所以中断服务程序结束时必须使用RETI指令。

C51编译器支持在C源程序中直接开发中断服务程序,因此减轻了用汇编语言开发中断程序的繁琐过程。

使用该扩展属性的函数定义语法如下:

void 函数名() interrupt m [using n]

{}

关键字 interrupt m [using n] 表示这是一个中断函数。

m为中断源的编号,分别对应表8-1的中断源,取值为0,1,2,3,4。"0"对应外部中断0,"1"对应定时器0,"2"对应外部中断1,"3"对应定时器1中断,"4"对应串行口中断。中断编号会告诉编译器中断程序的入口地址,执行该程序时,这个地址会传给程序计数器PC,于是CPU开始从这里一条一条地执行程序指令。一般会在该地址安排一条长转移指令,转入相应的中断服务程序。

n为微处理器工作寄存器组(又称通用寄存器组)编号,共四组,取值为0,1,2,3。当正在执行一个特定任务时,有更紧急的事情需要CPU来处理,一般就会涉及中断优先权。高优先权中断低优先权正在处理的程序,所以最好给每个优先程序分配不同的寄存器组。具体来讲,当CPU正在处理某个事件,突然另外一个事件需要处理,于是进入中断后,而你不想将现在执行的程序的各寄存器状态入栈,那么可以把这个中断程序放入另一个寄存器组,如切换到 1 组,然后退出中断时,再切回到 0 组(原来的程序在 0 组)。

8.2.4　中断处理过程分析

C 语言代码如下:

```
#include <reg51.h>
sbit LEDB=P2^4;
unsigned char counter;
main()
{
    TMOD=0x01;
    TH0=(65536-50000)/256;
    TL0=(65536-50000)%256;
    EA=1;ET0=1;TR0=1;
    LEDB=0;
    while(1);
}
void INTT0() interrupt 1 using 1
{   TH0=(65536-50000)/256;
    TL0=(65536-50000)%256;
    counter++;
    if(counter==10)
    {
        counter=0;LEDB=!LEDB;
    }
}
```

在 Keil uVision4 编译链接,进入 DEBUG 环境可看到:

```
C:0x000B    02000E   LJMP    INTT0(C:000E)
    13: void INTT0() interrupt 1 using 1
C:0x000E    C0E0     PUSH    ACC(0xE0)
C:0x0010    C0D0     PUSH    PSW(0xD0)
    14: {      TH0=(65536-50000)/256;
C:0x0012    758C3C   MOV    TH0(0x8C),#0x3C
    ……
    19: }
C:0x0024    D0D0     POP     PSW(0xD0)
C:0x0026    D0E0     POP     ACC(0xE0)
C:0x0028    32       RETI
    4: main()
    5: {
    6: TMOD=0x01;
C:0x0029    758901   MOV    TMOD(0x89),#0x01
    ……
    11: while(1);
C:0x003A    80FE     SJMP    C:003A
```

为了节省篇幅,DEBUG 环境下 C 程序所编译的汇编代码,只保留需要讨论的部分,其他省略。在这里,C 程序在前,编译后的汇编代码紧跟在后。"4:main()"表示 C 源程序第 4 行,C 程序是"main()";"C:0x003A　80FE　SJMP　C:003A"中,第一个 C:0x003A 表示程序存储器的地址,80FE 是保存在起始地址为 0x003A 的程序存储器的机器代码,"SJMP C:003A"是"80FE"对应的汇编代码。这里我们只需要关心程序存储器地址及相应的汇编代码。

主函数 main 在初始化定时器 0 后,执行"while(1);",此时 PC 的值为 0x003A,执行汇编指令"SJMP C:003A",即进入死循环,PC 的值保持 0x003A。定义 void INTT0() interrupt 1 using 1 函数,编译系统会在程序存储器 0x000B 起始的位置(见表 8-1),写一条长跳转指令,跳转到 INTT0() 的入口地址。

C:0x000B   02000E   LJMP   INTT0(C:000E)
13：void INTT0() interrupt 1 using 1
C:0x000E   C0E0   PUSH   ACC(0xE0)

这里我们可以看到，INTT0()的入口地址是0x000E，在0x000B中由编译系统写入一条长跳转指令"LJMP INTT0(C:000E)"跳转到0x000E。

主程序执行到"while(1);"，PC=0x003A，当CPU响应T0的中断请求时，会将0x003A压入堆栈，即保存断点，并由硬件将PC的值置为0x000B。在0x000B处，CPU读取长跳转指令"LJMP INTT0(C:000E)"跳转到T0的中断服务程序INTT0()入口，执行INTT0()。首先，依次将特殊功能寄存器ACC,PSW压入堆栈，即保护现场，然后执行用户编写的C程序。第19行，INTT0()函数体结束，对应的汇编代码如下：

19：}
C:0x0024   D0D0   POP   PSW(0xD0)
C:0x0026   D0E0   POP   ACC(0xE0)
C:0x0028   32   RETI

在执行中断服务程序后，将PSW,ACC依次弹出堆栈(后进先出)，即恢复现场。RETI指令执行的操作是将堆栈的内容弹出到PC，即断点恢复。在前面的讨论中，保护断点时将0x003A压入堆栈，那么此时恢复断点，PC的值为0x003A，继续执行"while(1);"。

8.2.5 中断程序设计实践

"实例"使用外部中断的方式翻转蓝灯和绿灯，其硬件电路原理图如图8-3所示。

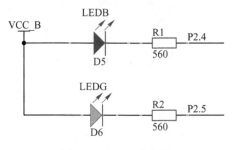

图8-3　LED原理图

参考程序如下：

```
#include <reg52.h>
sbit LEDB = P2^4;    //定义位变量LEDB
sbit LEDG = P2^5;    //定义位变量LEDG
bit flag=0;//定义标志
void main()
{
    EA=1;//打开总中断
    EX0=1;//打开外部中断0
```

```
IT0＝1;//设置外部中断触发方式为负边沿触发
while(1)
{
        LEDB = flag;   //蓝灯 LED
        LEDG = flag;   //绿灯 LED
    }
}
void INT() interrupt 0
{
    flag＝! flag;
}
```

源程序设计。

右击微处理器 Edit Source Code,在弹出的窗口中选择 Keil for 8051,如图 8 - 4 所示,单击"确定"按钮。

图 8 - 4 选择 Keil for 8051

在弹出的窗口左边 Source Files 中鼠标右击 main.c,在弹出的快捷菜单中选择 Remove File 选项,将文件从工程中移除,如图 8 - 5 所示。打开 Remove Source Files 对话框,单击 Remove 按钮,如图 8 - 6 所示。

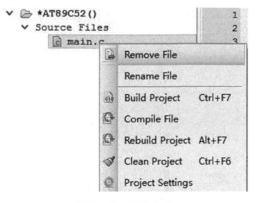

图 8 - 5 移除文件

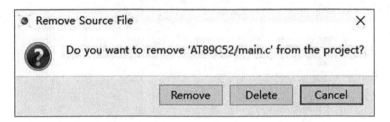

图 8-6　选择 Remove

　　鼠标右击 Source Files,在弹出的快捷菜单中选择 Add New Files 选项,保存一个 C 语言文件 Led.c,如图 8-7 所示。

图 8-7　保存一个 C 语言文件

　　保存 C 文件并编写参考程序,如图 8-8 所示。

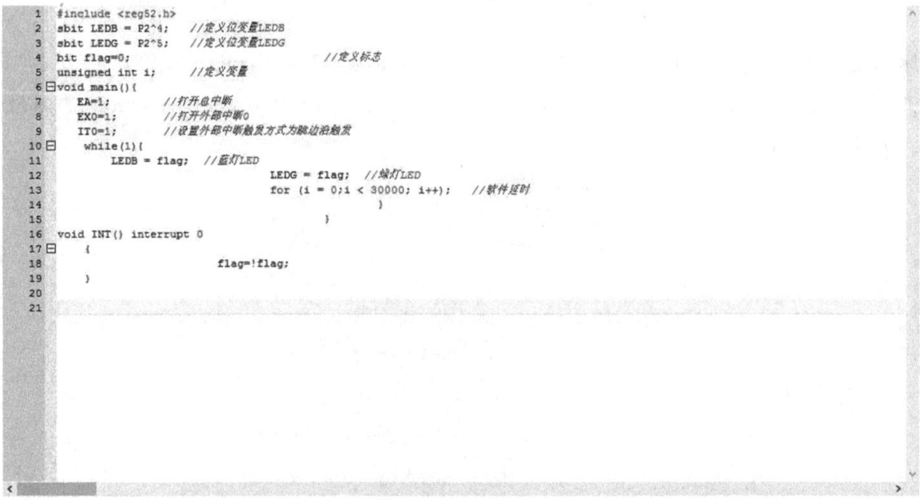

```
1   #include <reg52.h>
2   sbit LEDB = P2^4;    //定义位变量LEDB
3   sbit LEDG = P2^5;    //定义位变量LEDG
4   bit flag=0;                      //定义标志
5   unsigned int i;    //定义变量
6   void main(){
7       EA=1;       //打开总中断
8       EX0=1;      //打开外部中断0
9       IT0=1;      //设置外部中断触发方式为脉冲边沿触发
10          while(1){
11              LEDB = flag;    //蓝灯LED
12                              LEDG = flag;    //绿灯LED
13                              for (i = 0;i < 30000; i++);    //软件延时
14                                      }
15                              }
16  void INT() interrupt 0
17      {
18                              flag=!flag;
19      }
20
21
```

图 8-8　编写程序

　　返回主界面,进入 debug 模式,如图 8-9 所示。

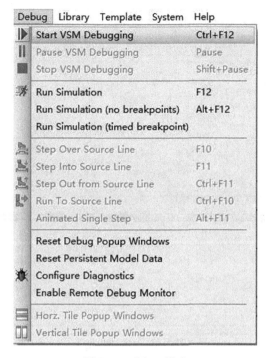

图 8 - 9　debug 模式

调出代码窗口,如图 8 - 10 所示。

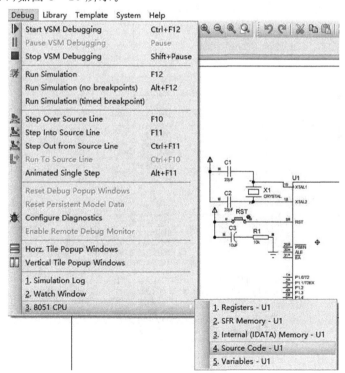

图 8 - 10　代码窗口

在第 18 行代码即"flag＝！flag"处增加断点,如图 8 - 11 所示。

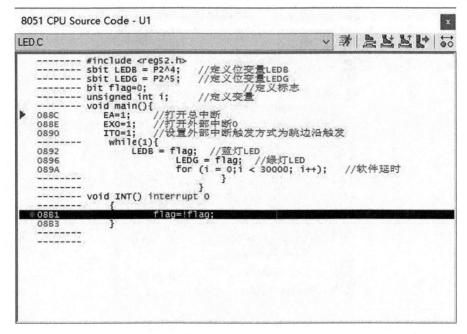

```
8051 CPU Source Code - U1                                    ☒
LED.C                                        ∨  📄 📊 📊 📊 ▶  ⇄
     -------- #include <reg52.h>
     -------- sbit LEDB = P2^4;      //定义位变量LEDB
     -------- sbit LEDG = P2^5;      //定义位变量LEDG
     -------- bit flag=0;            //定义标志
     -------- unsigned int i;        //定义变量
     -------- void main(){
  ▶ 088C         EA=1;      //打开总中断
    088E         EXO=1;     //打开外部中断0
    0890         ITO=1;     //设置外部中断触发方式为跳边沿触发
     --------    while(1){
    0892             LEDB = flag;    //蓝灯LED
    0896             LEDG = flag;    //绿灯LED
    089A             for (i = 0;i < 30000; i++);    //软件延时
     --------        }
     --------    }
     -------- void INT() interrupt 0
     --------    {
  ● 08B1             flag=!flag;
    08B3    }
     --------
```

图 8-11 增加断点

单击代码窗口中的 📄 图标,运行程序,如图 8-12 所示。按下按钮 INT0,即触发中断,如图8-13所示,标志位取反,此时再单击 📄,运行程序,发现 P2.4 和 P2.5 电平与上一个状态相反,即两盏灯都不亮,如图 8-14 所示。

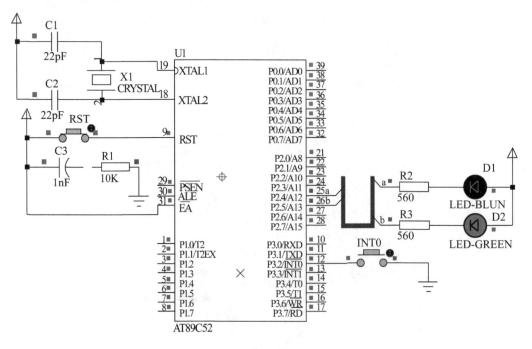

图 8-12 程序运行中

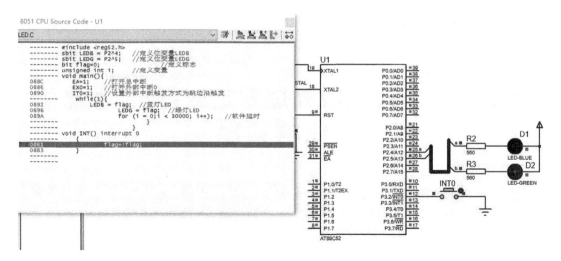

图 8-13　中断触发

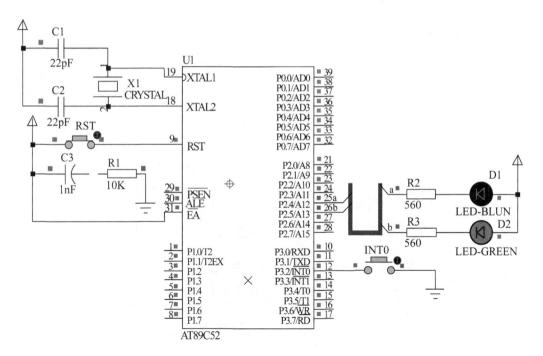

图 8-14　P2.4 和 P2.5 与上一个状态相反

第9章 嵌入式微处理器定时器/计数器的 C 语言编程

MCS-51 内置二进制 16 位的定时器/计数器。其中 8031/8051 有两个这样的定时器/计数器,8032/8052 有三个这样的定时器/计数器。MCS-51 这种结构使微处理器可以方便地用于定时控制,还可以做为分频器或计数器使用。

9.1 定时器/计数器的结构和工作原理

1.定时器/计数器的结构

图 9-1 是定时器/计数器的结构框图。定时器/计数器的实质是加 1 计数器,工作在 16 位计数方式时,由高 8 位和低 8 位两个寄存器组成(T0 由 TH0 和 TL0 组成,T1 由 TH1 和 TL1 组成)。TMOD 是定时器/计数器的工作方式寄存器,由它确定定时器/计数器的工作方式和功能;TCON 是定时器/计数器的控制寄存器,用于控制 T0、T1 的启动和停止以及设置溢出标志。

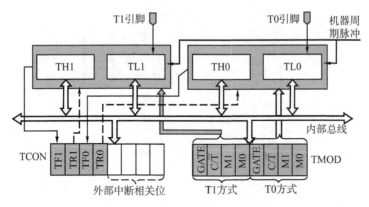

图 9-1 定时器/计数器的结构框图

2.定时器/计数器的工作原理

做为定时器/计数器的加 1 计数器,其输入的计数脉冲有两个来源。一个是由系统的时钟振荡器输出脉冲经 12 分频后送来,另一个是由 T0 或 T1 引脚输入的外部脉冲源送来。每来一个脉冲,计数器加 1。当加到计数器为全 1 时,再输入一个脉冲,就使计数器回零,且计数器的溢出使得 TCON 中 TF0 或 TF1 置 1,向 CPU 发出中断请求。如果定时器/计数器工作于定时模式,则表示定时时间已到;如果工作于计数模式,则表示计数值已满。可见,计数器初值应该设置为溢出时计数器的值减去计数次数。

设置为定时器模式时,加 1 计数器是对内部机器周期计数(1 个机器周期等于 12 个振荡周期,即计数频率为晶振频率的 1/12),计数值乘以机器周期就是定时时间。

　　设置为计数器模式时,外部事件计数脉冲由 T0(P3.4)或 T1(P3.5)引脚输入到计数器。在每个机器周期的 S5P2 期间取样 T0、T1 引脚电平。当某周期取样到一高电平,而下一周期又取样到一低电平时,则计数器加 1,更新的计数值在下一个机器周期的 S3P1 期间装入计数器。由于检测一个从 1 到 0 的下降沿需要 2 个机器周期,因此要求被取样的电平至少需要维持一个机器周期,所以最高计数频率为晶振频率的 1/24。当晶振频率为 12 MHz 时,最高计数频率不超过 500 kHz,即计数脉冲的周期要大于 2 μs。

9.2　定时器/计数器控制

　　MCS-51 对内部定时器/计数器的控制主要是通过 TCON 和 TMOD 两个特殊功能寄存器实现的。

1.定时器控制寄存器 TCON

定时器控制寄存器 TCON 是一个 8 位寄存器。

位	7	6	5	4	3	2	1	0	
字节地址:　88H	TF1	TR1	TF0	TR0					TCON

　　TR0 和 TR1 分别用于控制内部定时器/计数器 T0 和 T1 的启动和停止,TF0 和 TF1 用于标志 T0 和 T1 计数器是否产生了溢出中断请求。T0 和 T1 计数器的溢出中断请求还受中断允许寄存器 IE 中 EA、ET0 和 ET1 状态的控制。

2.定时器方式寄存器 TMOD

定时器方式寄存器 TMOD 的地址为 89H,CPU 可以通过字节传送指令来设定 TMOD 中各位的状态,但不能用位寻址指令改变。

位	7	6	5	4	3	2	1	0	
字节地址:　89H	GATE	C/$\overline{\text{T}}$	M1	M0	GATE	C/$\overline{\text{T}}$	M1	M0	TMOD

　　C/$\overline{\text{T}}$ 为定时器/计数器的模式控制位,C/$\overline{\text{T}}$=0 为定时模式;C/$\overline{\text{T}}$=1 为计数模式。GATE 为门控位。GATE=0 时,只要用软件使 TCON 中的 TR0 或 TR1 为 1,就可以启动定时/计数器工作;GATA=1 时,要用软件使 TR0 或 TR1 为 1,同时外部中断引脚 $\overline{\text{INT0}}$ 或 $\overline{\text{INT1}}$ 也为高电平时,才能启动定时器/计数器工作。即此时定时器的启动条件,必须加上了 $\overline{\text{INT0}}$ 或 $\overline{\text{INT1}}$ 引脚为高电平这一条件。M1 和 M0 为方式控制位。定时器/计数器有 4 种工作方式,由 M1 和 M0 进行设置。如表 9-1 所示。

表 9-1　定时器/计数器工作方式

M1M0	工作方式	说明
00	方式 0	13 位计数方式
01	方式 1	16 位计数方式
10	方式 2	8 位自动重装计数方式
11	方式 3	T0 分成两个独立的 8 位定时器/计数器

9.3 定时器/计数器工作方式

MCS-51 微处理器定时器/计数器 T0 有 4 种工作方式(方式 0、1、2、3),T1 有 3 种工作方式(方式 0、1、2)。前 3 种工作方式,T0 和 T1 除了所使用的寄存器、有关控制位、标志位不同外,其他操作完全相同。

1.方式 0

在本工作方式下,定时器/计数器按 13 位加 1 计数器工作,这 13 位由 TH 中的高 8 位和 TL 中的低 5 位组成,其中 TL 中的高 3 位是弃之不用的,如图 9-2 所示。

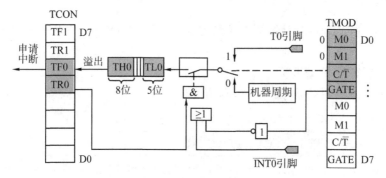

图 9-2 方式 0 的逻辑结构

在定时器/计数器启动工作前,CPU 先要为它装入方式控制字,以设定其工作方式,然后再为它装入定时器/计数器初值,并通过指令启动其工作。13 位计数器按加 1 计数器计数。计满溢出清 0 时能自动向 CPU 发出溢出中断请求,但若要它再次计数,CPU 必须在其中断服务程序中为它重装初值。最大计数次数为 2^{13}。

2.方式 1

在本方式下,定时器/计数器是按 16 位加 1 计数器工作的,该计数器由高 8 位 TH 和低 8 值 TL 组成(见图 9-3):定时器/计数器在方式 1 下的工作情况和方式 0 时相同,只是最大计数次数为 2^{16}。

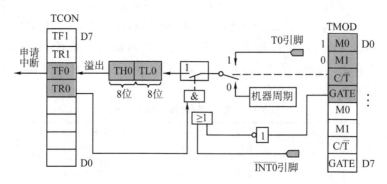

图 9-3 方式 1 的逻辑结构

3.方式 2

在方式 2 时,16 位计数器被拆成一个 8 位的初值寄存器 TH(TH0/TH1)和一个 8 位的加 1 计数器 TL(TL0/TL1),CPU 对它们初始化时必须送相同的计数初值。当定时器/计数器启动后,TL 做为 8 位加 1 计数器工作,每当它计满溢出清 0 时,一方面向 CPU 发出溢出中断请求,另一方面从 TH 中重新获得初值并启动计数,如图 9 - 4 所示。

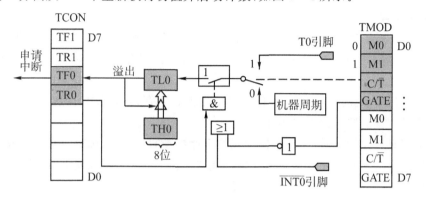

图 9 - 4　方式 2 的逻辑结构

显然,定时器/计数器在方式 2 下工作时是不同于前两种方式的,定时器/计数器在方式 0 和方式 1 下计满清 0 时,必须通过软件为它们重装计数初值,而在方式 2 下 TL 清 0 后能自动重装 TH 中的初值,但方式 2 下计数器长度仅有 8 位,最大计数值只有 $2^8 = 256$。

4.方式 3

在前三种工作方式下,T0 和 T1 的功能是完全相同的,但在方式 3 下,T0 和 T1 的功能就不相同了。只有 T1 做为串口通信的波特率发生器时(工作在方式 2),T0 可以工作在方式 3。此时,TH0 和 TL0 做为两个独立的 8 位计数器工作。TL0 可以设定为定时器或计数器模式工作,仍由 TR0 控制启动或停止,并采用 TF0 做为溢出中断标志;TH0 只能按定时器模式工作,它借用 TR1 和 TF1 来控制并存放溢出中断标志,如图 9 - 5 所示。

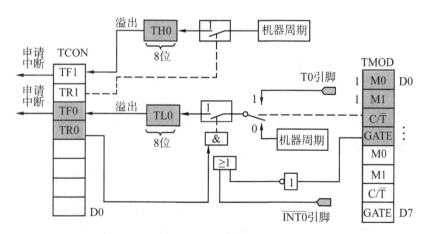

图 9 - 5　方式 3 的逻辑结构

显然,T0 设定为方式 3 实际上就相当于设定了 3 个 8 位计数器同时工作,其中 TH0 和 TL0 为两个由软件重装的 8 位计数器,TH1 和 TL1 构成 1 个硬件自动重装的 8 位计数器,但无溢出中断请求产生,可以用它做为串行口通信的波特率发生器。

9.4 定时器/计数器初始化

1. 初始化步骤

MCS-51 内部定时器/计数器是可编程的,其工作方式和工作过程均可由 MCS-51 通过程序对它进行设定和控制。因此,MCS-51 在定时器/计数器工作前必须先对它进行初始化。初始化步骤:

(1)根据题目要求先给定时器/计数器的工作方式寄存器 TMOD 配置一个方式控制字,以便设定定时器/计数器的相应工作方式。

(2)根据实际需要给定时器/计数器设置加 1 计数器的初值,以确定定时时间或计数次数。

(3)根据需要给中断允许寄存器 IE 选送中断控制字,并给中断优先级寄存器 IP 选送中断优先级字,以开放相应中断并设定中断优先级。

(4)给定时器控制寄存器 TCON 送命令字,以便启动或停止加 1 计数器工作。

2. 计数模式下计数器初值的计算

定时器/计数器在计数模式下工作时,必须给计数器设置初值。这个计数器初值是送到 TH 和 TL 中的。计数器是在计数初值的基础上进行加 1 计数,并能在计数器溢出时(从全 "1"变为全"0")自动产生定时器/计数器中断请求。设计数器计满溢出时所需要的计数次数为 N,计数器初值设定为 N_0,由此便可得到如下的计算通式:

$$N_0 = M - N \tag{9-1}$$

式中,M 为计数器模值,该值和计数器的工作方式有关。在方式 0 时 M 为 2^{13};在方式 1 时 M 为 2^{16};在方式 2 和方式 3 时 M 为 2^8。

3. 定时模式下计数器初值的计算

在定时模式下,计数器由微处理器主脉冲经 12 分频后计数。因此,定时器定时时间 T 的计算公式为

$$T = NT_M \tag{9-2}$$

式中,T_M 是一个机器周期的时间。因此,定时模式下计数器初值 N_0 可由下式计算

$$N_0 = M - N = M - \left(\frac{T}{T_M}\right) \tag{9-3}$$

同样,M 为模值,和定时器的工作方式有关;T_M 是微处理器时钟周期 T_{CLK} 的 12 倍;N_0 为定时模式下计数器的初值。

由式(9-1),式(9-2)可得,定时模式下,定时时间 T 为

$$T = NT_M = (M - N_0)T_M \tag{9-4}$$

式(9-4)中,若设 $N_0 = 0$,则定时器定时时间为最大。由于 M 的值和定时器工作方式有关,因此不同工作方式下定时器的最大定时时间也不一样。例如,设微处理器晶振频率 f_{osc} 为 12 MHz,则最大定时时间为

方式 0 时 $T_{max} = 2^{13} \times 1\ \mu s = 8.192\ ms$

方式 1 时 $T_{max} = 2^{16} \times 1\ \mu s = 65.536\ ms$

方式 2 和方式 3 时 $T_{max} = 2^8 \times 1\ \mu s = 0.256\ ms$

4.寄存器 TH 和 TL 的装入

初始化时,寄存器 TH(TH0/TH1)和 TL(TL0/TL1)的值和计数器初值、定时器/计数器工作方式有关。

选择工作方式 0 时,计数器初值必须小于 2^{13};选择工作方式 1 时,计数器初值必须小于 2^{16};选择工作方式 2、3 时,计数器初值必须小于 2^8。

当工作在方式 1 时,计数初值可以是一个 16 位的二进制数,将高 8 位赋值给 TH,低 8 位赋值给 TL。

假设要求计数的次数 N 为 50000 次,那么选择工作方式 1,计数器初值为 $2^{16}-50000$,即 65536$-$50000,计数器初值除以 256,商为计数器初值的二进制数高 8 位,余数为计数器初值的二进制数低 8 位。TH0,TL0 的设置用 C 语句表示如下:

TH0＝(65536－50000)/256;

TL0＝(65536－50000)%256;

当工作在方式 2 时,计数初值必须小于 256,直接赋值给 TH 和 TL。

假设要求计数次数为 10 次,那么选择工作方式 2,计数器初值为 2^8-10,即 256$-$10,直接赋值给 TH 和 TL。TH0,TL0 的设置用 C 语句表示如下:

TH0＝256－10;

TL0＝256－10;

9.5　定时器/计数器应用举例

MCS-51 内部定时器用途广泛,当它做为定时器使用时,可用来对被控系统进行定时控制。当它做为计数器使用时,可用来计算输入脉冲次数。

【**例 9 - 1**】如图 9 - 6(a)所示,在 P2.4 端接一个发光二极管,要求利用 T/C 控制,使 LED 闪烁。闪烁的频率为 1 Hz。

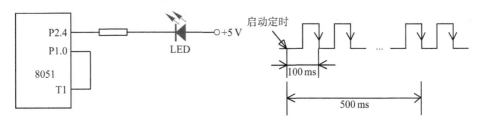

图 9 - 6　定时电路与计数器 T1 输入波形

【**解**】闪烁频率 1 Hz,即每 500 ms 改变一次 LED 灯的状态。可以采用 T0 定时,T1 计数的方式来实现,即硬件定时结合硬件计数的方式。

假设 $f_{osc}=12$ MHz,则一个机器周期为 1 μs,T0 定时 50 ms,需要计数的次数 $N=\dfrac{50\ ms}{1\ \mu s}=50000$,T0 定时时间到,使 P1.0 反向,这样在 T1 的输入波形如图 9 - 6(b)所示。已知 T1 在输入引脚的每一次负跳变计数 1 次,即 100 ms 计数 1 次。

由上述分析,设置 T0 工作在定时方式,定时时间为 50 ms,计数次数为 50000 次,选择工作方式 1;T1 工作在计数方式,计数次数为 $\dfrac{500 \text{ ms}}{100 \text{ ms}}=5$ 次,选择工作方式 2。

参考代码:

```
#include <reg51.h>
sbitin_T1=P1^0;
sbitLED=P2^4;
main()
{   LED=1;          //保证 LED 灯的初始状态是熄灭
    in_T1=0;        //保证启动后 100 ms T1 开始计数
    TMOD=0x61;      // T1 计数,工作方式 2;T0 定时,工作方式 1
    TH0=(65536-50000)/256;
    TL0=(65536-50000)%256;
    TH1=256-5;   TL1=256-5;
    IP=0x08;        //T1 比 T0 优先级高
    EA=1;ET0=1;ET1=1;
    TR0=1; TR1=1;
    while(1);
}


Timer0() interrupt 1 using 1
{    in_T1=! in_T1;
    TH0=(65536-50000)/256;
    TL0=(65536-50000)%256;
}


Timer1() interrupt 3 using 2
{
    LED=! LED;
}
```

【例 9-2】设 MCS-51 晶振频率 f_{osc} 为 12 MHz,请编出利用定时器/计数器 T0 在 P2.4 引脚上输出周期为 1 s 的方波,控制 LED 灯以 1 Hz 的频率闪烁。用硬件定时结合软件计数的方式实现。电路图同图 9-6(a)。

【解】产生周期为 1 s 的方波,必须定时 500 ms,这个值显然已超过了定时器的最大定时时间。可以考虑 T0 定时 50 ms,在 T0 的中断服务程序中,软计数器加 1。软件计数到 10 次时,定时时间为 50 ms×10=500 ms,改变 P2.4 引脚的状态。

$f_{osc}=12 \text{ MHz}$,则一个机器周期为 1 μs ,T0 定时 50 ms,需要计数的次数 $N=\dfrac{50 \text{ ms}}{1 \text{ } \mu\text{s}}=$

50000 次,选择工作方式 1。中断服务程序流程图如图 9－7 所示。

参考代码:

```
# include 〈reg51.h〉
sbit LED＝P2^4;
unsigned char counter;
main()
{
    TMOD＝(TMOD&0xF0)|0x01;      //T0 为方式 1
    TH0＝(65536－50000)/256;
    TL0＝(65536－50000)%256;
    EA＝1;
    ET0＝1;
    TR0＝1;
    while(1);
}
Timer0() interrupt 1 using 1
{   TH0＝(65536－50000)/256;     //重置计数器初值
    TL0＝(65536－50000)%256;
    if(++counter＝＝10)
    {
        counter＝0;
        LED＝!LED;
    }
}
```

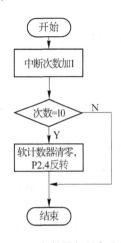

图 9－7　中断服务程序流程图

讨论

CPU 从响应 T0 中断到完成定时器初值重装这段时间,定时器 T0 并不停止工作,而是继续计数。因此,为了确保 T0 能准确定时 50 ms,重装的定时器初值必须加以修正。由于定时器计数脉冲的周期恰好和机器周期吻合,因此修正量等于 CPU 从响应中断到重装完 TL0 为止所用的机器周期数。

CPU 响应中断通常需要 3～8 个机器周期,因为无法预先知道 CPU 响应中断时正在执行哪一类指令,故通常以 4～5 个机器周期计算。进入中断服务程序到重装完 TL0 为止这段时间是可以知道的,本例中有 4 条指令(保护现场 2 条指令 PUSH　ACC,PUSH　PSW;TH0、TL0 赋值 2 条指令,共需 6 个机器周期)。所以,修正后,TH0 和 TL0 的值为

TH0＝(65536－50000＋10)/256;

TL0＝(65536－50000＋10)%256;

在定时要求不是很严格的情况下,可以不修正。

【例 9－3】在 P2.4 脚上输出周期为 2.5 s,占空比为 20％的脉冲信号。已知晶振频率 f_{osc} 为 12 MHz。

【解】占空比为 20%，即高电平维持时间为 2.5 s×20%＝500 ms，一个周期 2.5 s＝2500 ms。选择 T1 定时，定时时间为 50 ms。在 T0 的中断服务程序中，软计数器加 1。计数 10 次，P2.4 由高电平反转为低电平；计数 50 次，P2.4 由低电平反转为高电平，并把软计数器清 0，为下个周期的输出做准备。

$f_{osc}＝12\ MHz$，则一个机器周期为 $1\ \mu s$，T1 定时 50 ms，需要计数的次数 $N＝\dfrac{50\ ms}{1\ \mu s}＝$ 50000 次，选择工作方式 1。中断服务程序流程图如图 9-8 所示。

参考代码：

```
# include <reg51.h>
# define uchar unsigned char
uchar counter;
uchar codehigh=10, period=50;
sbitOut=P2^4;
main()
{
    TMOD=(TMOD&0x0F)|0x10;      //T1 为方式 1
    TH1=(65536-50000)/256;
    TL1=(65536-50000)%256;
    EA=1;ET1=1;
    TR1=1;
    while(1);
}


Timer1() interrupt 3 using 1
{    TH1=(65536-50000)/256;
     TL1=(65536-50000)%256;
    if (++counter==high)
         Out=!Out;
    else   if(counter==period)
         {    counter=0;
              Out=!Out;
         }
}
```

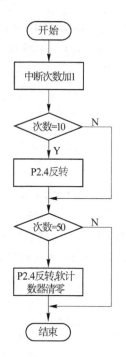

图 9-8 中断服务程序流程图

【例 9-4】设 P2 口上的 P2.4，P2.5 接两个 LED 灯 LEDB 和 LEDG，2 s 以后 LEDB 点亮，再过 0.1 s，LEDG 点亮；LEDB 保持亮 2 s，LEDG 保持亮 2.4 s；LEDG 熄灭后 0.5 s，LEDB 点亮，保持 1 s 后，LEDB 熄灭。电路如图 9-9 所示。

【解】根据要求，LED 灯亮灭的顺序如下，由电路图可

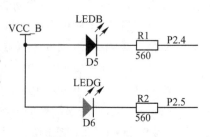

图 9-9 LED 灯电路图

知,当对应的引脚输出 1,LED 灯熄灭,输出 0,LED 灯点亮。

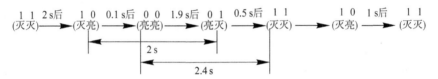

假设晶振频率为 12 MHz,每 50 ms 中断一次,0.1 s 对应 2 次,开关变化对应的中断次数位置分别为:0,40,42,80,90,100,120。

和例 9-2,例 9-3 相比,控制的状态及定时时间又更为复杂,不同的定时时间对应不同的 LED 灯控制状态。因此,考虑用结构体类型来表示不同的状态,成员 position 保存中断次数,成员 pattern 保存 LED 灯的状态。结构体数组 states 用于保存 LEDG,LEDB 亮灭的顺序和对应的中断次数。

```
struct
{ int position;
  char pattern;
}states[]
={{0,0x03},{40,0x02},{42,0x00},{80,0x01},{90,0x03},{100,0x02},{120,0xff}};
```

将中断次数为 120 对应的状态设置为 0xff,是为了和中断次数为 90 对应的状态 0x03 区分开,在程序设计时,遇到 0xff,表示一个循环结束,回到起点。

参考代码:

```
#include <reg51.h>
#define uchar unsigned char
uchar i, counter;
code struct
{ uchar position;
  uchar pattern;
}states[]
={{0,0x03},{40,0x02},{42,0x00},{80,0x01},{90,0x03},{100,0x02},{120,0xff}};

main()
{
    P2=(P2&0xcf)|0x30;//熄灭 LED 灯,0xcf=11001111b,保持 P2 口除 P2.4,P2.5 引脚,
                        其他引脚状态不变。
    counter=0;
    i=1;
    TMOD=(TMOD&0xF0)|0x01;      //T0 为方式 1
    TH0=(65536-50000)/256;
    TL0=(65536-50000)%256;
    EA=1;ET0=1;
    TR0=1;
```

```
        while(1);
    }


Timer0() interrupt 1 using 1
{   TH0=(65536-50000)/256;
    TL0=(65536-50000)%256;
        counter++;
        if (counter==states[i].position)
    {   if(states[i].pattern==0xff)  i=counter=0;
        P2=(P2&0xcf)|(states[i++].pattern<<4);//左移4位,是把定义在
```
最低两位的状态移到 P2.4,
P2.5
```
    }
 }
```

【例 9 – 5】利用 T0 定时,产生 2 s 定时,使得 P1 口输出信号,控制 8 个发光二极管循环点亮,设 f_{osc}=12 MHz。电路如图 9 – 10 所示。

【解】定时 2 s,可以采用定时器定时,软件计数的方式实现。用定时器 T0 定时 50 ms,在 T0 的中断服务程序中,软计数器加 1。软件计数到 40 次时,定时时间为 50 ms×40=2 s,将 8 个灯的状态输出到 P1 口。从电路图可知,输出 1 点亮 LED 灯,输出 0 熄灭。另一个要解决的问题是 8 个灯的状态,轮番点亮,即 P1 口的状态依次为:

0000 0001, 0000 0010, 0000 0100,… , 0100 0000, 1000 0000,可以考虑用移位操作实现。

参考代码:

```
#include ⟨reg51.h⟩
#define uchar unsigned char
uchar state,counter;
main()
{
    TMOD=(TMOD&0xF0)|0x01;   //T0 为方式 1
    TH0=(65536-50000)/256;
    TL0=(65536-50000)%256;
    EA=1;ET0=1;
    TR0=1;
    state=0x01;      //LED0 先亮
    while(1);
}


Timer0() interrupt 1 using 1
{
```

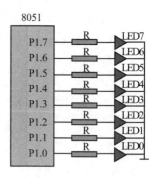

8051

图 9 – 10 LED 灯电路图

```
THO=(65536-50000)/256;
TLO=(65536-50000)%256;
if(++counter ==40)
{
  counter =0;
  P1=state;
  state=state<<1;  //改变控制状态,为下一次输出做准备
  if(state==0) state=0x01;  //移位操作的边界处理
}
}
```

第 10 章 嵌入式微处理器串行接口的 C 语言编程

串行通信是一种能把二进制数据按位传送的通信,故它所需传输线条数极少,特别适用于分级、分层和分布式控制系统以及远程通信。

MCS-51 内部除含有 4 个并行 I/O 接口外,还带有一个串行 I/O 接口。本章专门介绍 MCS-51 的串行 I/O 接口及其应用。

10.1 串行通信基础

串行通信是将数据字节分成一位一位的形式在一条传输线上逐个传送。串行通信时,数据发送设备先将数据代码由并行形式转换成串行形式,然后一位一位地放在传输线上进行传送。数据接收设备将接收到的串行形式数据转换成并行形式进行存储或处理。

10.1.1 串行通信的基本概念

按照串行数据的同步方式,串行通信可以分为同步通信和异步通信两类。同步通信是按照软件识别同步字符来实现数据的发送和接收,异步通信是一种利用字符的再同步技术的通信方式。

1.异步通信(asynchronous communication)

异步通信是以字符(构成的帧)为单位进行传输,字符与字符之间的间隙(时间间隔)是任意的,但每个字符中的各位是以固定的时间传送的,即字符之间是异步的(字符之间不一定有"位间隔"的整数倍的关系),但同一字符内的各位是同步的(各位之间的距离均为"位间隔"的整数倍),如图 10-1 所示。

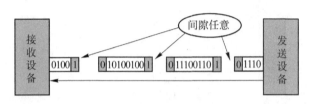

图 10-1 异步通信的字符帧格式

那么,究竟发送端和接收端依靠什么来协调数据的发送和接收呢,也就是说:接收端怎么会知道发送端何时开始发送和何时结束发送呢? 原来,这是由字符帧格式规定的。平时,发送线为高电平(逻辑"1"),每当接收端检测到传输线上发送过来的低电平逻辑"0"(字符帧中的起始位)时,就知道发送端已开始发送,每当接收端接收到字符帧中的停止位时,就知道一帧字符信息已发送完毕。

2.同步通信(synchronous communication)

同步通信时要建立发送方时钟对接收方时钟的直接控制,使双方达到完全同步。此时,传输数据的位之间的距离均为"位间隔"的整数倍,同时传送的字符间不留间隙,即保持位同步关系,也保持字符同步关系。发送方对接收方的同步可以通过外同步或者自同步实现,如图 10-2 所示。对于外同步,在发送方和接收方之间提供单独的时钟线路,发送方在每个比特周期都向接收方发送一个同步脉冲。接收方根据这些同步脉冲来完成接收过程。由于长距离传输时同步信号会发生失真,所以外同步方法仅适用于短距离的传输;而自同步利用特殊的编码(如曼彻斯特编码),让数据信号携带时钟(同步)信号。

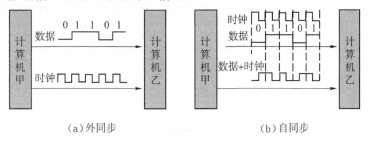

(a)外同步　　　　　　　　　　(b)自同步

图 10-2　同步通信示意图

同步通信的特点是以特定的位组合"01111110"做为帧的开始和结束标志,所传输的一帧数据可以是任意位。所以传输的效率较高,但实现的硬件设备比异步通信复杂。

3.串行通信的传输方向

在串行通信中,数据是在两个站之间传送的。按照数据传送方向,串行通信可分为单工、半双工和全双工,如图 10-3 所示。其中,单工是指数据传输仅能沿一个方向,不能实现反向传输。半双工是指数据传输可以沿两个方向,但需要分时进行。全双工是指数据可以同时进行双向传输。

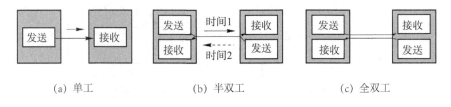

(a) 单工　　　　　　　(b) 半双工　　　　　　(c) 全双工

图 10-3　三种传输方向

10.1.2　串行通信接口标准

1.RS-232C 接口

RS-232 是 EIA(美国电子工业协会)于 1962 年制定的标准。RS 表示 EIA 的"推荐标准",232 为标准编号。1969 年修订为 RS-232C,1987 年修订为 EIA-232D,1991 年修订为 EIA-232E,1997 年又修订为 EIA-232F。由于修改的不多,所以人们习惯于早期的名字"RS-232C"。RS-232C 定义了数据终端设备(DTE)与数据通信设备(DCE)之间的物理接口标准。RS-232C 接口的主要信号线的功能定义如表 10-1 所示。

表 10 - 1　RS - 232C 标准接口主要引脚定义

插 针 序 号	信 号 名 称	功　　　能	信 号 方 向
1	PGND	保护接地	
2(3)	TXD	发送数据(串行输出)	DTE→DCE
3(2)	RXD	接收数据(串行输入)	DTE→DCE
4(7)	RTS	请求发送	DTE→DCE
5(8)	CTS	允许发送	DTE→DCE
6(6)	DSR	DCE 就绪(数据建立就绪)	DTE→DCE
7(5)	SGND	信号接地	
8(1)	TXD	发送数据	DTE→DCE
20(4)	DTR	DTE 就绪(数据终端准备就绪)	DTE→DCE
22(9)	RI	振铃指示	DTE→DCE

注:插针序号()内为 9 针非标准连接器的引脚号。

2.RS - 422A 接口

针对 RS - 232C 总线标准存在的问题,EIA 协会制定了新的串行通信标准 RS - 422A。它是平衡型电压数字接口电路的电气标准,如图 10 - 4 所示。RS - 422A 电路由发送器、平衡连接电缆、电缆终端负载、接收器等部分组成。电路中规定只许有一个发送器,可有多个接收器。RS - 422A 与 RS - 232C 的主要区别是,收发双方的信号地不再共用。另外,每个方向用于传输数据的是两条平衡导线。

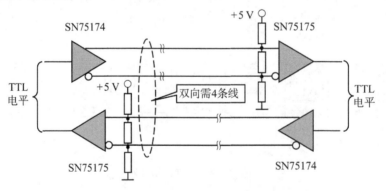

图 10 - 4　RS - 422A 平衡驱动差分接收电路

RS - 422A 与 RS - 232C 相比,信号传输距离远,速度快。传输距离为 120 m 时,传输速率可达 10 Mb/s。降低传输速率(90 Kb/s)时,传输距离可达 1200 m。

3.RS - 485 接口

RS - 485 是 RS - 422A 的变型:RS - 422A 用于全双工,而 RS - 485 用于半双工,如图 10 - 5所示。RS - 485 是一种多发送器标准,在通信线路上最多可以使用 32 对差分驱动器/接收器。如果在一个网络中连接的设备超过 32 个,还可以使用中继器。

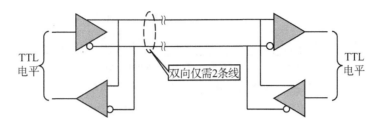

图 10-5　RS-485 接口示意图

RS-485 的信号传输采用两线间的电压来表示逻辑 1 和逻辑 0。由于发送方需要两根传输线,接收方也需要两根传输线。传输线采用差动信道,所以它的干扰抑制性极好。又因为它的阻抗低,无接地问题,所以传输距离可达 1200 m,传输速率可达 1 Mb/s。

10.2　串行接口

MCS-51 内部含有一个可编程全双工串行通信接口 SIO,具有 UART 的全部功能。该接口电路不仅能同时进行数据的发送和接收,也可做为一个同步移位寄存器使用。现对它的内部结构、工作方式和波特率讨论如下。

10.2.1　串行口的结构

MCS-51 串行口的内部简化结构如图 10-6 所示。

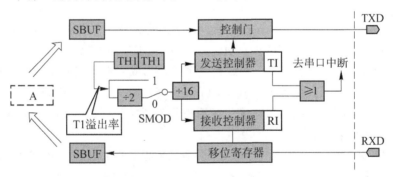

图 10-6　串行口简化结构

图中有两个物理上独立的接收、发送缓冲器 SBUF,它们占用同一地址 99H,可同时发送、接收数据。发送缓冲器只能写入,不能读出;接收缓冲器只能读出,不能写入。串行发送与接收的速率与移位时钟同步,定时器 T1 做为串行通信的波特率发生器,T1 溢出率经 2 分频(或不分频)又经 16 分频做为串行发送或接收的移位时钟。移位时钟的速率即波特率。

10.2.2 串行口的控制寄存器

MCS-51 对串行口的控制是通过 SCON 实现的,也与电源控制寄存器 PCON 有关。SCON 和 PCON 都是特殊功能寄存器,选口地址分别为 98H 和 87H。其中串行控制寄存器 SCON 的格式如图 10-7 所示。

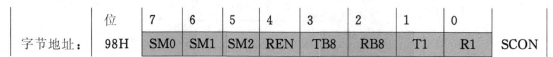

图 10-7 串行控制寄存器 SCON 的格式

SM0 和 SM1(SCON.7 和 SCON.6):串行口工作方式选择位,可选择 4 种工作方式,如表 10-2 所示。

表 10-2 串行口的工作方式

SM0	SM1	方 式	说 明	波特率
0	0	0	移位寄存器	$f_{osc}/12$
0	1	1	10 位异步收发器(8 位数据)	可变
1	0	2	11 位异步收发器(9 位数据)	$f_{osc}/64$ 或 $f_{osc}/32$
1	1	3	11 位异步收发器(9 位数据)	可变

SM2:多机通信控制位,主要在方式 2 和方式 3 下使用。在方式 0 时,SM2 不用,应设置为 0 状态。在方式 1 下,SM2 也应设置为 0,此时 RI 只有在接收电路接收到停止位"1"时才被激活成"1",并能自动发出串行口中断请求(设中断是开放的)。在方式 2 或方式 3 下,若 SM2=0,串行口以单机发送或接收方式工作,TI 和 RI 以正常方式被激活,但不会引起中断请求;若 SM2=1 且 RB8=1 时,RI 不仅被激活而且可以向 CPU 请求中断。

REN:允许接收控制位。REN=0,则禁止串行口接收;若 REN=1,则允许串行口接收。

TB8:发送数据第 9 位,用于在方式 2 和方式 3 时存放发送数据第 9 位。TB8 由软件置位或复位。

RB8:接收数据第 9 位,用于在方式 2 和方式 3 时存放接收数据第 9 位。在方式 1 下,若 SM2=0,则 RB8 用于存放接收到的停止位。方式 0 下,不使用 RB8。

TI:发送中断标志位,用于指示一帧数据发送是否完成。在方式 0 下,发送电路发送完第 8 位数据时,TI 由硬件置位;在其他方式下,TI 在发送电路开始发送停止位时置位。这就是说,TI 在发送前必须由软件复位,发送完一帧后由硬件置位。因此,CPU 查询 TI 状态便可知晓一帧信息是否已发送完毕。

RI:接收中断标志位,用于指示一帧信息是否接收完。在方式 1 下,RI 在接收电路接收到第 8 位数据时由硬件置位;在其他方式下,RI 是在接收电路接收到停止位的中间位置时置位的。RI 也可供 CPU 查询,以决定 CPU 是否需要从"SBUF(接收)"中提取接收到的字符或数据。RI 也由软件复位。另外,电源控制寄存器 PCON 的格式如图 10-8 所示。

图 10-8 电源控制寄存器 PCON 的格式

SMOD:为波特率选择位。在方式 1、方式 2 和方式 3 时,串行通信波特率和 2^{SMOD} 成正比。即当 SMOD=1 时,通信波特率可以提高一倍。

10.2.3 串行口的工作方式

MCS-51 有方式 0、方式 1、方式 2 和方式 3 等四种工作方式。

1.方式 0

方式 0 时,串行口为同步移位寄存器的输入输出方式。主要用于扩展并行输入或输出口。数据由 RXD(P3.0)引脚输入或输出,同步移位脉冲由 TXD(P3.1)引脚输出。发送和接收均为 8 位数据,低位在先,高位在后。波特率固定为 $f_{osc}/12$。

发送操作是在 TI=0 下进行的,CPU 通过"MOVSBUF,A"指令给"SBUF(发送)"送出发送字符后,RXD 线上即可发出 8 位数据,TXD 线上发送同步脉冲。8 位数据发送完后,TI 由硬件置位,并可向 CPU 请求中断(若中断开放)。CPU 响应中断后先用软件使 TI 清零,然后再给"SBUF(发送)"送下一个欲发送字符,以重复上述过程。

接收过程是在 RI=0 和 REN=1 条件下启动的。此时,串行数据由 RXD 线输入,TXD 线输出同步脉冲。接收电路接收到 8 位数据后,RI 自动置"1"并发出串行口中断请求。CPU 查询到 RI=1 或响应中断后便可通过"MOVA,SBUF"指令把"SBUF(接收)"中的数据送入累加器 A,RI 也由软件复位。

应当指出:在串行口方式 0 下工作并非是一种同步通信方式,它的主要用途是和外部同步移位寄存器外接,以达到扩张一个并行 I/O 口的目的。

2.方式 1

串行口定义为方式 1 时,是 10 位数据的异步通信口。TXD 为数据发送引脚,RXD 为数据接收引脚,传送一帧数据的格式如图 10-9 所示。其中 1 位起始位,8 位数据位,1 位停止位。

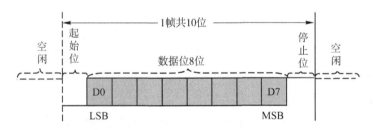

图 10-9　串行口方式 1 的数据格式

发送操作也在 TI=0 时、执行"MOVSBUF,A"指令后开始,然后发送电路自动在 8 位发送字符前后分别添加 1 位起始位和停止位,并在移位脉冲作用下在 TXD 线上依次发送一帧信息,发送完后自动维持 TXD 线为高电平。TI 也由硬件在发送停止位时置位,并由软件将它复位。

接收操作在 RI=0 和 REN=1 条件下进行,这点与方式 0 时相同。平常,接收电路对高电平的 RXD 线采样,采样脉冲频率是接收时钟的 16 倍。当接收电路连续 8 次采样到 RXD 线为低电平时,相应检测器便可确认 RXD 线上有了起始位。此后,接收电路就改为对第 7、8、9 三个脉冲采样到的值进行位检测,并以三中取二的原则来确定所采样数据的值。

在接收到第 9 数据位(即停止位)时,接收电路必须同时满足以下两个条件:RI=0 且 SM2=0 或接收到的停止位为"1",才能把接收到的 8 位字符存入"SBUF(接收)"中,把停止位送入 RB8 中,使 RI=1 并发出串行口中断请求(若中断开放)。若上述条件不满足,这次收到的数据就被舍去,不装入"SBUF(接收)"中,这是不能允许的,因为这意味着丢失了一组接收数据。

其实,SM2 是用于方式 2 和方式 3 的。在方式 1 下,SM2 应设定为 0。

在方式 1 下,发送时钟、接收时钟和通信波特率皆由定时器溢出率脉冲经过 32 分频获得,并由 SMOD＝1 倍频。因此,方式 1 时的波特率是可变的,这点同样适用于方式 3。

3.方式 2 和方式 3

方式 2 和方式 3 都是 11 位异步收发。两者的差异仅在于通信波特率有所不同:方式 2 的波特率由 MCS - 51 主频 f_{osc} 经 32 分频或 64 分频后提供;方式 3 的波特率由定时器 T1 或 T2 的溢出率经 32 分频后提供,故它的波特率是可调的。

方式 2 和方式 3 的发送过程类似于方式 1,所不同的是方式 2 和方式 3 有 9 位有效数据位。发送时,CPU 除要把发送字符装入"SBUF(发送)"外,还要把第 9 数据位预先装入 SCON 的 TB8 中,第 9 数据位可由用户安排,可以是奇偶校验位,也可以是其他控制位。第 9 数据位的装入可以用如下指令中的一条来完成:

SETBTB8

    CLRTB8

第 9 数据位的值装入 TB8 后,便可用一条以 SBUF 为目的的传送指令把发送数据装入 SBUF 来启动发送过程。一帧数据发送完后,TI＝1,CPU 便可通过查询 TI 来以同样方法发送下一字符帧。

方式 2 和方式 3 的接收过程也和方式 1 类似。所不同的是:方式 1 时 RB8 中存放的是停止位,方式 2 或方式 3 时 RR8 中存放的是第 9 数据位。因此,方式 2 和方式 3 时必须满足接收有效字符的条件变为 RI＝0 且 SM2＝0 或收到的第 9 数据位为"1",只有上述两个条件同时满足,接收到的字符才能送入 SBUF,第 9 数据位才能装入 RB8 中,并使 RI＝1;否则,这次收到的数据无效,RI 也不置位。

4.波特率的计算

在串行通信中,收发双方对发送或接收数据的速率要有约定。通过软件可对微处理器串行口编程为 4 种工作方式,其中方式 0 和方式 2 的波特率是固定的,而方式 1 和方式 3 的波特率是可变的,由定时器 T1 的溢出率来决定。

(1)方式 0 的波特率:在方式 0 下,串行口的通信波特率是固定的,其值为 $f_{osc}/12$(f_{osc} 为主机频率)。

(2)方式 2 的波特率:在方式 2 下,通信波特率为 $f_{osc}/32$ 或 $f_{osc}/64$。用户可以根据 PCON 中 SMOD 位的状态来驱使串行口在某个波特率下工作。选定公式为

$$波特率 = \frac{2^{SMOD}}{64} \times f_{osc}$$

(3)方式 1 或方式 3 的波特率:在这两种方式下,串行口波特率是由定时器的溢出率决定的,因而波特率也是可变的。相应公式为

$$波特率 = \frac{2^{SMOD}}{32} \times 定时器 T1 溢出率$$

在微处理器应用中,常用的晶振频率为 12 MHz 和 11.0592 MHz。所以,选用的波特率也相对固定。常用的串行口波特率以及各参数的关系如表 10 - 3 所示。

表 10 - 3　常用波特率与定时器 1 的参数关系

串口工作方式及波特率/(b·s⁻¹)		f_{osc}/MHz	SMODF	定时器 T1		
				C/$\overline{T}$	工作方式	初值
方式 1、3	62.5k	12	1	0	2	FFH
	19.2k	11.059 2	1	0	2	FDH
	9 600	11.059 2	0	0	2	FDH
	4 800	11.059 2	0	0	2	F4H
	2 400	11.059 2	0	0	2	F4H
	1 200	11.059 2	0	0	2	E8H

10.3　串行接口设计

10.3.1　点对点的通信

点对点的通信也称为双机通信,用于微处理器和微处理器之间交换信息,也常用于微处理器与通用微机间的信息交换。两个微处理器间采用 TTL 电平直接传输信息,其传输距离一般不应超过 5 m。所以实际应用中通常采用 RS - 232C 标准电平进行点对点的通信连接。图 10 - 10 所示为两个微处理器间的通信连接方法,电平转换芯片采用 MAX232。

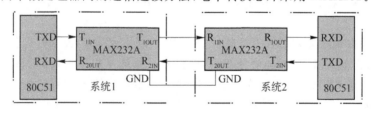

图 10 - 10　点对点通信接口电路

设 1 号机是发送方,2 号机是接收方。当 1 号机发送时,先发送一个"E1"联络信号,2 号机收到后回答一个"E2"应答信号,表示同意接收。当 1 号机收到应答信号"E2"后,开始发送数据,每发送一个数据字节都要计算"校验和"。假定数据块长度为 16 个字节,起始地址为 40H,一个数据块发送完毕后立即发送"校验和"。2 号机接收数据并转存到数据缓冲区,起始地址也为 40H,每接收到一个数据字节便计算一次"校验和"。当收到一个数据块后,再接收 1 号机发来的"校验和",并将它与 2 号机求出的校验和进行比较。若两者相等,说明接收正确,2 号机回答 00H;若两者不相等,说明接收不正确,2 号机回答 0FFH,请求重发。1 号机接到 00H 后结束发送。若收到的答复非零,则重新发送数据一次。双方约定采用串行口方式 1 进行通信,一帧信息为 10 位,其中有 1 个起始位、8 个数据位和一个停止位,波特率为 2400 波特。T1 工作在定时器方式 2,振荡频率选用 11.0592 MHz,查表可得 TH1＝TL1＝0F4H,PCON 寄存器的 SMOD 位为 0。

10.3.2 多机通信

微处理器构成的多机系统常采用总线型主从式结构。所谓主从式,即在数个微处理器中,有一个是主机,其余的是从机,从机要服从主机的调度和支配。MCS-51 微处理器的串行口方式 2 和方式 3 适于这种主从式的通信结构。当然,采用不同的通信标准时,还需进行相应的电平转换,有时还要对信号进行光电隔离。在实际的多机应用系统中,常采用 RS-485 串行标准总线进行数据传输,如图 10-11 所示。

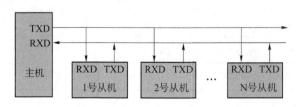

图 10-11 多机通信系统的硬件连接

根据 MCS-51 串行口的多机通信能力,多机通信可以按照以下协议进行:

(1)所有从机的 SM2 位置 1,处于接收地址帧状态。

(2)主机发送一地址帧,其中 8 位是地址,第 9 位为地址/数据的区分标志,该位置 1 表示该帧为地址帧。

(3)所有从机收到地址帧后,都将接收的地址与本机的地址比较。对于地址相符的从机,使自己的 SM2 位置 0(以接收主机随后发来的数据帧),并把本站地址发回主机做为应答;对于地址不符的从机,仍保持 SM2=1,对主机随后发来的数据帧不予理睬。

(4)从机发送数据结束后,要发送一帧校验和,并置第 9 位(TB8)为 1,做为从机数据传送结束的标志。

(5)主机接收数据时先判断数据接收标志(RB8),若 RB8=1,表示数据传送结束,并比较此帧校验和。若正确,则回送正确信号 00H,此信号命令该从机复位(即重新等待地址帧);若校验和出错,则发送 0FFH,命令该从机重发数据。若接收帧的 RB8=0,则存数据到缓冲区,并准备接收下帧信息。

(6)主机收到从机应答地址后,确认地址是否相符。如果地址不符,发复位信号(数据帧中 TB8=1);如果地址相符,则清 TB8,开始发送数据。

(7)从机收到复位命令后回到监听地址状态(SM2=1)。否则开始接收数据和命令。

(8)主机发送的地址联络信号为 00H、01H、02H 等(即从机设备地址),地址 FFH 为命令各从机复位,即恢复 SM2=1。

(9)主机命令编码为 01H,主机命令从机接收数据;为 02H,主机命令从机发送数据。其他都按 02H 对待。

(10)从机状态字节格式如图 10-12 所示。其中 RRDY=1:表示从机准备好接收。TRDY=1:表示从机准备好发送。ERR=1:表示从机接收的命令是非法的。

位	7	6	5	4	3	2	1	0
	ERR	0	0	0	0	0	TRDY	READY

图 10-12 从机状态字节格式

第11章 嵌入式微处理器人机交互的 C 语言编程

在微处理器系统中，LED 和键盘是两种很重要的外设。键盘用于输入数据、代码和命令；LED 用来显示控制过程和运算结果。

11.1 LED 接口设计

1.数码管的结构

由 8 段发光二极管组成。其中 7 段组成"8"字，1 段组成小数点。通过不同的组合，可用来显示数字 0～9、字母 A～F 及符号"."LED 数码管有共阴极和共阳极两种结构，如图 11－1 所示。

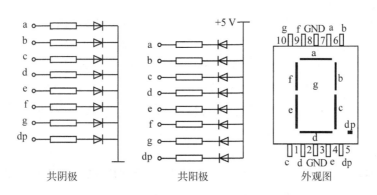

共阴极　　　　共阳极　　　　外观图

图 11－1　数码管结构图

2.LED 数码管的工作原理

发光二极管导通→亮，不导通→暗。这样就构成了字符的显示。其十六进制的编码表见表 11－1。

表 11－1　十六进制编码表

显示字符	h	g	F	E	d	c	b	a	字形代码
0	0	0	1	1	1	1	1	1	3FH
1	0	0	0	0	0	1	1	0	06H
2	0	1	0	1	1	0	1	1	5BH
3	0	1	0	0	1	1	1	1	4FH
4	0	1	1	0	0	1	1	0	66H

显示字符	h	g	F	E	d	c	b	a	字形代码
5	0	1	1	0	1	1	0	1	6DH
6	0	1	1	1	1	1	0	1	7DH
7	0	0	0	0	0	1	1	1	07H
8	0	1	1	1	1	1	1	1	7FH
9	0	1	1	0	0	1	1	1	67H
A	0	1	1	1	0	1	1	1	77H
b	0	1	1	1	1	1	0	0	7CH
C	0	0	1	1	1	0	0	1	39H
d	0	1	0	1	1	1	1	0	5EH
E	0	1	1	1	1	0	0	1	79H
F	0	1	1	1	0	0	0	1	71H
.	1	0	0	0	0	0	0	0	80H

3.数码管接口电路

静态显示方式(硬件接口方法):这就是我们在数字电路中所学的内容,在数据总线上的信号须经 I/O 接口电路并锁存,然后通过译码器,就可以驱动 LED 显示器中的段发光。这种方式使用的硬件较多(显示器的段数和位数越多,电路越复杂),缺乏灵活性,且只能显示十六进制数。

动态显式方式(软件接口方法):这种接口方法是以软件查表来代替硬件译码,既省去了译码器,又能显示更多段的字符和更多位的 LED 显示器。所以广泛应用于微处理器系统的显示。

(1)连接方式。

①将微处理器的输出送入可编程的 8155 芯片,然后利用 8155 的 I/O 口提供两路输出信号(一路是段控信号,另一路是位控信号)。

②将各位数码管的 a~h 端分别并在一起(若有 6 个数码管,则将它们 6 个 a 对 a,6 个 b 对 b……6 个 h 对 h 相并接),再和上面的一路 I/O 口输出的 8 位段控信号相连,以获得显示代码,对应要发光的段。

③将各位数码管的公共端(共阴极或共阳极)分别与上面的另一路 I/O 口相连(每一位公共端对应 I/O 口中的一位),以获得位控信号使该位 LED 发亮。

④为了存放显示的数字或字符,通常在 8155 的内部 RAM 中设置显示缓冲区,其存储单元个数与 LED 显示器的位数相同。

(2)显示原理。

①每一时刻只有一位 LED 被点亮,在显示代码的作用下显示信息。

②各位 LED 轮流被点亮,在各自的显示代码的作用下分别显示各自的信息。

③只要利用发光二极管的余光和人眼的驻留效应(即适当调整每位 LED 的点亮时间和时间间隔),就可以获得稳定的显示输出。

11.2　非编码键盘接口设计

　　键盘是若干按键的集合,是微处理器的常用输入设备,操作人员可以通过键盘输入数据或命令,实现人机通信。键盘可以分为独立连接式和行列(矩阵)式两类,每一类又可根据对按键的译码方法分为编码键盘和非编码键盘两种类型。

　　按键就是一个简单的开关,当按键按下时,相当于开关闭合;当按键松开时,相当于开关断开。按键在闭合和断开时,触点会存在抖动现象。抖动现象和去抖电路如图 11－2 所示。

　　按键的抖动时间一般为 5～10 ms,抖动可能造成一次按键的多次处理问题。应采取措施消除抖动的影响。消除办法有多种,常采用软件延时 10 ms 的方法。

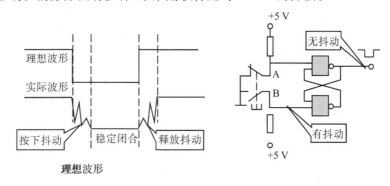

图 11－2　按键的抖动及其消除电路

　　在按键较少时,常采用图 11－2(b)所示的去抖电路。当按键未按下时,输出为"1";当按键按下时,输出为"0",即使在 B 位置时因抖动瞬时断开,只要按键不回 A 位置,输出就会仍保持为"0"状态。

　　当按键较多时,常采用软件延时的办法。当微处理器检测到有键按下时,先延时 10 ms,然后再检测按键的状态,若仍是闭合状态,则认为真正有键按下。

　　当检测到按键释放时,亦需要做同样的处理。

1.独立式键盘及其接口

　　独立式键盘的各个按键相互独立,每个按键独立地与一根数据输入线(微处理器并行口或其他接口芯片的并行口)相连,如图 11－3 所示。

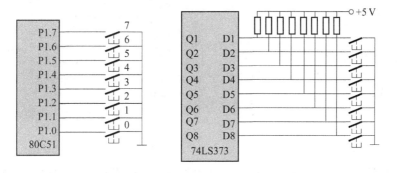

图 11－3　独立式键盘接口

图 11－3(a)为芯片内部有上拉电阻的接口。图 11－3(b)为芯片内部无上拉电阻的接口,这时就应在芯片外设置上拉电阻。独立式键盘配置灵活,软件结构简单,但每个按键必须占用一根口线,在按键数量多时,口线占用多。所以,独立式按键常用于按键数量不多的场合。

独立式键盘的软件可以采用随机扫描,也可以采用定时扫描,还可以采用中断扫描。

随机扫描是指,当 CPU 空闲时调用键盘扫描子程序,响应键盘的输入请求。

定时扫描方式是利用微处理器内部定时器产生定时中断,在中断服务程序中对键盘进行扫描,并在有键按下时转入键功能处理程序。定时扫描方式的硬件接口电路与随机扫描方式相同。

对于中断扫描方式,当键盘上有键闭合时产生中断请求,CPU 响应中断并在中断服务程序中判别键盘上闭合键的键号,并作相应的处理。中断扫描接口电路如图 11－4 所示。

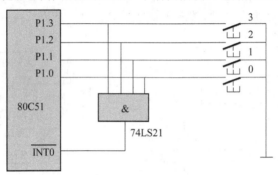

图 11－4　中断扫描接口电路

2.矩阵式键盘及其接口

矩阵式键盘采用行列式结构,按键设置在行列的交点上。当口线数量为 8 时,可以将 4 根口线定义为行线,另 4 根口线定义为列线,形成 4×4 键盘,可以配置 16 个按键,如图 11－5(a)所示。图 11－5(b)所示为 4×8 键盘。

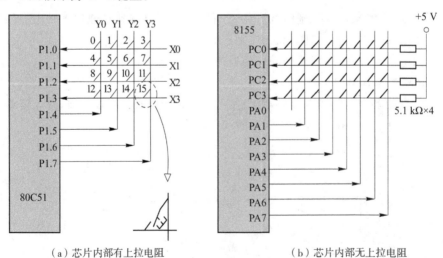

（a）芯片内部有上拉电阻　　　　　　　　（b）芯片内部无上拉电阻

图 11－5　矩阵式键盘

矩阵式键盘的行线通过电阻接＋5 V(芯片内部有上拉电阻时,就不用外接了),当键盘上没有键闭合时,所有的行线与列线是断开的,行线均呈高电平。

当键盘上某一键闭合时,该键所对应的行线与列线短接。此时该行线的电平将由被短接的列线电平所决定。因此,可以采用以下方法完成是否有键按下及按下的是哪一个键的判断。

(1)判断有无按键按下。将行线接至微处理器的输入口,列线接至微处理器的输出口。首先使所有列线为低电平,然后读行线状态,若行线均为高电平,则没有键按下;若读出的行线状态不全为高电平,则可以断定有键按下。

(2)判断按下的是哪一个键。先让 Y0 这一列为低电平,其余列线为高电平,读行线状态,如行线状态不全为"1",则说明所按键在该列,否则不在该列。然后让 Y1 列为低电平,其他列为高电平,判断 Y1 列有无按键按下。其余列类推。这样就可以找到所按键的行列位置。

键处理是根据所按键散转进入相应的功能程序。为了散转的方便,通常应先得到按下键的键号。键号是键盘的每个键的编号,可以是十进制或十六进制。键号一般通过键盘扫描程序取得的键值求出。键值是各键所在行号和列号的组合码。如图 11-5(a)所示接口电路中的键"9"所在行号为 2,所在列号为 1,键值可以表示为"21H"(也可以表示为'12H',表示方法并不是唯一的,要根据具体按键的数量及接口电路而定)。根据键值中行号和列号信息就可以计算出键号,如:

键号＝所在行号×键盘列数＋所在列号,即 2×4＋1＝9。

根据键号就可以方便地通过散转进入相应键的功能程序。

11.3　串行口键盘及显示接口电路

当 80C51 的串行口未用于串行通信时,可以将其用于键盘和显示器的接口扩展。这里仅给出接口电路,如图 11-6 所示。

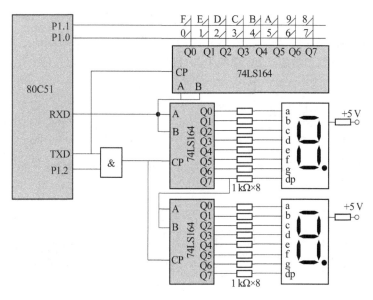

图 11-6　串行口键盘及显示接口电路

第12章 嵌入式微处理器 IIC 传输的 C 语言编程

采用串行总线技术可以使系统的硬件设计大大简化、系统的体积减小、可靠性提高。同时，系统的更改和扩充极为容易。常用的串行扩展总线有：IIC(inter IC BUS)总线、单总线(1－WIRE BUS)、SPI(serial peripheral interface)总线及 Microwire/PLUS 等。本章节仅讨论 IIC 串行总线。

12.1 IIC 总线

IIC 总线是一种双向的两线连续总线，是一种"完成集成电路或功能单元之间信息交换的规范或协议"，它提供集成电路(ICs)之间的通信线路。该总线是一种串行扩展技术，最早由飞利浦公司推出，广泛应用于电视、录像机和音频设备。

IIC 总线有三种数据传输速度：标准模式、快速模式和高速模式。标准模式的传输速度是 100 Kb/s，快速模式为 400 Kb/s，高速模式支持快至 3.4 Mb/s 的速度。IIC 支持 7 位和 10 位地址空间设备和在不同电压下运行的设备，总线上的每个器件均可设置一个唯一地址，例如 LCD 驱动器、存储器等都是有一个唯一的地址识别，而且都可以做为一个发送器或接收器。至于是做为发送器还是接收器，主要取决于连接设备的具体功能。例如，LCD 驱动只是一个接收器，而存储器则既可以接收又可以发送数据。IIC 总线上的设备连接方式如图 12－1 所示。

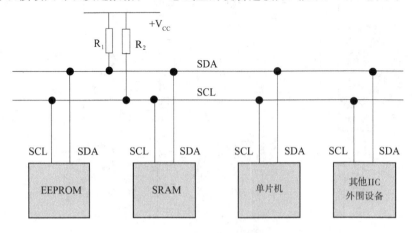

图 12－1 IIC 总线设备连接方式

做为一种串行通信接口规范，IIC 总线使用两条线——串行数据线(SDA)、串行时钟线(SCL)——在连接到该总线上的器件之间传送信息，属于多主控器总线。SDA 和 SCL 均为双向

I/O 线,分别通过上拉电阻接至正电源。总线空闲时,这两线都为高电平。连到总线上的任一器件输出的低电平都将使总线的信号变低,即各器件的 SDA 及 SCL 都是线"与"关系。不需要任何附加电路就可实现多个器件的总线互联,但要求连接在总线上器件的输出级必须是开漏或集电极开路门。连接到相同总线的 IC 数量只受到总线的最大负载电容 400 pF 限制。这里的负载电容指的是整个 IIC 总线上的等效容性负载。

除了发送器和接收器外,设备在执行数据传输时也可以被看作主机(主控器)或从机(被控器)。主机的主要功能是初始化总线的数据传输,并产生允许传输的时钟信号。这时任何被寻址的器件都被认为是从机。对各个节点器件的寻址是软寻址方式,节省了片选线,标准的寻址字节 SLAM 为 7 位,可以寻址 127 个单元。前面也谈到过,主机与其他器件间的数据传送可以是由主机发送数据到其他器件,这时主机即为发送器。而总线上接收数据的器件则为接收器。

由于 IIC 总线使用简单的两线制硬件接口,IIC 总线的应用越来越广泛。表 12 - 1 是对 IIC 总线的通用术语的介绍。

表 12 - 1　IIC 总线通用术语

术语	描述
发送器	发送数据到总线的器件
接收器	从总线接收数据的器件
主机	初始化发送、产生时钟信号和终止发送的器件
从机	被主机寻址的器件
多主机	同时有多于一个主机尝试控制总线,但不破坏报文
仲裁	当有多个主机同时尝试控制总线时,只允许其中一个控制总线并使报文不被破坏的过程
同步	两个或多个器件同步时钟信号的过程

12.2　IIC 总线数据传输模式

12.2.1　数据的有效性

连接到 IIC 总线的器件可能具有不同特性(比如:CMOS、NMOS、PMOS、双极性),逻辑 0 (低)和逻辑 1(高)的电平不是固定的,它由电源 VCC 的相关电平决定。由于每传输一个数据位就产生一个时钟脉冲,那么在传输数据的时候,SDA 线必须在时钟的高电平周期保持稳定。SDA 的高或低电平状态只有在 SCL 线的时钟信号是低电平时才能改变。数据有效性的示意图如图 12 - 2 所示。

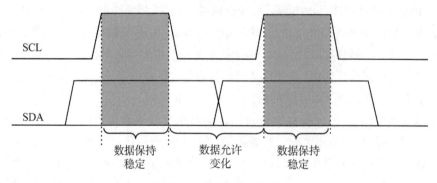

图 12-2　数据传输的有效性

12.2.2　信号的起始和终止

在 IIC 总线数据传送的整个过程中,需要先有开始条件引导,并由停止信号结束,这两个条件在数据线上的表示如图 12-3 所示。

开始条件:当串行时钟(SCL)线上的时钟信号是高电平的时候,串行数据(SDA)上的数据由高电平变为低电平,产生一个下降沿来表示数据传输开始。

停止信号:当串行时钟(SCL)线上的时钟信号是高电平的时候,串行数据(SDA)上的数据由低电平变为高电平,产生了一个上升沿,表示数据传输停止。

开始和停止条件一般由主机产生。总线在开始条件后被认为处于忙的状态,在停止条件的某段时间后,总线被认为再次处于空闲状态。如果连接到总线的器件合并了必要的 IIC 接口硬件,那么用它们检测起始和停止条件十分简便。如果没有这种接口的话,微控制器需在每个时钟周期至少采样 SDA 线两次来判别有没有发生电平切换。

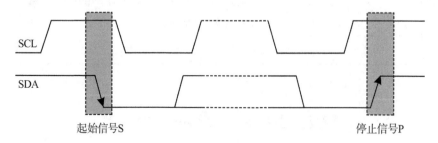

图 12-3　信号的起始和停止

12.2.3　数据传送格式

发送到 SDA 线上的每个字节必须为 8 位,每次传输发送的字节数量可以不受限制。数据传送时,先传送最高位(MSB),每一个被传送的字节后面都必须跟随一位应答位(即一帧共有 9 位)。应答位有时也称为响应位。

数据传输必须带响应,相关的响应时钟脉冲由主机产生。在响应的时钟脉冲期间,主机释放 SDA 线(高电平),从机必须将 SDA 线拉低,使它在这个时钟脉冲的高电平期间保持稳定的低电平。具体见图 12-4。

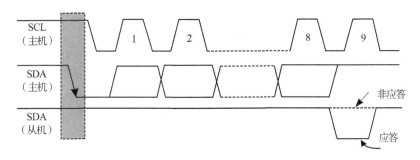

图 12 - 4　数据传送格式

通常被寻址的接收器在接收到寻址字节后一般会产生一个响应。当从机不能响应从机地址时，例如从机正在进行实时性的数据处理工作而无法接收总线上的数据，从机必须使数据线保持高电平，而由主机产生一个停止条件终止传输或者产生重复起始条件开始新的传输。

如果执行写操作过程中，从机对主机进行了应答，但在数据传送一段时间后无法继续接收更多的数据时，从机可以通过对无法接收的第一个数据字节发送"非应答"通知主机，主机则应发出终止信号以结束数据的继续传送。

如果执行读操作过程中，当主机收到最后一个数据字节后，主机必须在从机传输最后一个字节之后产生一个不应答信号，之后产生停止条件，而从机必须将数据线保持高电平，允许主机产生一个停止或重复起始条件。

12.3　模拟 IIC

对于具有 IIC 总线接口的控制器来说，整个通信的控制过程和时序都是由控制器内部的 IIC 总线控制器来实现的。通过将数据送到相应的缓冲器、设定好对应的控制寄存器即可实现通信的过程。对于不具备这种硬件条件的控制器来说，如 89C51、CPLD、FPGA 等芯片，可以通过利用软件模拟的方法实现通信的目的。软件模拟的关键是要准确把握 IIC 总线的时序及各部分定时的要求。在 80C51 微处理器应用系统的串行总线扩展中，我们经常遇到的是以 80C51 微处理器为主机，其他接口器件为从机的单主机情况。下面将以 80C51 微处理器做为主机进行讲解。

假设虚拟 IIC 总线端口数据线为 SDA，时钟线为 SCL，选振荡频率为 12 MHz，对应的单周期指令速度为 1 μs。利用 51 系列兼容指令系统（或者使用 C 语言）编制程序如下。

1.发送起始信号 S

当 SCL 为高电平，数据线 SDA 出现由高到低的电平变化时，启动 IIC 总线。如图 12 - 5 所示。

```
void start_iic(void)
{
    SDA = 1;          //发送起始条件数据信号
    delay_1us();
    SCL = 1;
    delay_nus(5);     //起始条件建立时间大于 4.7 μs,延时
    SDA = 0;          //发送起始信号
```

```
delay_nus(5);        //起始条件锁定时间大于 4 μs
SCL = 0;             //钳住 IIC 总线,准备发送或接收数据
delay_nus(2);
}
```

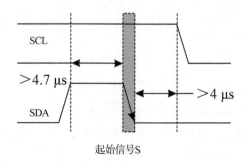

图 12-5   起始信号模拟

2.发送停止信号 P

当时钟 SCL 为高电平,数据线 SDA 出现由低到高的电平变化时,停止 IIC 总线数据传送。如图 12-6 所示。

```
void stop_iic(void)
{
    SDA = 0;        //发送停止条件数据信号
    delay_1us();
    SCL = 1;        //发送停止条件时钟信号
    delay_nus(5);   //结束条件建立时间大于 4 μs
    SDA = 1;        //发送停止信号
    delay_nus(4);
}
```

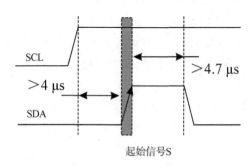

图 12-6   停止信号模拟

3.发送应答信号 ACK

在 SDA 为低电平期间,SCL 发送一个正脉冲。如图 12-7 所示。

```
void ack_iic(void)
{
```

```
    SDA = 0;   //发送应答条件数据信号
    delay_nus(3);
    SCL = 1;   //发送应答条件时钟信号
    delay_nus(5);   //时钟低电平周期大于 4 μs
    SCL = 0;
    delay_nus(2);;
}
```

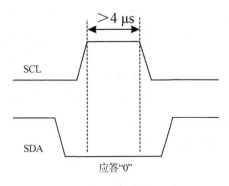

应答"0"

图 12-7　应答信号模拟

4.发送非应答信号 ACK

在 SDA 为高电平期间,SCL 发送一个正脉冲。如图 12-8 所示。

```
void nack_iic(void)
{
    SDA = 1;   //发送应答条件数据信号
    delay_nus(3);
    SCL = 1;   //发送应答条件时钟信号
    delay_nus(6);   //起始建立时间大于 4 μs
    SCL = 0;
    delay_nus(2);
}
```

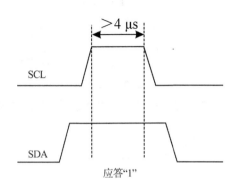

应答"1"

图 12-8　非应答信号模拟

12.4 EEPROM 应用设计

在微处理器系统中通常需要系统正常运行所必需的一次性环境参数,比如时钟初值、控制算法的参数等,而且不希望对这些参数进行重新设定。特别是在微处理器测量与控制系统中,由于微处理器系统本身的特点,无法给用户提供修改这种参数的条件。此外,一些过程量、最终结果常常需要掉电保护。诸如此类的问题都可以借助非易失性存储器 EEPROM(electrically erasable programmable read-only memory)来解决。这种电可擦可编程只读存储器分并行和串行两种。并行 EEPROM 容量大,速度快,但占用口线多,适合保存大信息的场合。串行 EEPROM 则相反,适用于中小系统。

AT 24C 系列是 ATMEL 公司生产的一种廉价的串行 EEPROM 器件,采用 CMOS 制造工艺,电源范围宽(1.8～5.5 V),功耗小(工作电流:0.8～3 mA,静态电流:3～18 μA)。采用 IIC 方式与其他器件相连接。由于器件价格低廉,并且具有读写和失电数据保护等优点,使其在智能系统设计中常用来存放系统初始数据和修正数据。

AT 24C08 是 AT 24C 系列中的一种典型芯片,容量为 1024×8 位,每个字节允许擦写 10 万次,数据保存时间大于 100 年。它在写入时具有自动擦除功能,写入一个字节时间小于0.1 ms,能进行页读写操作,一次页操作可多达 16 个字节。芯片采用 8 脚 DIP 和 14 脚 SOCI 封装,SCL 和 SDA 为 IIC 通信引脚,A0～A2 为地址脚,WP 为写保护脚。对于 AT 24C08 而言,芯片不具备写保护功能,通常该引脚接地。目前国内使用的微处理器中,除飞利浦和 Motorola 公司生产的极少数芯片外,大多数微处理器芯片在硬件上都不具备 IIC 总线的专用硬件接口控制器。因此必须采用软件模拟来实现 IIC 总线的串行通信。图 12-9 给出 AT 24C08 与微处理器的接口电路,其中微处理器的 P0.6 用作 SCL,P0.7 用作 SDA。

微处理器与 24C 系列器件采用 IIC 总线方式接口时,应该以微处理器为主器件。24C 器件为从器件。做为 IIC 总线的外围器件,大多器件还具有芯片内部的地址(如各个控制、状态寄存器,EEPROM 的存储单元地址等),因此对大多数 IIC 外围器件的访问实际上要分别处理"外围器件地址"和"器件内部的单元地址"这两部分内容。

EEPROM

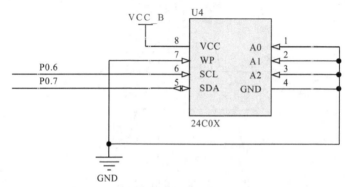

图 12-9 微处理器与 EEPROM 的连接

12.4.1 总线的寻址方式

1.地址的定义

IIC 总线的寻址过程通常是在起始条件后的第 1 个字节决定了主机选择哪一个从机。第 1 个字节的头 7 位组成了从机地址,最低位(LSB)是第 8 位,它决定了传输的方向。寻址字节的位定义如图 12 - 10 所示。第 1 个字节的最低位是"0",表示主机会写信息到被选中的从机;"1"表示主机会向从机读信息。当发送了一个地址后,系统中的每个器件都在起始条件后将头 7 位与它自己的地址比较,如果地址一样,器件会判定它被主机寻址,根据 R/W 位将自己确定为发送器或接收器。

图 12 - 10　寻址字节的位定义

从机的地址由固定部分和可编程部分构成。在一个系统中可能希望接入多个相同的从机,从机地址中可编程部分决定了可以连接到 IIC 总线上器件可编程地址位的数量。器件可编程地址位的数量由它可使用的管脚决定。例如,如果器件有 4 个固定的和 3 个可编程的地址位,那么相同的总线上共可以连接 8 个相同的器件。

2.寻址字节中的特殊地址

固定地址编号 0000 和 1111 已被保留做为特殊用途。如表 12 - 2 所示。

表 12 - 2　寻址字节中的特殊地址

地址位							R/$\overline{\text{W}}$	意义
0	0	0	0	0	0	0	0	通用呼叫地址
0	0	0	0	0	0	0	1	起始字节
0	0	0	0	0	0	1	×	CBUS 地址
0	0	0	0	0	1	0	×	为不同总线保留地址
0	0	0	0	0	1	1	×	保留
0	0	0	0	1×	×		×	
1	1	1	1	1×	×		×	
1	1	1	1	0×	×		×	十位从机地址

12.4.2 数据的写操作

系统在传送数据时,微处理器首先发送被写入器件存储区的从机地址,长度为一个字节。收到存储器器件的应答后,再发送一个字节的内部单元地址,这个内部单元地址被写入到 EEPROM 的地址指针中。微处理器收到 EEPROM 的应答信号后就向 EEPROM 发送一个字节的数据(高位在先),EEPROM 将 SDA 线上的数据逐位接收存入输入缓冲器中,并向主控器微处理器发送反馈应答信号。当微处理器主控器收到应答信号后,向 EEPROM 发出停止信号 P 并结束操作然后释放总线。AT 24C08 在主器件产生停止信号后开始内部数据的擦写。在内部擦写过程中,AT 24C08 不再应答主器件的任何请求。

当微处理器发送多个数据字节时,每发送一个字节后都要等待应答。由于 AT 24C 系列器件片内地址在接收到每一个数据字节地址后自动加 1,因此只需输入首地址即可。如果装载字节数超过芯片的允许值时,地址计数器将自动翻转,先前写入的数据被覆盖。当要写入的数据传送完后,微处理器应发出终止信号以结束写入操作。需要注意的地方是本章节以 AT 24C08 做为例子进行讲解,如果芯片型号不同,则对应的读写格式可能会不尽相同。数据的写操作格式如图 12 - 11、图 12 - 12 所示。

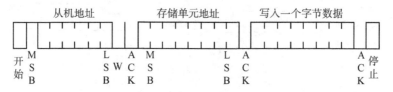

图 12 - 11　写入单字节的数据格式

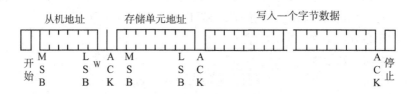

图 12 - 12　写入多字节的数据格式

下面的程序实现了 EEPROM 的写入数据功能,该代码可以方便移植到其他系统中。

```
/ *****************************************************************
****
**Function name:        IIC 发送字节函数
**Descriptions:        向 IIC 总线发送 1 字节数据
** input parameters:    发送的数据
** output parameters:    无
**Returned value:        成功与否信号
******************************************************************
****
uchar write_byte(uchar c)
{
    uchar i;
    uchar F0;
    for(i=0; i<8; i++)
    {
```

```
        if(c & 0x80)    //判断发送位
            SDA = 1;
        else
            SDA = 0;
        delay_1us();
        SCL = 1;                //时钟为高,通知从器件开始接收数据
        delay_nus(5);           //保证时钟高电平周期大于 4 μs
        SCL = 0;
        c = c<<1;          //准备下一位
    }
    delay_nus(2);
    SDA = 1;                //释放数据线,准备接收应答信号
    delay_nus(2);
    SCL = 1;
    delay_nus(3);
    if(SDA == 1)            //判断是否接收应答信号
        F0 = 0;
    else
        F0 = 1;
    SCL = 0;
    delay_nus(2);
    return F0;
}


/ ***********************************************************************
***** Function name:       IIC 向从器件发送 1 字节函数
**Descriptions:           从 IIC 总线上的器件发送 1 字节数据,从启动总线到发送地
                          址、子地址、数据,结束总线的全过程,从器件地址 slave,子地
                          址 addr,发送内容是 a 的内容;如果返回 1 表示操作成功,否
                          则操作有误
** input parameters:      发送的数据
** output parameters:     无
** Returned value:        成功与否
 ************************************************************************
****
uchar write_1byte(uchar slave, uchar addr, uchar a)
{
    uchar f;
    start_iic();                //发送起始信号
    f = write_byte(slave);     //发送从器件地址
```

```
    if(f == 0)
        return 0;
    f = write_byte(addr);      //发送器件内部地址
    if(f == 0)
        return 0;
    f = write_byte(a);         //发送数据
    if(f == 0)
        return 0;
    stop_iic();                //发送停止信号
    return(1);
}


/ **********************************************************************
***** Function name:        IIC 向从器件发送多字节函数
**Descriptions:             从启动总线到发送地址、子地址、数据,结束总线的全过程,从
                            器件地址 slave,子地址 addr,发送内容是 s 指向的内容,发
                            送 numb 个字节;如果返回 1 表示操作成功,否则操作有误
** input parameters:        发送的数据
**output parameters:        无
**Returned value:           成功与否
**********************************************************************
****
uchar write_nbyte(uchar slave, uchar addr, uchar * s, uchar numb)
{
    uchar i;
    uchar f;
    start_iic();               //发送起始信号
    f = write_byte(slave);     //发送从器件地址
    if(f == 0)
        return 0;
    f = write_byte(addr);      //发送器件内部地址
    if(f == 0)
        return 0;
    for(i = 0; i<numb; i++)
    {
        f = write_byte( * s);  //发送数据
        if(f == 0)
            return 0;
        s++;
    }
```

```
    stop_iic();                     //发送停止信号
    return(1);
}
```

12.4.3　数据的读操作

与数据的写操作不同,数据的读操作分为两个步骤完成。

(1)利用一个写操作(R/W=0)发出寻址命令并将内部的存储单元地址写入 EEPROM 的地址指针中。在这个过程中 EEPROM 返回应答信号,以保证微处理器主控器判断操作的正确性;这个与写操作是一致的。

(2)主控器重新发出一个开始信号 S、再发送一个读操作的命令字(R/W=1),当 EEPROM 收到命令字后,返回应答信号并从指定的存储单元中取出数据通过 SDA 线送出。

在进行连续多字节数据读操作时应当注意:连续操作时地址不要超出该芯片所规定的页内地址范围,否则计数器将翻转到零并继续输出数据字节。需要注意的是微处理器不须发送一个应答信号,但要产生一个停止信号。关于多字节读取的操作格式可以参考多字节写入操作格式。

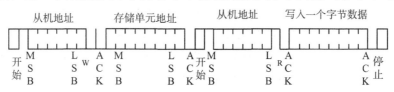

图 12-13　读取单个字节的数据格式

下面的程序实现了 EEPROM 的读取数据功能。

```
/ *********************************************************************
**** Function name:       IIC 读字节函数
**Descriptions:          从 IIC 总线上读取 1 字节数据
** input parameters:      无
**output parameters:      无
**Returned value:         读取的字节
**********************************************************************
****
uchar read_byte(void)
{
    uchar i;
    uchar r = 0;
    SDA = 1;                //置数据为输入方式
    for(i = 0; i<8; i++)
    {
        delay_1us();
        SCL = 0;            //置时钟线为低,准备接收数据位
        delay_nus(5);       //时钟低电平周期大于 4.7 μs
```

```
        SCL = 1;              //置时钟线为高,数据有效
        delay_nus(3);         //起始建立时间大于 4 μs
        r = r<<1;             //左移补 0
        if(SDA == 1)          //当数据线为高时,加 1
            r++;
        delay_nus(2);
    }
    SCL = 0;
    delay_nus(2);
    return r;
}
```

```
/ ************************************************************
**** Function name:        IIC 读取 1 字节函数(器件)
**Descriptions:            从 IIC 总线上的器件读取 1 字节数据,从启动总线到发送地
                           址,子地址,读数据,结束总线的全过程,从器件地址 slave,子
                           地址 addr,读出的内容放入 a 指向的存储区;如果返回 1 表示
                           操作成功,否则操作有误
** input parameters:       无
** output parameters:      无
** Returned value:         读取的字节
 ************************************************************
****
uchar read_1byte(uchar slave, uchar addr, uchar * a)
{
    uchar f;
    start_iic();              //发送起始信号
    f = write_byte(slave);    //发送从器件地址
    if(f == 0)
        return 0;
    f = write_byte(addr);     //发送器件内部地址
    if(f == 0)
        return 0;
        start_iic();          //发送起始信号
    f = write_byte(slave + 1); //发送从器件地址
    if(f == 0)
        return 0;
    * a = read_byte();        //接收数据
    nack_iic();               //发送非应答信号
    stop_iic();               //发送停止信号
```

```
        return(1);
}


/*********************************************************************
****
**Function name：        IIC 读取多字节函数(器件)
**Descriptions：         从启动总线到发送地址,子地址,读数据,结束总线的全过程,从
                         器件地址 slave,子地址 addr,读出的内容放入 s 指向的存储
                         区,读 numb 个字节;如果返回 1 表示操作成功,否则操作有误.
** input parameters：    无
** output parameters：   无
**Returned value：       成功与否
*********************************************************************
****/
uchar read_nbyte(uchar slave, uchar addr, uchar * s, uchar numb)
{
    uchar i;
    uchar f;
    start_iic();                //发送起始信号
    f = write_byte(slave);      //发送从器件地址
    if(f == 0)
        return 0;
    f = write_byte(addr);       //发送器件内部地址
    if(f == 0)
        return 0;
    start_iic();//发送起始信号
    f = write_byte(slave+1);    //发送从器件地址
    if(f == 0)
        return 0;
    for(i = 0; i<numb-1; i++)
    {
        * s = read_byte();      //接收数据
        ack_iic();              //发送应答信号
        s++;
    }
    * s = read_byte();
    nack_iic();                 //发送非应答信号
    stop_iic();                 //发送停止信号
    return(1);
}
```

第 13 章　嵌入式微处理器红外通信的 C 语言编程

13.1　红外传感器

　　一般的红外遥控系统是由红外信号发射器、红外信号接收器和微控制器及其外围电路三部分构成的。红外信号发射器用来产生遥控编码脉冲,驱动红外发射管输出红外遥控信号。红外接收头(infrared receiver module,IRM)完成对遥控信号的放大、整形、解调出遥控编码脉冲,其主要由两大部分组成:光电二极管(PD)、芯片(IC)。PD 主要功能是将脉冲调制红外光信号转换为电信号。IC 是接收头的处理元件,主要由硅晶和电路组成,是一个高度集成的器件。它主要有滤波、整形、解码、放大等功能,是决定接收头性能的主要原料,关系到产品的抗光干扰能力、抗电源干扰能力、接收距离、解码能力、产品稳定性等方面。

　　遥控编码脉冲是一组串行二进制码。对于一般的红外遥控系统,此串行码输入到微控制器,由其内部 CPU 完成对遥控指令的解码,并执行相应的遥控功能。

　　下面讲述红外接收头的几个主要参数。

　　(1)市场上接收头 IC 设计的工作电压主要有以下几种:2.0～6.5 V(此种为低电压,主要用于电池供电的红外接收头上);2.7～6.5 V(是市场上大部分 IC 的设计,此种主要用于 3 V 或 5 V 供用的电子类产品);4.5～6.5 V(主要用于家用电器类产品)。

　　(2)中心频率:32.7 kHz(33 kHz),36.7 kHz(36 kHz),37.9 kHz(38 kHz),40 kHz 等,遥控器的中心频率要与接收头所用的频率一致,这样才能达到最好的接收效果。其中 38 kHz 用得最多。

　　(3)工作电流:静态电流 0.1～0.6 mA(为低功耗产品),一般产品静态电流在 0.8～1.5 mA。

　　(4)引脚:接收头常用引脚如图 13-1 所示。

　　(a) 引脚从左至右分别是GND（接地）、　　(b) 引脚从左至右分别是OUT（信号输出）、
　　　　VCC（供电）、OUT(信号输出)　　　　　　 GND(接地)、 VCC（供电）

图 13-1　接收头常用引脚

13.2　红外信号编码格式

　　红外线遥控是目前使用最广泛的一种通信和遥控手段。由于红外线遥控装置具有体积

小、功耗低、功能强、成本低等特点,因而,继彩电、录像机之后,在录音机、音响设备、空调机以及玩具等其他小型电器装置上也纷纷采用红外线遥控。工业设备中,在高压、辐射、有毒气体、粉尘等环境下,采用红外线遥控不仅完全可靠而且能有效地隔离电气干扰。

通用红外遥控系统由发射和接收两大部分组成。应用编码/解码专用集成电路芯片来进行控制操作,如图 13-2 所示。发射部分包括键盘矩阵、编码调制、LED 红外发送器,如图 13-3 所示。接收部分包括光电转换放大器、解调、解码电路。在这里将重点讲述解码的基本原理。

用户采用红外模块时,编码格式非常灵活。目前市场上的红外编码格式非常多,每家公司或者个人都可以自定义一种编解码格式。红外遥控的编码目前广泛使用的是:NEC Protocol 的 PWM(脉冲宽度调制)和 PhilipsRC-5 Protocol 的 PPM(脉冲位置调制)。下面对比较常用 NEC 的格式特征进行分析说明(示意图中高电平代表 38 kHz 载波输出)。

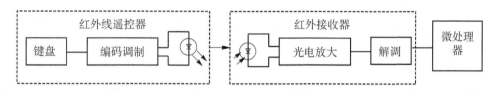

图 13-2　红外线遥控系统框图

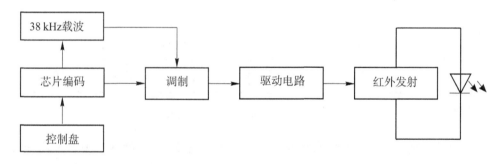

图 13-3　红外遥控系统电路框图

二进制信号的编码:采用不同的脉宽宽度可以实现二进制信号的编码。

其中 NEC 码的二进制按如下方式定义:一个对应 565 μs 的脉冲连续载波,一个逻辑 1 传输需要 2.25 ms(565 μs 脉冲＋1680 μs 低电平),一个逻辑 0 的传输需要 1.125 ms(565 μs 脉冲＋560 μs 低电平)。NEC 遥控指令的数据格式为引导码、地址码、地址反码、控制码、控制反码。引导码由一个 9 ms 的高电平和一个 4.5 ms 的低电平组成,如图 13-4 所示;地址码、地址反码、控制码、控制反码均是 8 位数据格式。按照低位在前,高位在后的顺序发送。采用反码是为了可用于校验以增加传输的可靠性。

当遥控器的一个键被按下后,振荡器使芯片激活,将发射一组约 100 ms 的编码脉冲,这 100 ms 发射代码由一个引导码(9 ms＋4.5 ms),低 8 位地址码(9~18 ms),高 8 位地址码(9~18 ms),8 位数据码(9~18 ms)和这 8 位数据的反码(9~18 ms)组成。如果键按下超过 100 ms 仍未松开,接下来发射连发码。NEC 规定的连发码(由 9 ms 高电平＋2.5 ms 低电平)如图 13-5 所示。因此可以通过统计连发码的次数来标记按键按下的长短/次数。

图 13 - 4　引导码　　　　　　　　　　　　图 13 - 5　连发码

二进制信号的解调：信号的解调由一体化红外接收头 HS0038 来完成。HS0038 的解调可理解为：在输入有脉冲串时，输出端输出低电平，否则输出高电平。这样，接收头端收到的信号为：逻辑 1 应该是 565 μs 低＋1680 μs 高，逻辑 0 应该是 565 μs 低＋560 μs 高。引导码由一个 9 ms 的低电平和一个 4.5 ms 的高电平组成，地址码、地址反码、控制码、控制反码均是 8 位数据格式。按照低位在前，高位在后的顺序发送。其波形如图 13 - 6 所示。

图 13 - 6　解码后的"0"和"1"（注：接收端所有波形与发射端相反）

上述"0"和"1"组成的 32 位二进制码经 38 kHz 的载频进行二次调制以提高发射效率，达到降低电源功耗的目的。然后再通过红外发射二极管产生红外线向空间发射，如图 13 - 7 所示。

图 13 - 7　接收端信号解码波形图

遥控器在按键按下后，周期性地发出同一种 32 位二进制码，周期约为 100 ms。一组码本身的持续时间随它包含的二进制"0"和"1"的个数不同而不同，图 13 - 8 为发射波形图。

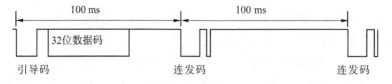

图 13 - 8　红外接收后的解码连发信号波形图

13.3　红外通信应用设计

13.3.1 硬件接口电路

HS0038 是用于红外遥控接收的小型一体化接收头，集红外线的接收、放大、解调于一体，不需要任何外接元件就能完成从红外线接收到输出，而体积和普通的塑封三极管大小一样，它适合于各种红外线遥控和红外线数据传输,中心频率 38.0 kHz。接收器对外只有 3 个引脚:OUT、GND、VCC,与微处理器接口非常方便。1 脚接电源(＋VCC),2 脚 GND 是地线(0 V),3 脚脉冲信号输出直接连接微处理器的 I/O 口。HS0038 内部结构工作流程如图 13-9 所示。对应的微处理器接口电路如图 13-10 所示。

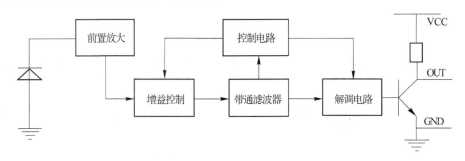

图 13-9　HS0038 内部结构工作流程

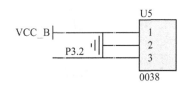

图 13-10　接口电路

HS0038 接收原理:红外线接收是把遥控器发送的数据(已调信号)转换成一定格式的控制指令脉冲(调制信号、基带信号),是完成红外线的接收、放大、解调,还原成发射格式(高、低电位刚好相反)的脉冲信号。这些工作通常由一体化的接收头来完成,输出 TTL 兼容电平。最后通过解码把脉冲信号转换成数据,从而实现数据的传输。图 13-11 所示是一个红外线接收电路框图。

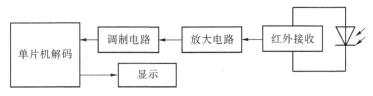

图 13-11　红外接收及控制电路框图

13.3.2　红外解码程序设计

1.红外解码主程序流程图

主程序是首先初始化红外接收端口,然后检测是否接收红外信号。如果接收到红外信号就调用接收子程序,然后显示当前按键的解码值,如图 13-12 所示。根据前面所述,红外信号先是 9 ms 低电平和 4.5 ms 高电平的引导码,接下来是 16 位地址码,再下来是 16 位数据码(控制码),最后是连发码。因此可以根据电平的时间长度进行判断有效的红外信号是否到来。

对应的代码如下：

```
voidjudge(void)
{    uchar count0;
    for(count0 = 0;count0<10;count0++)//引导码前 9 ms 的低电平
    {
    delay_882us();
    if(IR_RE)         // IR_RE 是 0038 的信号端，它接到微处理器的 I/O 口
        goto exit;//9 ms 没完就出来高电平则为干扰信号，退出解码
}
if(! IR_RE)//低电平没有结束
{
    delay_4740μs();//再延时 4740 μs，加上前面的 8820 μs，已跳过引导码的 13.5 ms
    }
    }
```

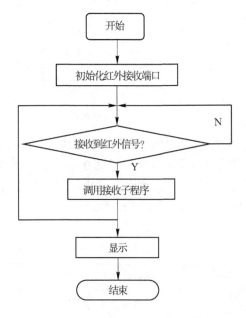

图 13-12   红外接收主程序流程图

2.红外接收电路子程序流程图

子程序首先通过延时函数进行电平判断,如果是 1.125 ms 就认为是逻辑低电平"0",将其存入缓冲区并且计数器加 1,如果是 2.25 ms 就认为是逻辑高电平"1",将其存入缓冲区并且计数器加 1。如果计数器值为 32 时,就接收结束标志位并且将计数器清 0,如果计数器值不为32 时,就认为是接收误码,计数器也将清 0,此时重新等待读取红外信号,如图 13-13 所示。简化后的红外接收电路子程序对应的代码如下。本子程序没有校验地址码,当环境中存在复杂的红外线数据而引发干扰时,可以考虑加入地址码校验;此程序也没有校验连发码,使用者需要时可以视情况加入。

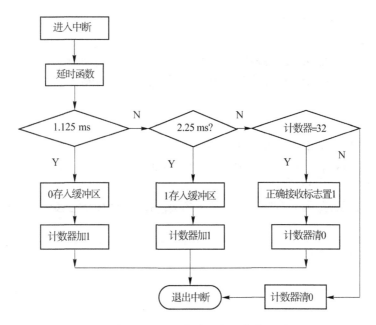

图 13-13　红外接收主程序流程图

```
void decode (void)
{    Uchar count1,count2;
uchar IRCode_address [2] = {0,0};   //编码数据
uchar IRCode_control [2] = {0,0};   //编码数据
for(count1 = 0; count1<16; count1++) //此处忽略 16 位地址码,可扩展该功能
    {
        while(! IR_RE);    //等待高电平到来
        delay_882us();
        if(IR_RE)       //延时 882 μs 后,若 IR_RE 还是高电平,则为位 1
            delay_1000us();C    //延时 1000 μs,结束高电平
        else     //延时 882 μs 后,若 IR_RE 为低电平,则为位 0
            _nop_();
    }
    for(count1 = 0;count1<2;count1++)     //开始读数据,2 个字节,16 位
    {for(count2 = 0;count2<8;count2++)       //每个字节 8 位
        {  while(! IR_RE);     //等待高电平到来
            delay_882us();
            if(IR_RE)     //延时 882 μs 后,若 IR_RE 还是高电平,则为位 1
            {
                IRCode[count1] = IRCode[count1]>>1;
                IRCode[count1] = IRCode[count1] | 0x80;
            delay_1000μs();     //延时 1000 μs,结束高电平
            }
```

```
        else//延时 882 μs 后,若 IR_RE 为低电平,则为位 0
        {
            IRCode[count1] = IRCode[count1]>>1;
            IRCode[count1] = IRCode[count1] | 0x00;
        }
    }
}           //到这里已读完所有 32 位数据
    if (IRCode[0] == ~IRCode[1])//数据校验
    {
    ComOutChar(IRCode[0]); //串口发送数据码;字符输出函数(串口)
    }
}
```

第 14 章　嵌入式微处理器实时时钟的 C 语言编程

在许多微处理器系统中,通常进行一些与时间有关的控制,这就需要使用实时时钟。例如在测量控制系统中,特别是长时间无人值守的测控系统中,经常需要记录某些具有特殊意义的数据及其出现的时间。比如某个系统的主要功能是检测现场有无电源,并记录下现场每次电源开关变化的时间及状态,电源变化的时间由计时器提供,状态分为断电和来电两种。由于系统由微处理器、储存芯片及显示部分组成,功耗大,即使采用外置电源也无法保证长时间监测运行,而在系统中采用 RTC 实时时钟芯片能很好地解决这个问题。

微处理器的实时时钟(RTC)是一个独立的定时器。实时时钟(RTC)是一个由晶体控制精度,向主系统提 BCD 码以表示时间和日期的器件。主系统与 RTC 间的通信可通过并行口也可通过串行口,并行器件速度快但较昂贵,串行器件体积较小且价格相对便宜。

本章重点讲述 DS1302 芯片做为实时时钟,如何利用微处理器写入时间或者读取当前时间数据。

14.1　实时时钟芯片

DS1302 是美国 DALLAS 公司推出的一种高性能、低功耗、带 RAM 的实时时钟电路,它可以对年、月、日、周、日、时、分、秒进行计时,具有闰年补偿功能。采用三线接口与 CPU 进行同步通信,并可采用突发方式一次传送多个字节的时钟信号或 RAM 数据。DS1302 是DS1202 的升级产品,与 DS1202 兼容,但增加了主电源/后备电源双电源引脚,同时提供了对后备电源进行涓细电流充电能力。下面给出其主要的性能。

- 实时时钟具有能计算 2100 年之前的秒、分、时、日、星期、月、年的能力,还有闰年调整的能力。
- 31×8 位暂存数据存储 RAM。
- 串行 I/O 口方式使得管脚数量最少。
- 宽范围工作电压 2.0~5.5 V。
- 工作电流 2.0 V 时,小于 300 μA。
- 读/写时钟或 RAM 数据时有两种传送方式,单字节传送和多字节传送字符组方式。
- 8 脚 DIP 封装或可选的 8 脚 SOIC 封装根据表面装配。
- 简单 3 线接口。
- 与 TTL 兼容 VCC=5 V。

- 可选工业级温度范围−40～85 ℃。
- 与 DS1202 兼容。
- 在 DS1202 基础上增加的特性：对 VCC1 有可选的涓流充电能力。

14.2 DS1302 时钟芯片结构与工作原理

14.2.1 DS1302 的引脚功能及内部结构

图 14-1 给出了 DS1302 的实物图及引脚排列，其中 VCC1 为后备电源，VCC2 为主电源。在主电源关闭的情况下，也能保持时钟的连续运行。DS1302 由 VCC1 或 VCC2 两者中的较大者供电。当 VCC2 大于 VCC1＋0.2 V 时，VCC2 给 DS1302 供电。当 VCC2 小于 VCC1 时，DS1302 由 VCC1 供电。X1 和 X2 是振荡源，外接 32.768 kHz 晶振。RST 是复位/片选线，通过把 RST 置高电平来启动所有的数据传送。RST 输入有两种功能：首先，RST 接通控制逻辑，允许地址/命令序列送入移位寄存器；其次，RST 提供终止单字节或多字节数据的传送手段。当 RST 为高电平时，所有的数据传送被初始化，允许对 DS1302 进行操作。如果在传送过程中 RST 置为低电平，则会终止此次数据传送，I/O 引脚变为高阻态。上电运行时，在 VCC≥2.5 V 之前，RST 必须保持低电平。只有在 SCLK 为低电平时，才能将 RST 置为高电平。I/O 为串行数据输入输出端（双向），SCLK 始终是输入端。DS1302 引脚功能表见表 14-1。DS1302 内部结构如图 14-2 所示。

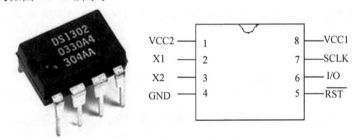

图 14-1 DS1302 的实物图及引脚排列

表 14-1 DS1302 引脚功能表

引脚号	引脚名称	功能
1	VCC2	主电源
2,3	X1,X2	振荡源,外接 32768 Hz 晶振
4	GND	地线
5	$\overline{RST}$	复位/片选线
6	I/O	串行数据输入/输出端（双向）
7	SCLK	串行数据输入端
8	VCC1	后备电源

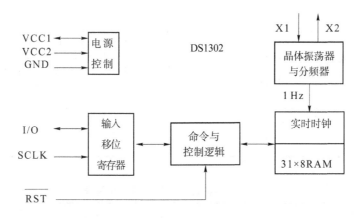

图 14 - 2　DS1302 内部结构图

14.2.2　控制命令字节与寄存器

1.DS1302 寄存器和控制命令

DS1302 是 SPI 总线驱动方式。它不仅要向寄存器写入控制字,还需要读取相应寄存器的数据。要想与 DS1302 通信,首先要先了解 DS1302 的控制字。DS1302 的控制字如表 14 - 2 所示。

表 14 - 2 控制字格式　（即地址及命令字节）

D7	D6	D5	D4	D3	D2	D1	D0
1	RAM/$\overline{CK}$	A4	A3	A2	A1	A0	RD/$\overline{WR}$

控制字的最高有效位(位 7)必须是逻辑 1,如果它为 0,则不能把数据写入到 DS1302 中。这也决定了控制字的十六进制表示在 80 及以上。位 6:如果为 0,则表示存取日历时钟数据,为 1 表示存取 RAM 数据。位 5 至位 1(A4~A0):地址位,用于选择进行读写的日历、时钟寄存器或片内 RAM。对日历、时钟寄存器或片内 RAM 的选择见表 14 - 3,该表也是对图 14 - 2 的进一步详细说明。位 0(最低有效位):如为"0",表示要进行写操作,为"1"表示进行读操作。控制字节总是从最低位开始输入/输出。

DS1302 的日历、时钟以及 RAM 内部寄存器与控制字对照表如表 14 - 3、表 14 - 4 所示。

表 14 - 3　日历时钟寄存器与控制字对照表

寄存器名称	D7	D6	D5	D4	D3	D2	D1	D0
	1	RAM/$\overline{CK}$	A4	A3	A2	A1	A0	RD/$\overline{WR}$
秒寄存器	1	0	0	0	0	0	0	1/0
分寄存器	1	0	0	0	0	0	1	1/0
小时寄存器	1	0	0	0	0	1	0	1/0
日寄存器	1	0	0	0	0	1	1	1/0

续表

寄存器名称	D7	D6	D5	D4	D3	D2	D1	D0
	1	RAM/$\overline{CK}$	A4	A3	A2	A1	A0	RD/$\overline{WR}$
月寄存器	1	0	0	0	1	0	0	1/0
星期寄存器	1	0	0	0	1	0	1	1/0
年寄存器	1	0	0	0	1	1	0	1/0

表 14-4　其他寄存器与控制字对照表

寄存器名称	D7	D6	D5	D4	D3	D2	D1	D0
	1	RAM/$\overline{CK}$	A4	A3	A2	A1	A0	RD/$\overline{WR}$
写保护寄存器	1	0	0	0	1	1	1	1/0
慢充电寄存器	1	0	0	1	0	0	0	1/0
时钟突发模式	1	0	1	1	1	1	1	1/0
RAM0	1	1	0	0	0	0	0	1/0
…	1	1	…	…	…	…	…	1/0
RAM30	1	1	1	1	1	1	0	1/0
RAM 突发模式	1	1	1	1	1	1	1	1/0

2.DS1302 寄存器的数据格式

DS1302 有关日历、时间的寄存器共有 12 个,其中有 7 个寄存器(读时 81H~8DH,写时 80H~8CH),存放的数据格式为 BCD 码形式。主要寄存器的数据格式如表 14-5 所示。

表 14-5　DS1302 内部主要寄存器数据格式

名称	命令字		取值范围	各位内容							
	写	读		7	6	5	4	3	2	1	0
秒寄存器	80H	81H	00~59	CH		10SEC			SEC		
分寄存器	82H	83H	00~59	0		10MIN			MIN		
时寄存器	84H	85H	1~12 或 0~23	12/$\overline{24}$	0	A/P	HR		HR		

续表

名称	命令字		取值范围	各位内容							
	写	读		7	6	5	4	3	2	1	0
日寄存器	86H	87H	1~28,29,30,31	0	0	10DATE		DATE			
月寄存器	88H	89H	1~12	0	0	0	10M	MONTH			
周寄存器	8AH	8BH	1~7	0	0	0	0	0	星期		
年寄存器	8CH	8DH	0~99	10YEAR				YEAR			
写保护寄存器	8E	8F		WP	0						
时钟多字节读写	BE	BF		写入或读出全部时钟数据							
RAM 读写	C0~FD			两个字节数据							
RAM 多字节读写	FE	FF		两个字节数据							

说明：

(1)数据都以 BCD 码形式存在。

(2)小时寄存器的 D7 位为 12 小时制/24 小时制的选择位,当为 1 时选 12 小时制,当为 0 时选 24 小时制。当 12 小时制时,D5 位为 0 是上午,D5 位为 1 是下午,D4 为小时的十位。当 24 小时制时,D5、D4 位为小时的十位。

(3)秒寄存器中的 CH 位为时钟暂停位,当为 1 时钟暂停,为 0 时钟开始启动。

(4)写保护寄存器中的 WP 为写保护位,当 WP=1,写保护,防止对任一寄存器的写操作。当 WP=0,未写保护,在任何对时钟和 RAM 的写操作之前,WP 位必须为 0。当对日历、时钟寄存器或片内 RAM 进行写时 WP 应清零,当对日历、时钟寄存器或片内 RAM 进行读时 WP 一般置 1。

(5)对于日历、时钟寄存器,根据控制命令字,一次可以读写一个日历、时钟寄存器,也可以一次读写 8 个字节,对所有的日历、时钟寄存器写的控制命令字为 0BEH,读的控制命令字为 0BFH。

(6)对于片内 RAM 单元,根据控制命令字,一次可读写一个字节,一次也可读写 31 个字节。当数据读写完后,RST 变为低电平,结束输入输出过程。无论是命令字还是数据,一个字节传送时都是低位在前,高位在后,每一位的读写发生在时钟的上升沿。

14.2.3 寄存器的读写时序

控制字总是从最低位开始输出。在控制字指令输入后的下一个 SCLK 时钟的上升沿时,数据被写入 DS1302,数据输入从最低位(0 位)开始。同样,在紧跟 8 位的控制字指令后的下一个 SCLK 脉冲的下降沿,读出 DS1302 的数据,读出的数据也是从最低位到最高位。数据读写时序如图 14 - 3,图 14 - 4 所示。

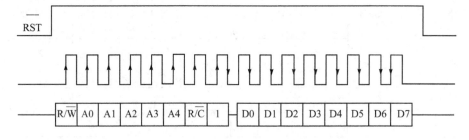

图 14 - 3 数据读操作时序

```
// ******************** 引脚预定义 ********************************
sbit RST = P2^3;      //实时时钟复位线引脚
sbit DIO = P2^2;      //实时时钟数据线引脚
sbit SCLK = P2^1;     //实时时钟时钟线引脚
sbit ACC0 = ACC^0;
sbit ACC7 = ACC^7;

uchar DS1302ReadByte(void)//向 DS1302 读取一个字节数据
{
    uchar i;
    for(i=8; i>0; i--)
    {
        ACC = ACC>>1;      //移位,以便下次存放读出的数据
        ACC7 = DIO;        //读 1 位数据
        SCLK = 1;          //时钟信号
        SCLK = 0;
    }
    return(ACC);//返回读到的数据
}
uchar Read_DS1302_Reg(uchar ucAddr) //读 DS1302 的寄存器内容
/* 读取 DS1302 某寄存器地址的数据,先写地址,后读命令/数据 (内部函数);ucAddr:
DS1302 寄存器地址, ucData:要读取的数据.*/
    {
```

```
    uchar ucData;
    RST = 0;
    SCLK = 0;
    RST = 1;
    DS1302WriteByte(ucAddr|0x01);//地址,命令
    ucData = DS1302ReadByte();//读 1Byte 数据
    SCLK = 1;
    RST = 0;
    return(ucData);
}
```

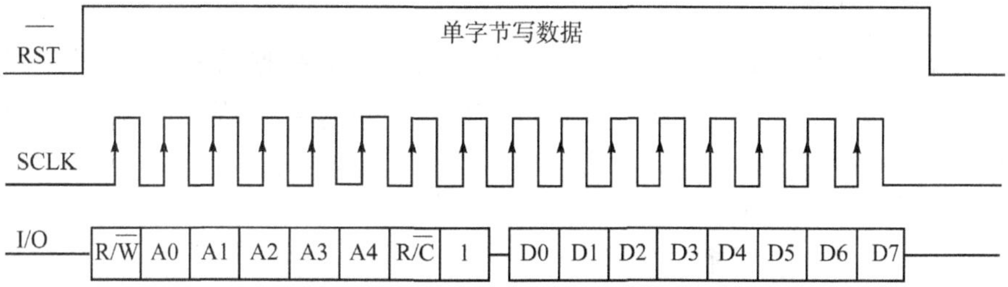

图 14 - 4　数据写操作时序图

```
void DS1302WriteByte(uchar _data) //向 DS1302 写入一个字节数据
{
    uchar i;
    ACC = _data;
    for(i = 8; i>0; i——)
    {
        DIO = ACC0;//写一位数据
        SCLK = 1; //时钟信号
        SCLK = 0;
        ACC = ACC>>1; //移位,准备好下次要写的数据。
    }
}
```

```
void Write_DS1302_Reg(uchar ucAddr, uchar ucData)//写 DS1302 寄存器
/* 往 DS1302 寄存器写入数据,先写地址,后写命令/数据 (内部函数);ucAddr:DS1302
寄存器地址, ucData:要写的数据.*/
{
    RST = 0;
    SCLK = 0;
    RST = 1;
```

```
DS1302WriteByte(ucAddr); //地址,命令
DS1302WriteByte(ucData); //写 1Byte 数据
SCLK = 1;
RST = 0;
}
```

14.3 电子时钟设计

下面给出 DS1302 芯片与微处理器相连,实现时间的设置与修改功能;并能显示年、月、日和星期等功能。下面仅仅给出部分程序,至于显示部分读者可以自己进行扩展。

14.3.1 硬件接口电路

DS1302 与微处理器的连接仅需要 3 条线:时钟线 SCLK、数据线 I/O 和复位线 RST。连接图如图 14-5 所示。时钟线 SCLK 与 P1.0 相连,数据线 I/O 与 P1.1 相连,复位线 RST 与 P1.2 相连。

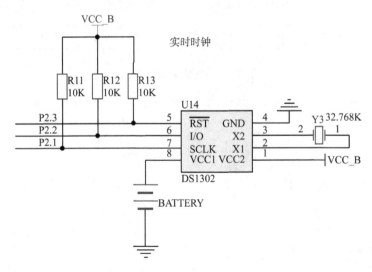

图 14-5 DS1302 与微处理器接口电路图

14.3.2 程序设计

下面首先分析各个函数的功能,并给出实现的程序。

1.寄存器宏定义

```
#include⟨REG51.H⟩                /* special function register declarations    */
                                /* for the intended 8051 derivative          */
#ifndef  _BOARD_INIT_H
#define  _BOARD_INIT_H
#define uchar unsigned char
#define uint unsigned int
```

```
// ******************** 引脚预定义 ********************************
sbit RST = P2^3;        //实时时钟复位线引脚
sbit DIO = P2^2;        //实时时钟数据线引脚
sbit SCLK = P2^1;       //实时时钟时钟线引脚
sbit ACC0 = ACC^0;
sbit ACC7 = ACC^7;
// ***********************寄存器宏定义 ********************
#define WRITE_SECOND 0x80        //写秒
#define READ_SECOND 0x81         //读秒
#define WRITE_MINUTE 0x82        //写分钟
#define READ_MINUTE 0x83         //读分钟
#define WRITE_HOUR 0x84          //写小时
#define READ_HOUR 0x85           //读小时
#define WRITE_DATE 0x86          //写日
#define READ_DATE 0x87           //读日
#define WRITE_MONTH 0x88         //写月
#define READ_MONTH 0x89          //读月
#define WRITE_DAY 0x8A           //写星期
#define READ_DAY 0x8B            //读星期
#define WRITE_YEAR 0x8C          //写年
#define READ_YEAR 0x8D           //读年
#define WRITE_PROTECT 0x8E       //写保护
#define CLOCK_BURST_READ 0xBF    //时钟突发读
#define CLOCK_BURST_WRITE 0xBE   //时钟突发写
#define RAM_BURST_READ 0xFF      //RAM 突发读
#define RAM_BURST_WRITE 0xFE     //RAM 突发写
```

2.设置初始时间

```
void Set_DS1302_Time(uchar * pClock);
```

/ * 设置初始时间,先写地址,后读命令/数据(寄存器多字节方式);ppClock：设置时钟数据地址 * /

```
void Set_DS1302_Time(uchar * pClock)
{

    Write_DS1302_Reg(WRITE_PROTECT, 0x00);   / * 控制命令,WP = 0,写操作 * /

    Write_DS1302_Reg(WRITE_SECOND, * (pClock+6));       //写入秒钟
    Write_DS1302_Reg(WRITE_MINUTE, * (pClock+5));       //写入分钟
    Write_DS1302_Reg(WRITE_HOUR, * (pClock+4));         //写入小时
    Write_DS1302_Reg(WRITE_DATE, * (pClock+3));         //写入日
```

```
Write_DS1302_Reg(WRITE_MONTH, *(pClock+2));        //写入月
Write_DS1302_Reg(WRITE_DAY, *(pClock+1));          //写入星期
Write_DS1302_Reg(WRITE_YEAR, *(pClock+0));         //写入年
Write_DS1302_Reg(WRITE_PROTECT, 0x80);   /* 控制命令,WP = 1,写保护 */
}
```

3.读取当前时间

```
void Get_DS1302_Time(uchar * ucCurtime)
{
    *(ucCurtime+6) = Read_DS1302_Reg(READ_SECOND);     //读取秒钟
    *(ucCurtime+5) = Read_DS1302_Reg(READ_MINUTE);     //读取分钟
    *(ucCurtime+4) = Read_DS1302_Reg(READ_HOUR);       //读取小时
    *(ucCurtime+3) = Read_DS1302_Reg(READ_DATE);       //读取日
    *(ucCurtime+2) = Read_DS1302_Reg(READ_MONTH);      //读取月
    *(ucCurtime+1) = Read_DS1302_Reg(READ_DAY);        //读取星期
    *(ucCurtime+0) = Read_DS1302_Reg(READ_YEAR);       //读取年
}
```

4.多字节读操作

前面的时序图给出了单字节的读写操作时序,在实际应用中往往需要多字节操作。只要RST保持高电平,如果继续有时钟发送,则将进行数据传送,即多字节传送。下面将给出多字节操作函数。

```
void BurstRead_DS1302_Clock(uchar * pRClock);
/* 往DS1302写入时钟数据(多字节方式),先写地址,后读数据 */
{
    uchar i;
    RST = 0;
    SCLK = 0;
    RST = 1;
    DS1302WriteByte(CLOCK_BURST_READ);   /* 0xbf:时钟多字节读命令 */
    for (i=8; i>0; i--)
    {
        *pRClock = DS1302ReadByte();/* 读1Byte数据 */
        pRClock++;
    }
    SCLK = 1;
    RST = 0;
}
void BurstRead_DS1302_Ram(uchar * pRReg);
/* 读取DS1302的RAM数据,先写地址,后读命令/数据(寄存器多字节方式);pRReg:寄存器数据地址 */
```

```
{
    uchar i;
    RST = 0;
    SCLK = 0;
    RST = 1;
    DS1302WriteByte(RAM_BURST_READ);        /* 0xff:时钟多字节读命令 */
    for (i = 31; i>0; i−−)                  /* 31Byte 寄存器数据 */
    {
        * pRReg = DS1302ReadByte();/* 读 1Byte 数据 */
        pRReg++;
    }
    SCLK = 1;
    RST = 0;
}
```

5.多字节写操作

```
void BurstWrite_DS1302_Clock(uchar * pWClock);
/* 往 DS1302 写入时钟数据(多字节方式),先写地址,后写/数据;WClock:时钟数据地
址 */
{
    uchar i;
    Write_DS1302_Reg(WRITE_PROTECT, 0x00);              /* 控制命令,WP = 0,写操
作 */
    RST = 0;
    SCLK = 0;
    RST = 1;
    DS1302WriteByte(CLOCK_BURST_WRITE);/* 0xbe:时钟多字节写命令 */
    for (i = 8; i>0; i−−)/* 8Byte = 7Byte 时钟数据 + 1Byte 控制 */
    {
        DS1302WriteByte( * pWClock);/* 写 1Byte 数据 */
        pWClock++;
    }
    SCLK = 1;
    RST = 0;
}


void BurstWrite_DS1302_Ram(uchar * pWReg);
/* 往 DS1302 的 RAM 写入数据(多字节方式),先写地址,后写数据*/
{
```

```
    uchar i;
    Write_DS1302_Reg(WRITE_PROTECT, 0x00);    /* 控制命令,WP=0,写操作 */
    RST = 0;
    SCLK = 0;
    RST = 1;
    DS1302WriteByte(RAM_BURST_WRITE);    /* 0xbe:时钟多字节写命令 */
    for (i = 31; i>0; i--)    /* 31Byte 寄存器数据 */
    {
        DS1302WriteByte( * pWReg);    /* 写 1Byte 数据 */
        pWReg++;
    }
    SCLK = 1;
    RST = 0;
}
```

第 15 章　嵌入式微处理器温度采集的 C 语言编程

温度是表征物体冷却程度的物理量,也是一种最基本的环境参数。在工农业生产及日常生活中,对温度的测量及控制始终占据着极其重要的地位。目前,典型的温度测控系统由模拟式温度传感器、A/D 转换电路和微处理器组成。由于模拟式温度传感器输出的模拟信号必须经过 A/D 转换环节获得数字信号后才能与微处理器等微处理器接口,因而使得硬件电路结构复杂,成本较高。近几年来,许多数字温度传感器相继问世,如 AD 公司的 AD 系列温度传感器、Dallas 半导体公司的 DS18X20 系列温度传感器等,这些新型温度传感器的问世大大简化了温度检测装置的设计方案,稳定性高,并且能够直接将温度转换为数字值,便于 CPU 处理。而以 DS18B20 为代表的新型单总线数字式温度传感器集温度测量和 A/D 转换于一体,直接输出数字量,与微处理器接口电路结构简单,广泛使用于距离远、节点分布多的场合。

15.1　温度传感器

DS18B20 是美国 Dallas 半导体公司利用单总线协议生产的一款数字温度传感器。单总线技术是美国 Dallas 半导体公司推出的技术。它将地址线、数据线、控制线合为 1 根信号线,每个 DS18B20 都有自己唯一的序列号,允许在这根信号线上挂接多个单总线器件。其测温范围为 $-55° \sim +125\ ℃$,最高分辨率可达 $0.0625\ ℃$,在 $-10° \sim +85\ ℃$ 时精度为 $\pm 0.5\ ℃$,测量的温度值可以由用户选择设定用 $9 \sim 12$ 位表示。电压范围是从 $3.3 \sim 5\ V$;其可以分别在 $93.75\ ms$ 和 $750\ ms$ 内完成 9 位和 12 位的数字量。现场温度直接以"一线总线"的数字方式传输,用符号扩展的 16 位数字量方式串行输出,大大提高了系统的抗干扰性。因此,数字化单总线器件 DS18B20 适合于恶劣环境的现场温度测量,如环境控制、设备或过程控制、测温类消费电子产品等。它在测温精度、转换时间、传输距离、分辨率等方面较都有了很大的改进,给用户带来了更方便和更令人满意的效果,广泛用于工业、民用、军事等领域的温度测量及控制仪器、测控系统和大型设备中。

DS18B20 的性能特点如下:

(1)采用独特的单线接口方式与微处理器连接时仅需要一条数据线即可实现与微处理器的双向通信。

(2)在使用中不需要任何外围元件。

(3)既可用数据线供电,也可采用外部电源供电。

(4)负压特性,即具有电源反接保护电路。当电源电压的极性反接时,能保护 DS18B2 不会因发热而烧毁。但此时芯片无法正常工作。

（5）多点（multidrop）能力使分布式温度检测应用得以简化。

（6）内含 64 位激光修正的只读存储 ROM，扣除 8 位产品系列号和 8 位循环冗余校验码（CRC）之后，产品序号占 48 位。出厂前产品序号存入其 ROM 中。因此在构成大型温控系统时，允许在单线总线上挂接多片 DS18B20。

15.2　DS18B20 结构与工作原理

15.2.1　引脚排列与内部结构

DS18B20 的外部形状及管脚图如图 15－1 所示。DS18B20 引脚定义如下。

（1）I/O 为数字信号输入/输出端；单总线接口引脚。当被用着在寄生电源下，也可以向器件提供电源。

（2）GND 为电源地。

（3）VDD 为外接供电电源输入端（当工作于寄生电源时，此引脚必须接地）。

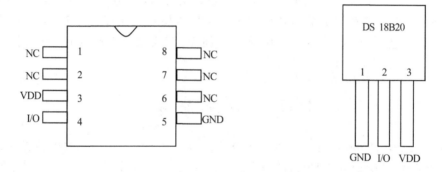

图 15－1　DS18B20 引脚排列

DS18B20 内部结构如图 15－2 所示，主要由四部分组成：64 位光刻 ROM、温度灵敏元件、EEPROM，高速缓存存储器。从 DS18B20 内部结构图可以看出，该传感器共有三种形态的存储器资源。下面首先对存储器资源进行阐述。

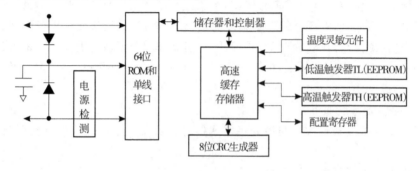

图 15－2　DS18B20 内部结构图

（1）64 位光刻 ROM：64 位光刻 ROM 是出厂前已被刻好的，用于存放 DS18B20 的 ID 序列号。其开始 8 位是产品类型号(DS18B20 的是 28H),接着的 48 位是该 DS18B20 自身的序列号,最后 8 位是前 56 位的 CRC 校验码(冗余校验)。光刻 ROM 的作用是使每一个 DS18B20 都各不相同,这样就可以实现一根总线上挂接多个 DS18B20 的目的。64 位的地址序列号的构成如图 15-3 所示。

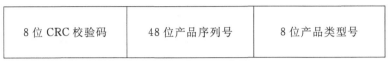

| 8 位 CRC 校验码 | 48 位产品序列号 | 8 位产品类型号 |

图 15-3　64 位 ROM 地址序列号结构

(2)RAM 数据暂存器,用于内部计算和数据存取,数据在掉电后丢失,DS18B20 共 9 个字节 RAM,每个字节为 8 位,如表 15-1 所示。第 1、第 2 个字节存放温度转换后的 16 位补码的数据值。外部微处理器可通过接口 I/O 读到该数据,读取时低位在前,高位在后。第 3、第 4 个字节是用户 EEPROM(温度报警值 TH、TL 储存)的镜像。在上电复位时其值将被刷新。第 5 个字节则是用户第 3 个 EEPROM 的镜像(配置寄存器)。第 6、第 7、第 8 个字节为计数寄存器,是为了让用户得到更高的温度分辨率而设计的,同样也是内部温度转换、计算的暂存单元。第 9 个字节为前 8 个字节的 CRC 码。

表 15-1　DS18B20 暂存寄存器分布

序号	寄存器名称
1	温度低字节
2	温度高字节
3	TH/用户字节 *
4	HL/用户字节 *
5	配置寄存器 *
6	保留字节
7	保留字节
8	保留字节
9	CRC 值 *

注:表中的 * 表示该值是 EEPROM 中存储数据的镜像。

(3)EEPROM 非易失性记忆体,用于存放长期需要保存的数据,比如高温度和低温度触发器 TH、TL 和校验数据等。并在 RAM 都存在镜像,以方便用户操作。

15.2.2　DS18B20 的测温原理

DS18B20 测温原理如图 15-4 所示。图中低温度系数晶振的振荡频率受温度影响很小,用于产生固定频率的脉冲信号送给计数器 1。高温度系数晶振随温度变化其振荡频率明显改变,所产生的信号做为计数器 2 的脉冲输入。计数器 1 和温度寄存器被预置在-55 ℃所对应的一个基数值。计数器 1 对低温度系数晶振产生的脉冲信号进行减法计数,当计数器 1 的预置值减到 0 时,温度寄存器的值将加 1,计数器 1 的预置将重新被装入,计数器 1 重新开始对低温度系数晶振产生的脉冲信号进行计数,如此循环直到计数器 2 计数到 0 时,停止温度寄存器值的累加,此时温度寄存器中的数值即为所测温度。图 15-4 中的斜率累加器用于补偿和修正测温过程中的非线性,其输出用于修正计数器 1 的预置值。

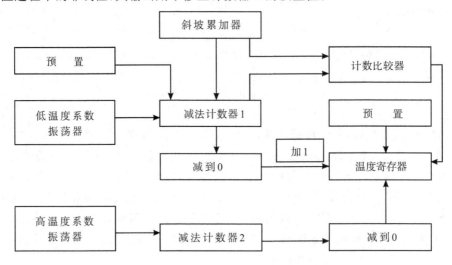

图 15-4　DS18B20 的内部测温电路原理图

15.3　DS18B20 寄存器和指令表

15.3.1　寄存器配置

配置寄存器:用于确定温度值的数字转换分辨率,DS18B20 工作时按此寄存器中的分辨率将温度转换为相应精度的数值。该字节各位的意义如表 15-2 所示。低五位一直都是"1",TM 是测试模式位,用于设置 DS18B20 在工作模式还是在测试模式。在 DS18B20 出厂时该位被设置为 0,用户不要去改动。R1 和 R0 用来设置分辨率(DS18B20 出厂时被设置为 12位),如表 15-3 所示。由表可知,分辨率越高所需要的温度数据转换时间越长。因此,在实际应用中要将分辨率和转换时间权衡考虑。

表 15-2　配置寄存器结构

TM	R1	R0	1	1	1	1	1

表 15-3　DS18B20 温度分辨率设置表

R1	R0	分辨率/位	温度精度/℃	温度最大转向时间/ms
0	0	9	0.5	93.75
0	1	10	0.25	187.5
1	0	11	0.125	375
1	1	12	0.0625	750

下面以 12 位转化为例讲述 DS18B20 对温度的测量:用 16 位符号扩展的二进制补码读数形式提供,其中 S 为符号位,具体见表 15－4 所示。从表中可以知道,这是 12 位转化后得到的 12 位数据,存储在 18B20 的两个 8 B 的 RAM 中,二进制中的前面 5 位是符号位,S＝0 时,表示温度值为正;S＝1 时表示温度值为负。如果测得的温度大于 0,这 5 位为 0,只要将测得的数值乘以 0.0625 即可得到实际温度;如果温度小于 0,表示测得的温度值为负值,要先将补码变成原码,再计算十进制数值。例如:＋85 ℃的数字输出为 0550H,−10.125 ℃的数字输出为 FF5EH。表 15－5 给出了部分 DS18B20 温度数据。需要说明的是 12 位的分辨率,其低 4 位是代表的小数位;11 位的分辨率,其低 3 位是代表的小数位;其余类推。

表 15－4　DS18B20 温度值格式表

	Bit7	Bit6	Bit5	Bit4	Bit3	Bit2	Bit1	Bit0
LS Byte	2^3	2^2	2^1	2^0	2^{-1}	2^{-2}	2^{-3}	2^{-4}

	Bit15	Bit14	Bit13	Bit12	Bit11	Bit10	Bit9	Bit8
MS Byte	S	S	S	S	S	2^6	2^5	2^4

表 15－5　DS18B20 温度数据表

温度	数据输出(二进制)	数据输入(十六进制)
＋125	0000 0111 1101 0000	07D0H
＋85	0000 0101 0101 0000	0550H
＋25.0625	0000 0001 1001 0001	0191H
＋10.125	0000 0000 1010 0010	00A2H
＋0.5	0000 0000 0000 1000	0008H
0	0000 0000 0000 0000	0000H
−0.5	1111 1111 1111 1000	FFF8H
−10.125	1111 1111 0101 1110	FF5EH
−25.0625	1111 1110 0110 1111	FE6EH
−55	1111 1100 1001 0000	FC90H

15.3.2　DS18B20 指令表

通过 DS1302 指令表可以完成传感器的配置和读写操作,具体指令见表 15－6、表 15－7。

表 15 - 6　ROM 指令表

指　令	命令字	功　能
读 ROM	33H	这个命令允许总线微处理器读到 DS18B20 的 64 位 ROM。只当总线上只存在一个 DS18B20 时才可以用此指令,如果挂接不只一个,通信时将会发生数据冲突
匹配 ROM	55H	这个指令后面紧跟着由微处理器发出了 64 位序列号,当总线上有多只 DS18B20 时,只有与控制发出的序列号相同的芯片才可以做出反应,其他芯片将等待下一次复位。这条指令适应单芯片和多芯片挂接
跳过 ROM	CCH	忽略 64 位 ROM 地址,直接向 DS1820 发温度变换命令。适用于单片工作
搜索 ROM	F0H	用于确定挂接在同一总线上 DS1820 的个数和识别 64 位 ROM 地址。为操作各器件作好准备
报警搜索 ROM	ECH	在多芯片挂接情况,报警搜索指令只对符合温度高于 TH 或小于 TL 报警条件的芯片做出反应

表 15 - 7　RAM 指令表

指　令	命令字	功　能
温度转换	44H	收到此指令后芯片将进行一次温度转换,将转换的温度值放入 RAM 的第 1、2 地址。此后由于芯片忙于温度转换处理,当微处理器发一个读时间隙时,总线上输出"0",当储存工作完成时,总线将输出"1"。在寄生工作方式时必须在发出此指令后立刻超强上拉并至少保持 500 ms,来维持芯片工作
从 RAM 中读数据	BEH	此指令从 RAM 中读数据,读地址从地址 0 开始,一直可以读到地址 9,完成整个 RAM 数据的读出。芯片允许在读过程中用复位信号中止读取,即可以不读后面不需要的字节以减少读取时间
向 RAM 中写数据	4EH	发出向内部 RAM 的第 3、4 字节写上、下限温度数据命令,紧跟该命令之后,是传送两字节的数据
复制 RAM 数据	F0H	将 RAM 中第 3、4 字节的内容复制到 EEPROM 中
重调 EEPROM	48H	此指令将 EEPROM 中的报警值复制到 RAM 中的第 3、4 个字节中。由于芯片忙于复制处理,当微处理器发一个读时间隙时,总线上输出"0",当储存工作完成时,总线将输出"1"。另外,此指令将在芯片上电复位时被自动执行。这样 RAM 中的两个报警字节位将始终为 EEPROM 中数据的镜像
读供电方式	0B4H	读 DS1820 的供电模式。寄生供电时 DS1820 发送"0",外接电源供电 DS1820 发送"1"

15.4　DS18B20 时序及程序实现

1.复位与应答时序

如图 15-5 所示,首先我们必须对 DS18B20 芯片进行复位,复位就是由控制器(微处理器)给 DS18B20 单总线至少 480 μs 的低电平信号。然后总线主机释放总线并进入接收模式。总线释放后,4.7 kΩ 的上拉电阻把单总线上的电平拉回高电平。当 DS18B20 接到此复位信号后则会在 15~60 μs 后回发一个芯片的存在脉冲。

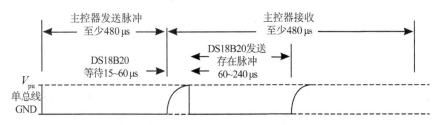

图 15-5　复位及应答关系时序图

从图 15-5 可以看出,在复位电平结束之后 15~60 μs 接收存在脉冲,存在脉冲为一个 60~240 μs 的低电平信号。至此,通信双方已经达成了基本的协议,接下来将是控制器与 DS18B20 间的数据通信。如果复位低电平的时间不足或单总线的电路断路不会接到存在脉冲,在设计时要注意意外情况的处理。根据上述分析,初始化程序实现如下。

如上所述,主机将总线拉低最短 480 μs,之后释放总线。由 4.7 kΩ 上拉电阻将总线恢复到高电平。DS18B20 检测到上升沿后等待 15~60 μs,发出存在脉冲:拉低总线 60~240 μs。至此,初始化和存在时序完毕。对应函数 ow_reset()如下。

```
***************************************
 函数:ow_reset
 功能:复位 DS18B20,读取存在脉冲并返回
 参数:无
 说明:拉低总线至少 480 μs ;可用于检测 DS18B20 工作是否正常
    ***************************************
void ow_reset(void)
{    char temp = 1;
    while(temp)
    {
        while(temp)
        {
            DQ = 1;
            _nop_();
            _nop_();            //一个机器周期
```

```
        DQ = 0;                    /* 拉低总线 */
        delay(80);                 //延时公式:11 * 80＝880 μs(近似)
        DQ = 1;                    /* 释放总线,DS18B20 检测到上升沿后会发送存在脉冲/
        delay(9);//99us
/* 需要等待 15～60 μs,这里延时 99 μs 后可以保证接收的是存在脉冲 */
        temp = DQ;
    }
    delay(64);//704 μs;让 DS18B20 释放总线,避免影响到下一步的操作
    temp = -DQ;
}
DQ=1;
}
```

2.写操作时序

写时间隙分为写"0"和写"1",时序如图 15-6 所示。在写数据时间隙的前 15 μs 总线需要被控制器拉置低电平,而后则将是芯片对总线数据的采样时间,采样时间为 15～60 μs,采样时间内如果控制器将总线拉高则表示写"1",如果控制器将总线拉低则表示写"0"。每一位的发送都应该有一个至少 15 μs 的低电平起始位,随后的数据"0"或"1"应该在 45 μs 内完成。整个位的发送时间应该保持在 60～120 μs,否则不能保证通信的正常。根据上述分析,写操作程序实现如下。

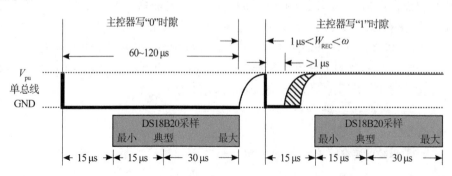

图 15-6　写操作时序

```
    ******************************
    函数:write_byte
    功能:DS18B20 写字节函数,先写最低位
    参数:val 为待写的字节数据
    返回:无
    说明:无
    *******************************
void write_byte(uchar val)
    {
        uchar i;
```

```
for(i = 8; i>0; i——)
{
    DQ = 1;
    _nop_();
    _nop_();
    DQ = 0; //产生写时序
    _nop_();
    _nop_();
    _nop_();
    _nop_();
    _nop_();//总线拉低持续时间要大于 1 μs
    DQ = val & 0x01;//最低位移出,写数据 0 或者 1 均可
    delay(9);//99 μs,等待 DS18B20 采样读取
    val>>= 1;      //右移 1 位
}
DQ = 1; //释放总线
delay(1);
}
```

3.读时间隙

读时间隙时控制的采样时间应该更加精确才行,读时间隙时必须先由主机产生至少 1 μs 的低电平,表示读时间的起始。随后在总线被释放后的 15 μs 中 DS18B20 会发送内部数据位,这时控制如果发现总线为高电平表示读出"1",如果总线为低电平则表示读出数据"0"。每一位的读取之前都由微处理器加一个起始信号。注意:如图 15 - 7 所示,必须在读时间隙开始的 15 μs 内读取数据位才可以保证通信的正确。根据上述分析,读操作程序实现如下。

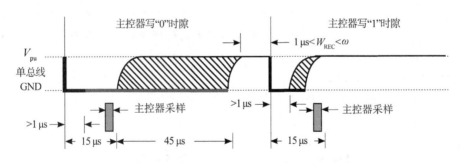

图 15 - 7　读操作时序

```
**************************************************************
**Function name:      读字节函数
**Descriptions:       从总线上读取 1 字节
** input parameters:  无
**output parameters:  无
```

```
**Returned value：        读出的字节
*******************************************************************
uchar read_byte(void)
{
    uchar i;
    uchar value = 0;
    for(i = 8; i>0; i--)
    {
        DQ = 1;
        _nop_();
        _nop_();
        value>>= 1;
        DQ = 0; //拉低总线
        _nop_();
        _nop_();
        _nop_();
        _nop_();
        DQ = 1; //释放总线
        _nop_();
        _nop_();
        _nop_();
        _nop_();
        if(DQ)
        value |= 0x80;        //读时间隙产生 4 μs 后读取总线数据；把总线的读取动作
                              放在 15 μs 时间限制以内可以保证数据读取的有效性
        delay(9);             //延时 99 μs,满足读时隙的时间长度要求
    }
    DQ = 1; //释放总线
    return(value); //返回读取到的数据
}
```

15.5 数字温度计系统设计

DS18B20 数字温度测量装置主要由 DS18B20 温度传感器、微处理器、显示模块和电源模块等 4 部分组成。系统工作原理：DS18B20 进行现场温度测量后将测量数据送入微处理器的 P0.0 口；经微处理器处理后显示温度值。

15.5.1 DS18B20 硬件接口方式

DS18B20 有两种接口方式：一种是外部电源供电方式（VDD 接＋5 V），GND 接地，DQ 与

微处理器的 I/O 口相连;另一种是数据线(寄生电源)供电方式,即 VDD,GND 都接地,DQ 接微处理器 I/O。两种电源供电方式均要在 I/O 口外接 4.7 kΩ 左右的上拉电阻。图 15-8 给出了 DS1302 与微处理器接口电路图。

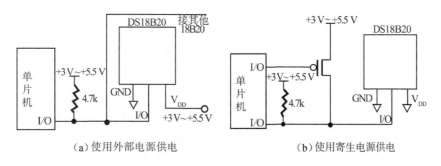

（a）使用外部电源供电　　　　　　　（b）使用寄生电源供电

图 15-8　DS18B20 与微处理器接口电路图

采用寄生电源供电方式时,数据线空闲时必须保持高电平,以便对 DS18B20 进行充电。DS18B20 的内部电容需要在数据线空闲时获取能量来完成温度转换,这种供电方式可以节省一根电源线,大大降低了布线的成本,但是当总线上节点较多且需要进行温度转换时,容易造成 DS18B20 供电不足且所需的温度转换时间较长;相对来说,外接电源供电方式则更稳定可靠,温度测量速度快。值得注意的是当所测环境温度超过 100 ℃时,DS18B20 的漏电流将增大,传感器从 I/O 线上获取的电流不足以维持 DS18B20 通信所需的电流,此时只能选用外部供电方式。因此使用者需要考虑到具体的应用的环境,再选择合适的电源供电方式。

15.5.2　温度的读取和处理

DS18B20 启动后保持低功耗等待状态;当需要执行温度测量和 AD 转换时,总线控制器必须发出温度转换命令(指令 44H)。在那之后,产生的温度数据以两个字节的形式被存储到高速暂存器的温度寄存器中,DS18B20 继续保持等待状态。当 DS18B20 由外部电源供电时,总线控制器在温度转换指令之后发起"读时序"。温度测量程序流程图见图 15-9。温度的测量主要分为两个部分,分别是读出温度和温度数据的处理。这两部分的具体实现函数是 read_temp()和 work_temp( )。其中函数 work_temp()完成二进制到十进制的数据转换。

```
/******************************************************************
Function name：      读出温度函数
**Descriptions：     读 DS18B20 采集的温度
**input parameters：无
**output parameters：无
**Returned value：   无
******************************************************************
void read_temp(void)
{
    ow_reset();                  //总线复位
    write_byte(0xCC);            //发 Skip ROM 命令
```

```
        write_byte(0x44);
    ow_reset();   //总线复位
    write_byte(0xCC);              //Skip ROM
    write_byte(0xBE);              //发读命令
    temp_data[0] = read_byte();    //温度低8位
    temp_data[1] = read_byte();    //温度高8位
}


/ *********************************************************************
**Function name：      温度处理函数
**Descriptions：       从DS18B20读取的二进制数据转化为十进制
* * input parameters：无
* * output parameters：无
* * Returned value：   无
********************************************************************** /
void work_temp(void)
{
    uchar n = 0;
    if(temp_data[1]>127)   //负温度求补码
    {
        temp_data[1] = 255-temp_data[1];   //注意是255非256
        temp_data[0] = 256-temp_data[0];
        n = 1;
    }
    display[0] = temp_data[0] & 0x0f;    //取小数位
    display[5] = ditab[display[0]]+0x30;     //查表对小数进行转换

    display[0] = ((temp_data[0] & 0xf0)>>4) | ((temp_data[1] & 0x0f)<<4);
//取整数位
    display[1] = display[0]/100+0x30;    //百位
    display[3] = display[0]%100;
    display[2] = display[3]/10+0x30;    //十位
    display[3] = display[3]%10+0x30;    //个位

    display[4] = '.';    //小数点
    if(display[1] == '0')        //最高位为0时不显示
    {
        display[1] = 0xA0;
        if(display[2] == '0')
```

```
        display[2] = 0xA0;
    }
    if(n)
    {
        display[1] = '-';
        display[0] = 0xA0;        //最高位为 0 时不显示
    }
}
```

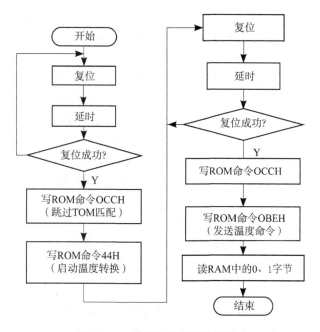

图 15-9 温度测量程序流程图

第16章　嵌入式微处理器无线通信的 C 语言编程

16.1　无线传输方式

随着无线通信技术的迅猛发展,多种多样的无线网络已经走进了人们日常生活的方方面面,扮演着信息社会不可或缺的角色。无线通信技术的不断创新使得的网络通信速率越来越高,传输距离越来越远。无线方案适用于布线繁杂或者不允许布线的场合,目前,在遥控遥测、智能家居、无线监测、工业数据采集、无线遥控系统等应用领域都采用了无线方式进行远距离数据传输。应用较为广泛的短距离无线传输方式和无线组网技术主要有红外、蓝牙、Wi-Fi 等。

红外技术采用 850 nm 的红外光传输数据信息,传输速率最快可达 16 Mb/s,通信距离在 0~10 m。红外无线技术最大的优点就是带宽大,甚至要超过其他主流无线技术。但是也有着对指向性要求很高,通信距离较短的缺陷。

蓝牙技术是一种使用 IEEE 802.15 的短距离无线传输技术,工作频段可为无须许可的 2.45 GHz ISM 频段,最高速度可达到 723.1 Kb/s。蓝牙技术可在不同的设备之间实现无线连接,如连接计算机和外围设施,连接打印机、键盘等,或者与其附近的蓝牙设备进行通信。蓝牙传输没有角度和方向的限制,在半径约 15 m 内的范围内信号都能有效覆盖和传输,并且会在物体间发射、绕射,不会被墙壁或其他常见的障碍物隔断。

Wi-Fi 是 IEEE802.11b 的别称,通常也被称为无线宽带。Wi-Fi 的最初标准是于 1997 年提出的,是一种能够支持百米内互联网信号接入的短程无线传输技术。Wi-Fi 规定了协议的物理层和媒体接入控制层的相关协议,依赖 TCP/IP 实现网络层到应用层的功能,适合移动终端,笔记本电脑等使用。与传统的红外、蓝牙技术相比,Wi-Fi 具有更大的信号覆盖范围和更高的数据传输速率。

随着短距离、低功耗、低成本的无线通信市场需求变得越来越迫切,无线射频技术也在无线网络中得到广泛应用。其中 Nordic 公司的 nRF24L01 芯片是一款单片无线收发器芯片,工作频段是 2.4~2.5 GHz,属于世界通用 ISM 频段,有内置的链路层协议,价格非常低廉,被广泛用于无线鼠标、键盘、遥控、短距离音视频传输等。

16.2　nRF24L01 引脚与工作模式

16.2.1　nRF24L01 引脚功能

nRF24L01 是一款工作在 2.4~2.5 GHz 世界通用 ISM 频段的单片无线收发器芯片。无线收发器包括：频率发生器、增强型 SchockBurstTM 模式控制器、功率放大器、晶体振荡器、调制器、解调器。该芯片内部集成了使用 GFSK 调制方式，内置了链路层，具有自动应答及自动重发功能，地址及 CRC 检验功能，数据传输率可以高达 2 Mb/s，使用 SPI 接口与微控制器连接进行芯片的配置和数据的传输，SPI 接口的数据速率 0～8 Mb/s，具有 125 个可选的射频通道，工作电压为 1.9～3.6 V。其体较积小，外围电路简单。在功耗方面也有着较大的优势：当工作在发射模式下发射功率为−6 dBm 时电流消耗为 9.0 mA，接收模式时为 12.3 mA。掉电模式和待机模式下电流消耗更低。

　　nRF24L01 的封装及引脚排列如图 16−1 所示。nRF24L01 各引脚功能见表 16−1。

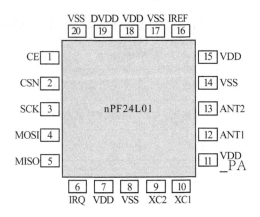

图 16−1　nRF24L01 封装图

表 16−1　nRF24L01 引脚功能表

引脚	名称	引脚功能	描述
1	CE	数字输入	片内使能启动接收或发射模式
2	CSN	数字输入	SPI 片选
3	SCK	数字输入	SPI 时钟
4	MOSI	数字输入	SPI 从机数据输入
5	MISO	数字输出	SPI 从机数据输出
6	IRQ	数字输出	中断标志引脚，低电平有效
7	VDD	电源	供电电源（+1.9 V～+3.6 VDC）
8	VSS	电源	接地
9	XC2	模拟输出	晶振引脚 2
10	XC1	模拟输入	晶振引脚 1
11	VDD_PA	电源输出	电源输出以提供电源给 nRF24L01 内部功率放大器，必须与天线接口相连接

续表

引脚	名称	引脚功能	描述
12	ANT1	RF	天线接口 1
13	ANT2	RF	天线接口 2
14	VSS	电源	接地线
15	VDD	电源	供电电源（+1.9 V～+3.6 VDC）
16	IREF	模拟输入	参考电流，与一个 22 kΩ 电阻连接到地
17	VSS	电源	接地线
18	VDD	电源	供电电源（+1.9 V～+3.6 VDC）
19	DVDD	电源输出	内部数据供电输出
20	VSS	电源	接地线

16.2.2　nRF24L01 工作模式

nRF241L01 可设置为发送、接收、待机及掉电四种工作模式。工作模式由 CE 和 PWR_UP、PRIM_RX 两寄存器共同控制，如表 16-2 所示。待机模式 I 主要用于降低电流损耗，在该模式下晶体振荡器仍然是工作的；待机模式 II 则是在当 FIFO 寄存器为空且 CE=1 时进入此模式。在掉电模式下电流损耗最小。无论是待机模式还是掉电模式所有配置寄存器的值仍然保留。

表 16-2　nRF24L01 主要工作模式

模式	PWR_UP	PRIM_RX	CE	FIFO 寄存器状态
接收模式	1	1	1	—
发送模式[1]	1	0	1	数据存储在 FIFO 寄存器中，发射所有数据
发送模式[2]	1	0	1→0	停留在发送模式，直至数据发送完
待机模式 II	1	0	1	TX FIFO 为空
待机模式 I	1	—	0	无正在传输的数据
掉电模式	0	—	—	—

注 1：进入此模式后，只要 CSN 置高，在 FIFO 中的数据就会立即发射出去，直到所有数据发送完毕，之后进入待机模式 II。

注 2:正常的发送模式,CE 端的高电平应至少保持 10 μs。24L01 将发射一个数据包,之后进入待机模式I。

16.3　nRF241L01 寄存器配置

16.3.1　SPI 指令

nRF241L01 所有配置都通过 SPI 口完成。SPI 口为同步串行通信接口,最大传输速率为 10 Mb/s。与 SPI 相关的指令共有 8 个,使用时这些控制指令由 nRF24L01 的 MOSI 输入。相应的状态和数据信息是从 MISO 输出给 MCU。

所有的 SPI 指令均在当 CSN 由低到高开始跳变时执行;从 MOSI 写命令的同时,MISO 实时返回 24L01 的状态值;SPI 指令由命令字节和数据字节两部分组成。其中传输时先传送低位字节,再传送高位字节。但针对单个字节而言,要先送高位再送低位。常用的 SPI 相关的指令如表 16－3 所示。

表 16－3　SPI 命令字节表

指令名称	指令格式 (二进制)	字节数	操作说明
R_REGISTER	000AA AAA	1~5	读配置寄存器。AAAAA 表示寄存器地址
W_REGISTER	001A AAAA	1~5	写配置寄存器。AAAAA 表示寄存器地址,只能在掉电或待机模式下操作
R_RX_PAYLOAD	0110 0001	1~32	在接收模式下读 1~32 字节 RX 有效数据。从字节 0 开始,数据读完后,FIFO 寄存器清空
W_TX_PAYLOAD	1010 0000	1~32	在发射模式下写 1~31 字节 TX 有效数据。从字节 0 开始
FLUSH_TX	1110 0001	0	在发射模式下,清空 TX FIFO 寄存器
FLUSH_RX	1110 0010	0	在接收模式下,清空 RX FIFO 寄存器。在传输应答信号时不应执行此操作,否则不能传输完整的应答信号。也就是说,若传输应答信号过程中执行此指令的话将使得应答信号不能被完整地传输
REUSE_TX_PL	1110 0011	0	应用于发射端。重新使用上一次发射的有效数据,当 CE＝1 时,数据将不断重新发射。在发射数据包过程中,应禁止数据包重用功能
NOP	1111 1111	0	空操作,可用于读状态寄存器

16.3.2　SPI 时序

下面给出了 SPI 的读写时序图,见图 16 - 2、图 16 - 3 所示。在写寄存器之前一定要进入待机模式或掉电模式。在时序图中符号含义:Cn——SPI 指令位;Sn——状态寄存器位;Dn——数据位(注意字节传输先后)。根据 SPI 的读写时序,对应的 C 语言实现也在图后给出。

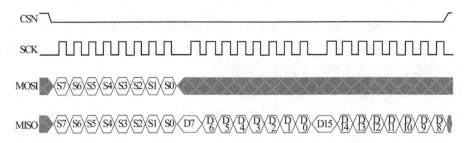

图 16 - 2　SPI 读时序

```
/ ***************************************************************
**Function name：        SPI 操作函数
**Descriptions：         nRF24L01 的 SPI 操作,详细看时序图
** input parameters：    写入的数据
**output parameters：    无
**Returned value：       读出的数据
 ***************************************************************/
uchar SPI_RW(uchar value)
{
    uchar bit_ctr;
    for(bit_ctr = 0;bit_ctr<8;bit_ctr++++) //8 位
    {
        MOSI = (value & 0x80);          //输出最高位
        value = (value<<1);             //向左移一位
        SCK = 1;                        //SCK 置高
        value |= MISO;          //接收数据
        SCK = 0;                //SCK 置低
    }

    return(value);    //读取的数据
}
/ ***************************************************************
**Function name：        SPI 读寄存器函数
**Descriptions：         nRF24L01 的 SPI 读操作,详细看时序图, 先写再读
** input parameters：    将读的寄存器
```

```
**output parameters:      无
**Returned value:        读出的数据
******************************************************************** /
uchar SPI_Read_Reg(uchar reg)
{    uchar reg_val;
     CSN = 0;                 //CSN 置低,初始化 SPI 传送
     SPI_RW(reg);             //要读取的寄存器
     reg_val = SPI_RW(0);     //从寄存器读取的数据
     CSN = 1;                 //CSN 置高,终止 SPI 传送
     return(reg_val);         //读取的数据
}


/ ****************************************************************************
**Function name:       SPI 读寄存器函数(多字节)
**Descriptions:        于读多个字节数据
**input parameters:    reg 为寄存器地址,pBuf 为待读出数据地址,uchars 读出数据
                       的个数
**output parameters:   无
**Returned value:      状态字
******************************************************************** /
uint SPI_Read_Buf(uchar reg, uchar * pBuf, uchar uchars)
{    uint status,uchar_ctr;

     CSN = 0;                      //CSN 置低,初始化 SPI 传送
     status = SPI_RW(reg);         //要读取的寄存器,并读状态字

     for(uchar_ctr = 0;uchar_ctr<uchars;uchar_ctr++)
         pBuf[uchar_ctr] = SPI_RW(0);   //从寄存器读取的数据
         CSN = 1;                  //CSN 置高,终止 SPI 传送
     return(status);               //返回状态字
}
```

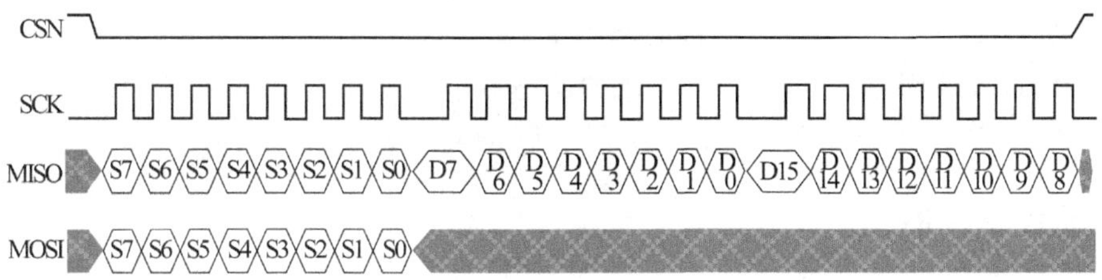

图 16-3 SPI 写时序

```
/ ************************************************************
**Function name:        SPI 写寄存器函数
**Descriptions:         nRF24L01 的 SPI 写操作,详细看时序图,先读再写
** input parameters:    写入数据
**output parameters:    无
**Returned value:       状态字
************************************************************ /
uint SPI_Write_Reg(uchar reg, uchar value)
{
    uint status;
    CSN = 0;                        //CSN 置低,初始化 SPI 传送
    status = SPI_RW(reg);           //要写入的寄存器
    SPI_RW(value);                  //写入的数据
    CSN = 1;                        //CSN 置高,终止 SPI 传送
    return(status);                 //返回状态字
}
/ ************************************************************
**Function name:        SPI 写寄存器函数(多字节)
**Descriptions:         用于写多个字节数据
** input parameters:    reg 为寄存器地址,pBuf 为待写入数据地址,uchars 写入数据
                        的个数
**output parameters:    无
**Returned value:       状态字
************************************************************ /
uint SPI_Write_Buf(uchar reg, uchar * pBuf, uchar uchars)
{
    uint status,uchar_ctr;
    CSN = 0;                        //CSN 置低,初始化 SPI 传送
    status = SPI_RW(reg);           //要写入的寄存器
    for(uchar_ctr = 0; uchar_ctr<uchars; uchar_ctr++)
        SPI_RW( * pBuf++);  //写入的数据
    CSN = 1;                //关闭 SPI
    return(status);                 //返回状态字
}
```

16.3.3 配置寄存器

nRF24L0l 所有的配置字都由配置寄存器定义,这些配置寄存器可通过 SPI 口访问。nRF24L01 的配置寄存器共有 25 个,常用的配置寄存器如表 16 - 4 所示。

表 16 - 4 常用的配置寄存器

地址 (十六进制)	寄存器参数	位	复位值	类型	说明
00	CONFIG				配置寄存器
	Reserved	7	0	R/W	默认为 0
	MASK_RX_DR	6	0	R/W	可屏蔽中断 RX_RD 1:中断产生时对 IRQ 没影响 0:RX_RD 中断产生时,IRQ 引脚电平 为低
	MASK_TX_DS	5	0	R/W	可屏蔽中断 TX_DS 1:中断产生时对 IRQ 没影响 0:TX_RD 中断产生时,IRQ 引脚电平 为低
	MASK_MAX_RT	4	0	R/W	可屏蔽中断 MAX_RT 1:中断产生时对 IRQ 没影响 0:MAX_RT 中断产生时,IRQ 引脚电 平为低
	EN_CRC	3	1	R/W	CRC 使能。如果 EN_AA 中任意一位 为高,则 EN_CRC 为高电平
	CRCO	2	0	R/W	CRC 校验值: 0:1 字节 CRC 校验 1:2 字节 CRC 校验
	PWR_UP	1	0	R/W	0:掉电 1:上电
	PRIM_RX	0	0	R/W	0:发射模式 1:接收模式
01	EN_AA Enhanced ShockBurst™				使能"自动应答"功能;该功能禁止后可 与 nRF24L01 通信
	Reserved	7:6	00	R/W	默认为 00
	ENAA_P5	5	1	R/W	数据通道 5 自动应答使能位
	ENAA_P4	4	1	R/W	数据通道 4 自动应答使能位
	ENAA_P3	3	1	R/W	数据通道 3 自动应答使能位
	ENAA_P2	2	1	R/W	数据通道 2 自动应答使能位
	ENAA_P1	1	1	R/W	数据通道 1 自动应答使能位
	ENAA_P0	0	1	R/W	数据通道 0 自动应答使能位

地址（十六进制）	寄存器参数	位	复位值	类型	说明
02	EN_RXADDR				接收地址允许
	Reserved	7:6	00	R/W	默认为 00
	ERX_P5	5	0	R/W	数据通道 5 接收数据使能位
	ERX_P4	4	0	R/W	数据通道 4 接收数据使能位
	ERX_P3	3	0	R/W	数据通道 3 接收数据使能位
	ERX_P2	2	0	R/W	数据通道 2 接收数据使能位
	ERX_P1	1	1	R/W	数据通道 1 接收数据使能位
	ERX_P0	0	1	R/W	数据通道 0 接收数据使能位
03	SETUP_AW				设置地址字节数量（所有数据通道）
	Reserved	7:2	000000	R/W	默认为 00000
	AW	1:0	11	R/W	接收/发射地址宽度： 00:无效 01:3 字节 10:4 字节 11:5 字节
04	SETUP_RETR				自动重发
	ARD	7:4	0000	R/W	自动重发延时时间： 0000:250 μs＋86 μs 0001:500 μs＋86 μs …… 1111:4000 μs＋86 μs 延时时间:数据包之间的间隔时间
	ARC	3:0	0011	R/W	自动重发计数： 0000:禁止自动重发 0001:自动重发 1 次 …… 1111:自动重发 15 次
05	RF_CH				射频通道
	Reserved	7	0	R/W	默认为 0
	RF_CH	6:0	0000010	R/W	设置工作通道频率
06	RF_SETUP				射频寄存器

地址 （十六进制）	寄存器参数	位	复位值	类型	说明
	Reserved	7:5	000	R/W	默认为 000
	PLL_LOCK	4	0	R/W	锁相环使能，测试下使用
	RF_DR	3	1	R/W	数据传输率： 0:1 Mb/s 1:2 Mb/s
	RF_PWR	2:1	11	R/W	发射功率： 00：−18 dBm 01：−12 dBm 10：−6 dBm 11：0 dBm
	LNA_HCURR	0	1	R/W	低噪声放大器增益，默认为 1
07	STATUS				状态寄存器
	Reserved	7	0	R/W	默认值为 0
	RX_DR	6	0	R/W	接收数据中断位。当收到有效数据包后置 1。 写'1'清除中断
	TX_DS	5	0	R/W	发送数据中断。如果工作在自动应答模式下，只有当接收到应答信号后置 1。 写'1'清除中断
	MAX_RT	4	0	R/W	重发次数溢出中断。 写'1'清除中断。 如果 MAX_RT 中断产生，则必须清除后才能继续通信
	RX_P_NO	3:1	111	R	接收数据通道号： 000−101：数据通道号 110：未使用 111：RX FIFO 寄存器为空
	TX_FULL	0	0	R	TX FIFO 寄存器满标志位 1：TX FIFO 寄存器满。0：TX FIFO 寄存器未满，有可用空间
08	OBSERVE_TX				发送检测寄存器

地址 （十六进制）	寄存器参数	位	复位值	类型	说明
	PLOS_CNT	7:4	0	R	数据包丢失计数器。当写 RF_CH 寄存器时,此寄存器复位。当丢失 15 个数据包后,此寄存器重启
	ARC_CNT	3:0	0	R	重发计数器。当发送新数据包时,此寄存器复位
09	CD				载波检测
	Reserved	7:1	000000	R	
	CD	0	0	R	载波检测
0A	RX_ADDR_P0	39:0	E7E7E7E7E7	R/W	数据通道 0 接收地址。最大长度为 5 个字节。先写低字节,字节数量由 SETUP_AW 设置
0B	RX_ADDR_P1	39:0	C2C2C2C2C2	R/W	数据通道 1 接收地址。最大长度为 5 个字节。先写低字节,字节数量由 SETUP_AW 设置
0C	RX_ADDR_P2	7:0	C3	R/W	数据通道 2 接收地址。最低字节可设置,高字节必须与 RX_ADDR_P1[39:8]相等
0D	RX_ADDR_P3	7:0	C4	R/W	数据通道 3 接收地址。最低字节可设置,高字节必须与 RX_ADDR_P1[39:8]相等
0E	RX_ADDR_P4	7:0	C5	R/W	数据通道 4 接收地址。最低字节可设置,高字节必须与 RX_ADDR_P1[39:8]相等
0F	RX_ADDR_P5	7:0	C6	R/W	数据通道 5 接收地址。最低字节可设置,高字节必须与 RX_ADDR_P1[39:8]相等
10	TX_ADDR	39:0	E7E7E7E7E7	R/W	发送地址。在 Enhanced ShockBurst™ 模式,设置 RX_ADDR_P0 与此地址相同以来接收应答信号
11	RX_PW_P0				

续表

地址 （十六进制）	寄存器参数	位	复位值	类型	说明
	Reserved	7:6	00	R/W	默认为 00
	RX_PW_P0	5:0	0	R/W	数据通道 0 接收数据有效宽度： 0：无效 1：1 个字节 …… 32：32 个字节
12	RX_PW_P1				
	Reserved	7:6	00	R/W	默认为 00
	RX_PW_P1	5:0	0	R/W	数据通道 1 接收数据有效宽度： 0：无效设置 1：1 个字节 …… 32：32 个字节
13	RX_PW_P2				
	Reserved	7:6	00	R/W	默认为 00
	RX_PW_P2	5:0	0	R/W	数据通道 2 接收数据有效宽度： 0：无效设置 1：1 个字节 …… 32：32 个字节
14	RX_PW_P3				
	Reserved	7:6	00	R/W	默认为 00
	RX_PW_P3	5:0	0	R/W	数据通道 3 接收数据有效宽度： 0：无效设置 1：1 个字节 …… 32：32 个字节
15	RX_PW_P4				
	Reserved	7:6	00	R/W	默认为 00
	RX_PW_P4	5:0	0	R/W	数据通道 4 接收数据有效宽度： 0：无效设置 1：1 个字节 …… 32：32 个字节

地址 （十六进制）	寄存器参数	位	复位值	类型	说明
16	RX_PW_P5				
	Reserved	7:6	00	R/W	默认为 00
	RX_PW_P5	5:0	0	R/W	数据通道 5 接收数据有效宽度： 0：无效设置 1：1 个字节 …… 32：32 个字节
17	FIFO_STATUS				FIFO 状态寄存器
	Reserved	7	0	R/W	默认为 0
	TX_REUSE	6	0	R	若 TX_REUSE＝1，则当 CE 置 1 时，不断发送上一数据包。TX_REUSE 通过 SPI 指令 REUSE_TX_PL 设置；通过 W_TX_PALOAD或 FLUSH_TX 复位
	TX_FULL	5	0	R	TX_FIFO 寄存器满标志 1：寄存器满 0：寄存器未满，有可用空间
	TX_EMPTY	4	1	R	TX_FIFO 寄存器空标志 1：寄存器空 0：寄存器非空
	Reserved	3:2	00	R/W	默认为 00
	RX_FULL	1	0	R	RX FIFO 寄存器满标志 1：寄存器满 0：寄存器未满，有可用空间
	RX_EMPTY	0	1	R	RX FIFO 寄存器空标志 1：寄存器空 0：寄存器非空
N/A	TX_PLD	255:0	X	W	
N/A	RX_PLD	255:0	X	R	

16.4　nRF24L01 数据传输特性

16.4.1　nRF24L01 数据通道

nRF24L01 配置为接收模式时可以最多接收 6 个不同地址相同频率的数据。每个数据通道拥有自己的地址并且可以通过寄存器来进行分别配置。数据通道的开启和关闭是通过寄存器 EN_RXADDR 来设置的,低 6 位每一位控制一个通道,每个数据通道的地址通过寄存器 RX_ADDR_Px 来配置(x 为 0～5,其中 RX_ADDR_P0 和 RX_ADDR_P1 是 40 位;RX_ADDR_P2 到 RX_ADDR_P5 是 8 位,第 2 到第 5 通道的第 8 位到第 39 位与通道 1 相同,只有低 8 位可以设置,见图 16-4,通常情况下不允许不同的数据通道设置完全相同的地址数据。所有的数据通道都可以设置为增强型 ShockBurst 模式。

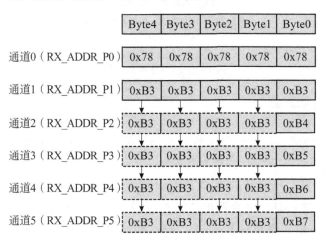

图 16-4　通道地址设置

当 nRF24L01 接收到数据后,通过读寄存器 RX_P_NO 可以知道是哪个通道收到数据。nRF24L01 在确认收到数据后记录地址,并以此地址为目标地址发送应答信号。在发送端,数据通道 0 被用做接收应答信号,因此,数据通道 0 的接收地址要与发送端地址相等以确保接收到正确的应答信号。应答的寻址过程如图 16-5 所示。

注意:每个 nRF24L01 只有一个发送通道,6 个接收通道。发送端的功能:发送——发送数据给接收端;接收——接收某接收端的应答信号。接收端的功能:接收——接收发送端发送的数据;发送——发送应答信号给发送端。所以整个过程发送端接收端都有发送和接收的功能。只是发送和接收的内容不一样。

比如:第五个 nRF24L01 器件 PTX5 的 TX_ADDR 设置为 0xB3B3B3B3F1,该地址是接收端 PRX 器件的通道 5 的地址(RX_ADDR_P5:0xB3B3B3B3F1);同时 PTX5 准备使用通道 0 来接收 PRX 发送来的相应信号,因此 PTX5 的 RX_ADDR_P0 置为 0xB3B3B3B3F1。

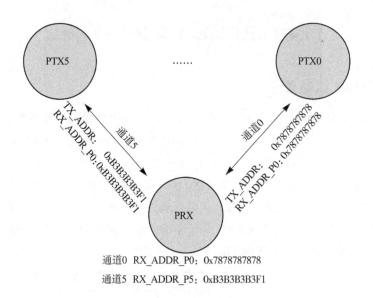

通道0　RX_ADDR_P0：0x7878787878

通道5　RX_ADDR_P5：0xB3B3B3B3F1

图 16 - 5　应答地址举例

16.4.2　数据包处理方式

nRF24L01 常用的两种处理数据包的方式，ShockBurst™ 模式和增强型 ShockBurst™ 模式，两种方式都是通过 SPI 接口与微控制器连接。

在 ShockBurst™ 接收模式下，当接收到有效的地址和数据时 IRQ 通知 MCU，随后 MCU 可将接收到的数据从 RXFIFO 寄存器中读出。在 ShockBurst™ 发送模式下，nRF24L01 自动生成前导码及 CRC 校验。数据发送完毕后 IRQ 通知 MCU。减少了 MCU 的查询时间，也就意味着减少了 MCU 的工作量，同时减少了软件的开发时间。nRF24L01 内部有三个不同的 RX FIFO 寄存器（6 个通道共享此寄存器）和三个不同的 TX FIFO 寄存器。在掉电模式下、待机模式下和数据传输的过程中 MCU 可以随时访问 FIFO 寄存器。

增强型的 ShockBurst™ 模式可以同时控制应答及重发功能而无需增加 MCU 工作量。发送方要求终端设备在接收到数据后有应答信号，以便于发送方检测有无数据丢失，一旦数据丢失则通过重新发送功能将丢失的数据恢复。在增强型 ShockBurst™ 下，这一切都由 nRF24L01 芯片自动完成。

增强型 ShockBurst™ 收发模式下，使用片内的先入先出堆栈区，数据低速从微控制器送入，高速（1 Mb/s）发射，这样可以尽量节能，因此，使用低速的微控制器也能得到很高的射频数据发射速率。与射频协议相关的所有高速信号处理都在片内进行，这种做法有三大好处：尽量节能；低的系统费用（低速微处理器也能进行高速射频发射）；数据在空中停留时间短，抗干扰性高。增强型 ShockBurst™ 技术同时也减小了整个系统的平均工作电流。在增强型 ShockBurst™ 收发模式下，nRF24L01 自动处理字头和 CRC 校验码。在接收数据时，自动把字头和 CRC 校验码移去。在发送数据时，自动加上字头和 CRC 校验码，在发送模式下，置 CE 为高，至少 10 μs，将时发送过程完成后。

在增强型 ShockBurst™模式下,nRF24L01 有如下的特征:

(1)当工作在应答模式时快速的空中传输及启动时间极大地降低了电流消耗。

(2)nRF24L01 集成了所有高速链路层操作,具有重发丢失数据包和产生应答信号功能。

(3)微处理器通用 I/O 口可以模拟 SPI 接口。

(4)由于空中传输时间很短,极大地降低了无线传输中的碰撞现象。

(5)由于链路层完全集成在芯片上,非常便于软硬件的开发。

基于以上优点,本章进行程序设计时,将以增强型 ShockBurst™模式的收发特性为例进行讲解。增强型 ShockBurst™模式下和 ShockBurst™模式下的数据包格式如图 16 - 6、图 16 - 7 所示。

| 前导码 | 地址(3~5字节) | 9位标志位 | 数据(1~32节) | CRC 校验(0/1/2 字节) |

图 16 - 6　增强型 ShockBurst™模式数据包格式

| 前导码 | 地址(3~5字节) | 数据(1~32节) | CRC 校验(0/1/2 字节) |

图 16 - 7　ShockBurst™模式数据包格式

前导码用来检测 0 和 1,芯片在接收模式下去除前导码,在发送模式下加入前导码。

地址为接收芯片地址,地址宽度可以是 3 字节、4 字节或 5 字节宽度,地址可以对接收通道及发送通道分别进行配置,从接收的数据包中自动去除地址,详细设置见第 4 节数据通道。

标志位用来进行数据包识别,其他七位保留用作将来与其他产品相兼容。标志位其中的两位是用来每当接收到新的数据包后加 1。标志位的作用是识别接收到的数据是新数据包还是重发的数据包。标志位识别可以防止接收端同一数据包多次送入 MCU。在发送方每从MCU 取得一包新数据后标志位值加 1,标志位和 CRC 校验应用在接收方识别接收的数据是重发的数据包还是新数据包。如果两个数据包的标志位值相同,nRF24L01 将对两包数据的CRC 值进行比较,如果 CRC 值也相同的话就认为后面一包是前一包的重发数据包而被舍弃。

数据字段的宽度为 1~32 字节,发送方与接收方必须一致,接收数据通道有效数据宽度通过 RX_PW_Px 寄存器设置,x 为 0~5。

CRC 校验是可选的,寄存器 EN_CRC 用来使能 CRC,寄存器 CONFIG 中的 CRCO 位用于设置 CRC 模式,有单字节和双字节可选;8 位 CRC 校验的多项式是 $X8+X2+X+1$,16 位CRC 校验的多项式是 $X16+X12+X5+1$,发送发与接收方也必须一致。CRC 计算范围包括整个数据包:地址、PID 和有效数据等。若 CRC 校验错误则不会接收数据包。

16.5　nRF24L01 无线通信设计

16.5.1　硬件接口方式

nRF24L01 与微处理器的硬件接口方式如下:微处理器的 P0.3 口与 nRF24L01 的 CE 引脚相连;P0.4 口与 CSN 引脚相连;P0.2 口与 SCK 引脚相连;P0.5 口与 MOSI 引脚相连;P0.1口与 MISO 引脚相连;P3.3 口与 IRQ 引脚相连。如图 16 - 8 所示。

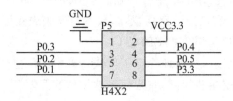

图 16 - 8　nRF24L01 与微处理器接口电路图

16.5.2　数据的收发程序实现

1.函数的宏定义以及初始化函数

```
# define TX_ADR_WIDTH       5          // 本机地址宽度设置
# define RX_ADR_WIDTH       5          // 接收方地址宽度设置


# define TX_PLOAD_WIDTH    32          // 32 字节数据长度
# define RX_PLOAD_WIDTH    32          // 32 字节数据长度
// ****************************** nRF24L01 寄存器指令
# define READ_REG          0x00        // 读寄存器指令
# define WRITE_REG         0x20        // 写寄存器指令
# define RD_RX_PLOAD       0x61        // 读取接收数据指令
# define WR_TX_PLOAD       0xA0        // 写待发数据指令
# define FLUSH_TX          0xE1        // 冲洗发送 FIFO 指令
# define FLUSH_RX          0xE2        // 冲洗接收 FIFO 指令
# define REUSE_TX_PL       0xE3        // 定义重复装载数据指令
# define NOP               0xFF        // 空操作


// ************************** SPI(nRF24L01)寄存器地址
# define CONFIG            0x00        //配置收发状态,CRC 校验模式以及收发状态响应
                                            方式
# define EN_AA             0x01        // 自动应答功能设置
# define EN_RXADDR         0x02        // 可用信道设置
# define SETUP_AW          0x03        // 收发地址宽度设置
# define SETUP_RETR        0x04        // 自动重发功能设置
# define RF_CH             0x05        // 工作频率设置
# define RF_SETUP          0x06        // 发射速率、功耗功能设置
# define STATUS            0x07        // 状态寄存器
# define OBSERVE_TX        0x08        // 发送检测功能
# define CD                0x09        // 载波检测
# define RX_ADDR_P0        0x0A        // 频道 0 接收数据地址
```

```
#define RX_ADDR_P1        0x0B      // 频道 1 接收数据地址
#define RX_ADDR_P2        0x0C      // 频道 2 接收数据地址
#define RX_ADDR_P3        0x0D      // 频道 3 接收数据地址
#define RX_ADDR_P4        0x0E      // 频道 4 接收数据地址
#define RX_ADDR_P5        0x0F      // 频道 5 接收数据地址
#define TX_ADDR           0x10      // 发送地址寄存器
#define RX_PW_P0          0x11      // 接收频道 0 接收数据长度
#define RX_PW_P1          0x12      // 接收频道 0 接收数据长度
#define RX_PW_P2          0x13      // 接收频道 0 接收数据长度
#define RX_PW_P3          0x14      // 接收频道 0 接收数据长度
#define RX_PW_P4          0x15      // 接收频道 0 接收数据长度
#define RX_PW_P5          0x16      // 接收频道 0 接收数据长度
#define FIFO_STATUS       0x17      // FIFO 状态寄存器设置


/ **************************************************************
** Function name：              nRF24L01 初始化函数
** Descriptions：               用于初始化 nRF24L01,使用 nRF24L01 之前要先调用
** input parameters：           无
** output parameters：          无
** Returned value：             无
*********************************************************** /
void init_NRF24L01(void)
{
    delay_nus(100);
    CE = 0;      // 待机模式 1
    CSN = 1;     // SPI 关闭
    SCK = 0;     // 初始化为低电平
}
```

2.增强型 ShockBurst™ 发送模式

(1)设置寄存器的 PRIM_RX 位为低。

(2)通过 SPI 接口,将接收节点地址(TX_ADDR)和有效数据(TX_PLD)写入 nRF24L01 模块,发送数据的长度以字节为单位写入 TX FIFO。当 CSN 为低时数据被不断的写入。发送端发送完数据后,将通道 0 设置为接收模式来接收应答信号。其接收地址(RX_ADDR_P0)与接收端地址(TX_ADDR)相同。

(3)置 CE 为高,启动发送。CE 高电平持续时间至少为 10 μs。

(4)nRF24L01 的 ShockBurst™ 模式:系统上电;启动内部 16 MHz 时钟;无线发送数据打包;高速发送数据(由 MCU 设定为 1 Mb/s 或 2 Mb/s)。

(5)若启动了自动应答模式(ENAA_P0＝1),则无线模块立即进入接收模式。如果在有效应答时间范围内收到应答信号,则认为数据成功发送到了接收端,此时状态寄存器的 TX_

DS 位置高且 TX FIFO 中的有效数据被移出;如果没有接收到应答信号,则自动重发(自动重发已设置);如果自动重发次数超过最大值(ARC_CNT),则状态寄存器的 MAX_RT 位置高,在 TX FIFO 中的数据不被清除。当 MAX_RT 或 TX_DS 为高电平时 IRQ 引脚产生中断。通过重新写状态寄存器(STATUS)可以关闭 IRQ。如果重发次数达到最大后,仍没有接收到应答信号,在 MAX_RT 中断清除之前不会再发射数据。数据包丢失计数器 PLOS_CNT 在每次产生 MAX_RT 中断后加 1。

(6)如果 CE 置低,则系统进行待机模式Ⅰ,否则发送 TX FIFO 寄存器中的下一个数据包。当 TX FIFO 中的数据发射完并且 CE 仍为高时,系统进入待机模式Ⅱ。

(7)在待机模式Ⅱ下,CE 置低后系统则进入待机模式Ⅰ。

增强型 ShockBurst™ 发送配置函数如下:

```
/ ****************************************************************
**Function name:        数据发送配置函数
**Descriptions:         设置为发送模式并发送数据
** input parameters:    发送的数据
** output parameters:   无
**Returned value:       无
**************************************************************** /
void NRFSetTxMode(uchar * TxDate)
{
    CE = 0;
    SPI_Write_Buf(WRITE_REG + TX_ADDR, TX_ADDRESS, TX_ADR_WIDTH);
// 写寄存器指令 + 发送地址使能指令 + 发送地址 + 地址宽度
    SPI_Write_Buf(WRITE_REG + RX_ADDR_P0, RX_ADDRESS, RX_ADR_WIDTH);
// 为了应答接收设备,接收通道 0 地址和发送地址相同
    SPI_Write_Buf(WR_TX_PLOAD, TxDate, TX_PLOAD_WIDTH); // 装载数据
    SPI_Write_Reg(WRITE_REG + EN_AA, 0x01);         //通道 0 自动 ACK 应答允许
    SPI_Write_Reg(WRITE_REG + EN_RXADDR, 0x01);   //允许接收地址只有通道 0,如果需
要多频道可以参考相关手册
    SPI_Write_Reg(WRITE_REG + SETUP_RETR, 0x3a); //自动重发延时等待 250 μs+86 μs,
自动重发次数设置
    SPI_Write_Reg(WRITE_REG + RF_CH, 0);           //选择射频通道 0x00;RF_CH 工作频率
设置寄存器实际是 125 个频段 从 2400 MHz 到 2525 MHz;频段可以任意设定,但是接收发送必
须一致

    SPI_Write_Reg(WRITE_REG + RF_SETUP, 0x07);   //数据传输率 1 Mb/s,发射功率 0 dBm,
低噪声放大器增益
    SPI_Write_Reg(WRITE_REG + CONFIG, 0x0e); //CRC 使能,16 位 CRC 校验,上电
    CE = 1;
    delay_nus(150);//确保延时大于 130 μs
}
```

3.增强型 ShockBurst™ 接收模式

(1)设置 PRIM_RX 位为高,配置接收数据通道(EN_RXADDR)、自动应答寄存器(EN_AA)和有效数据宽度寄存器(RX_PW_PX)。接收模式下的地址建立与发送模式下的建立方法相同。

(2)置 CE 为高,启动接收模式。

(3)130 μs 后 nRF24L01 模块检测空中信号。

(4)接收到有效的数据包后(地址匹配、CRC 检验正确),数据储存在 RX FIFO 中,同时 RX_DR 位置高产生中断。状态寄存器中 RX_P_NO 位显示数据是由哪个通道接收到的。

(5)如果启动了自动应答功能,则发送应答信号。

(6)置 CE 为低,进入先机模式Ⅰ(低功耗模式)。

(7)MCU 可通过 SPI 接口将数据读出

(8)nRF24L01 模块准备好进入发射模式或接收模式或掉电模式。

```
/ *************************************************************************
**Function name:        数据接收配置函数
**Descriptions:         设置为接收模式并接收数据
** input parameters:    无
** output parameters:   无
** Returned value:      无
************************************************************************* /
void NRFSetRXMode(void)
{
    CE = 0;
    SPI_Write_Buf(WRITE_REG + RX_ADDR_P0, RX_ADDRESS, RX_ADR_WIDTH); //写接收端
地址
    SPI_Write_Reg(WRITE_REG + EN_AA, 0x01);        //频道 0 自动,ACK 应答允许
    SPI_Write_Reg(WRITE_REG + EN_RXADDR, 0x01);//允许接收地址只有频道 0   V
    SPI_Write_Reg(WRITE_REG + RF_CH, 0);//选择射频通道 0x4
    SPI_Write_Reg(WRITE_REG + RX_PW_P0, RX_PLOAD_WIDTH);      //设置接收数据长度,本
次设置为 32B
    SPI_Write_Reg(WRITE_REG + RF_SETUP, 0x07);//数据传输率 1 Mbps,发射功率 0 dBm,低
噪声放大器增益
    SPI_Write_Reg(WRITE_REG + CONFIG, 0x0f);      //CRC 使能,16 位 CRC 校验,上电,接收
模式
    CE = 1;
    delay_nus(150);   //确保延时大于 10 μs 以上
}
```

参 考 文 献

[1] 汝佳，蒋林，邓军勇，等. 嵌入式 GPU 中可重构视口变换单元的设计与实现[J]. 小型微型计算机系统，2018，39(5)：212 - 216.

[2] 高榕，张良，梅魁志. 基于 Caffe 的嵌入式多核处理器深度学习框架并行实现[J]. 西安交通大学学报，2018，52(06)：41 - 46,118.

[3] 李全利. 单片机原理及接口技术[M]. 2 版. 北京：高等教育出版社，2017.

[4] 赵鹏涛，王鸿运，张亚娟. 基于微机控制技术的激光智能传感器设计[J]. 激光杂志，2018(3).

[5] 罗殊彦，朱怡安，曾诚. 嵌入式异构多核处理器核间的通信性能评估与优化[J]. 计算机科学，2018，45(s1)：275 - 278,287.

[6] 梅丽凤. 单片机原理及接口技术[M]. 4 版. 北京：北京交通大学出版社，2018.

[7] 温暖，杨维明，彭菊红，等. 基于 MCU 的嵌入式系统的 Bootloader 设计[J]. 微电子学与计算机，2018，35(3).

[8] 杜慧敏，杨超群，季凯柏. 嵌入式 GPU 中二级高速缓存的设计与实现[J]. 微电子学与计算机，2018，35(2)：94 - 99.

[9] 陈刚，关楠，吕鸣松，等. 实时多核嵌入式系统研究综述[J]. 软件学报，2018，29(07)：330 - 354.

[10] 胡汉才. 单片机原理及其接口技术[M]. 4 版. 北京：清华大学出版社，2018.

[11] 田汝佳，蒋林，邓军勇，等. 嵌入式 GPU 中可重构视口变换单元的设计与实现[J]. 小型微型计算机系统，2018，39(5)：212 - 216.

[12] 马淑华，王凤文，张美金. 单片机原理与接口技术[M]. 2 版. 北京：北京邮电大学出版社，2007.

[13] 曹朋朋，陈佳，张少锋. 基于 ARMv7 - A 架构的虚拟存储系统技术研究[J]. 电子技术应用，2018，44(6)：17 - 20, 24.

[14] 赵鹏涛，王鸿运，张亚娟. 基于微机控制技术的激光智能传感器设计[J]. 激光杂志，2018(3).

[15] 贺爱香，顾乃杰，苏俊杰. 基于多核 ARM 体系结构的基础函数优化方法[J]. 上海：计算机工程，2018，44(5)：47 - 52.

[16] 王旭，付家为，何虎. 混合架构通用数字信号处理器设计[J]. 计算机工程与设计，2017，38(1)：70 - 74.

[17] 吕鹏伟，刘从新，沈绪榜. 一种面向嵌入式多核系统的任务调度方法[J]. 微电子学与计算机，2017，34(4)：1 - 7.

[18] 张毅刚，王少军，付宁，单片机原理及接口技术[M]. 2 版. 北京：人民邮电出版社，2015.

[19] 李敏. 嵌入式设备中差异化多任务节能优化调度方法研究[J]. 科学技术与工程，2017，17(12)：200 - 204.

[20] 杨娜. 基于单片机的嵌入式多节点网络通信系统设计[J]. 现代电子技术, 2018, 41(11): 21 - 24.

[21] 杜慧敏, 杨超群, 季凯柏. 嵌入式 GPU 中二级高速缓存的设计与实现[J]. 微电子学与计算机, 2018, 35(2): 94 - 99.

[22] 陈刚, 关楠, 吕鸣松, 等. 实时多核嵌入式系统研究综述[J]. 软件学报, 2018, 29(07): 330 - 354.

[23] 余锡存, 曹国华, 单片机原理及接口技术[M]. 3 版. 西安: 西安电子科技大学出版社, 2014.

[24] 李杨, 王劲林, 叶晓舟, 等. 面向嵌入式处理器的优化 Montgomery 模乘算法[J]. 西安交通大学学报, 2017, 51(2): 47 - 52.

[25] 王欣, 邱昕, 慕福奇, 等. 嵌入式系统新型动态内存管理机制的研究[J]. 微电子学与计算机, 2017, 34(8): 66 - 69.

[26] 陈微, 张威. 嵌入式系统中锁存器电路节能设计仿真研究[J]. 计算机仿真, 2017, 34(8): 285 - 288.

[27] 张希洋, 曹国强, 梁峰, 等. 基于单片机控制的嵌入式智能无线传感器设计[J]. 现代电子技术, 2017, 40(13): 80 - 82.

[28] 任毅. 单片机常用接口通信技术[J]. 电子技术与软件工程, 2018, 131(09): 260.

[29] 陈浪, 乐建连, 甘业兵, 等. 一种 2.4 GHz CMOS 射频前端电路[J]. 微电子学, 2017(5): 609 - 613.

[30] 李朝青, 卢晋, 王志勇, 等. 单片机原理及接口技术[M]. 5 版. 北京: 北京航空航天大学出版社, 2017.

[31] 齐曰霞, 韩正之. 2.4 GHz 频段无线技术标准[J]. 现代电子技术, 2011, 34(9): 35 - 37.

[32] 钟小敏, 王小峰. I2C 总线接口协议设计与 FPGA 实现[J]. 现代导航, 2016, 7(4): 291 - 294.

[33] 陈少杰, 张亮, 王建宇. 数模转换器分辨率对捕获、跟踪、瞄准系统跟踪精度的影响[J]. 中国激光, 2017, 44(8): 240 - 247.